Robin Sharma

ÜBER DIE KUNST ZU FÜHREN

ROBIN SHARMA

ÜBER DIE KUNST ZU FÜHREN

Die acht Rituale visionärer Führungskräfte

Bibliografische Information der Deutschen Nationalbibliothek
Die Deutsche Nationalbibliothek verzeichnet diese Publikation in der Deutschen Nationalbibliografie. Detaillierte bibliografische Daten sind im Internet über http://dnb.d-nb.de abrufbar.

Für Fragen und Anregungen:
info@finanzbuchverlag.de

Wichtiger Hinweis
Ausschließlich zum Zweck der besseren Lesbarkeit wurde auf eine genderspezifische Schreibweise sowie eine Mehrfachbezeichnung verzichtet. Alle personenbezogenen Bezeichnungen sind somit geschlechtsneutral zu verstehen.

2. Auflage 2024

Die englische Ausgabe erschien 1998 bei HarperCollins unter dem Titel *Leadership Wisdom from The Monk Who Sold His Ferrari.*

Übersetzung: Antoinette Gittinger
Redaktion: Silke Panten
Korrektorat: Christine Rechberger
Umschlaggestaltung: in Anlehnung an das Cover der Originalausgabe Marc-Torben Fischer, München
Umschlagabbildung: Mönch, iStockPhoto
Satz: ZeroSoft, Timisoara
Druck: ScandBook, Litauen
Printed in the EU

ISBN Print 978-3-95972-645-0
ISBN E-Book (PDF) 978-3-98609-236-8
ISBN E-Book (EPUB, Mobi) 978-3-98609-237-5

Für meine Tochter Bianca. Mögest du immer die Freude verkörpern.

Für die vielen Leser von *Der Mönch, der seinen Ferrari verkaufte*, die sich trotz ihres hektischen Alltags die Zeit genommen haben, mir zu berichten, wie sehr sie dieses Buch bewegt hat. Sie haben mich sehr berührt.

Und für all jene Führungskräfte, die das tiefe Vertrauen zwischen sich und den Menschen, die zu führen sie das Privileg haben, in höchstem Maße ehren. Wirken Sie weiterhin segensreich und decken Sie Talente auf.

Die wahre Freude im Leben ist, für ein Ziel gebraucht zu werden, das man selbst als wichtig anerkennt, eine regelrechte Naturgewalt zu sein statt ein fiebriger kleiner Klumpen von Leiden und Beschwerden, der darüber klagt, dass die Welt sich nicht der Aufgabe verschreibt, ihn glücklich zu machen ... Wenn ich sterbe, möchte ich vollkommen verbraucht sein. Denn je härter ich arbeite, desto mehr spüre ich das Leben, das ich um seiner selbst willen genieße. Das Leben stellt für mich keine schnell abbrennende Kerze dar, sondern eine leuchtende Fackel, die ich im Augenblick hochhalten muss. Und ich möchte, dass sie so hell wie möglich leuchtet, bevor ich sie an künftige Generationen weitergebe.

George Bernard Shaw

INHALT

Danksagung

Ich danke den vielen Tausend Menschen, die *Der Mönch, der seinen Ferrari verkaufte* gelesen haben, sich von dessen Lektionen inspirieren ließen und ihre Erkenntnisse mit ihren Familien und Freunden teilten. Danke, dass Sie mir dabei behilflich waren, diese Botschaft zu verbreiten, um so viele Leben zu verbessern.

All jenen, die meine öffentlichen und firmeninternen Seminare in den Vereinigten Staaten und Kanada besucht haben. Mein besonderer Dank gilt den Firmenkunden von Sharma Leadership International, die persönliche und organisatorische Führungsprogramme für ihre Mitarbeiter gesponsert haben. Ich fühle mich privilegiert, einen Beitrag zu Ihrem Erfolg leisten zu können.

Dem gesamten Team von HarperCollins. Ihr habt es geschafft, dies für mich zu einer höchst erfreulichen und befriedigenden Erfahrung zu machen. Mein besonderer Dank gilt Claude Primeau für seine Beratung, Iris Tupholme für ihren Glauben an mich, Judy Brunsek, Tom Best, Marie Campbell, David Millar, Lloyd Kelly, Doré Potter, Valerie Applebee, Neil Erickson und Nicole Langlois, meiner klugen und höchst kompetenten Lektorin.

Meinem geschätzten Team bei Sharma Leadership International für die Energie, die Unterstützung und die Planung meiner zahllosen Termine für Firmenseminare und meiner Werbeaktionen.

Danken möchte ich auch meinen Eltern, denen ich meinen höchsten Respekt zolle, die ich wertschätze und liebe, meinem Bruder Sanjay, meinem unermüdlichen Unterstützer und Vertrauten, und seiner Frau Susan.

Und meinem kleinen Sohn Colby, der mich beim Schreiben des Manuskripts immer aufgemuntert hat (teilweise mit seinen Curious-George-Geschichten) sowie meiner Tochter Bianca, die immer mein Sonnenschein war.

KAPITEL 1

EINE WILDE FAHRT ZUM ERFOLG

Es war der deprimierendste Tag meines Lebens. Als ich nach einem der seltenen langen Wochenenden, das ich mit meinen Kindern wandernd und lachend in den Bergen verbracht hatte, an meinen Arbeitsplatz zurückkehrte, sah ich, wie sich zwei hünenhafte Sicherheitsbeamte über den Mahagonischreibtisch in meinem heiß geliebten Eckbüro beugten. Beim Näherkommen erkannte ich, dass sie meine Unterlagen durchwühlten und auf die wertvollen Dokumente in meinem Laptop starrten, ohne zu bemerken, dass ich sie entdeckt hatte. Schließlich wurde einer von ihnen auf mich aufmerksam. Ich stand da mit vor Zorn gerötetem Gesicht; meine Hände zitterten beim Anblick dieses unverzeihlichen Übergriffs. Mit völlig regloser Miene blickte mich der eine Hüne an und sagte dreizehn Wörter, von denen sich jedes einzelne wie ein Schlag in meine Magengrube anfühlte: »Mr. Franklin, Sie sind gefeuert. Wir müssen Sie sofort aus dem Gebäude hinausgeleiten.«

Diese schlichte Mitteilung verwandelte mich vom Vizepräsidenten des am schnellsten wachsenden Softwareunternehmens in einen Mann ohne Zukunft. Und glauben Sie mir, meine Entlassung ging mir an die Nieren. Scheitern war für mich ein Fremdwort, eine Erfahrung, mit der ich nicht umzugehen wusste. Auf dem College war ich ein Musterknabe gewesen, der Junge mit den besten Noten, den schönen Mädchen und einer glänzenden Zukunft. Ich schaffte es in die Leichtathletikmannschaft, wurde zum Jahrgangssprecher gewählt und fand sogar die Zeit, eine äußerst beliebte Jazzsendung bei unserem Radiosender auf dem Campus zu moderieren. Alle Beteiligten glaubten, dass ich begabt und für eine erfolgreiche Karriere prädestiniert sei. Eines Tages bekam ich mit, wie einer meiner alten Professoren zu einem Kollegen sagte: »Hätte ich die Chance, mein Leben noch einmal von vorne zu beginnen, würde ich gern als Peter Franklin auf die Welt kommen.«

Meine Talente waren jedoch nicht so naturgegeben, wie alle glaubten. In Wirklichkeit gründeten meine Erfolge auf einer strikten Arbeitsmoral und einem fast zwanghaften Siegeswillen. Mein Vater war vor vielen Jahren als mittelloser Einwanderer mit der festen Vorstellung von einem ruhigeren, erfolgreichen und glücklichen Leben für seine junge Familie in dieses Land gekommen. Er änderte unseren Familiennamen, zog mit uns in eine Dreizimmerwohnung in einem gutbürgerlichen Stadtteil, arbeitete unermüdlich als Fabrikarbeiter für einen Mindestlohn und ging dieser Tätigkeit die nächsten vierzig Jahre seines Lebens nach. Obwohl er keine

Schulbildung genossen hatte, hatte ich nie einen klügeren Mann kennengelernt – bis vor Kurzem, als ich einem außergewöhnlichen Mann begegnete, den Sie unbedingt ebenfalls kennenlernen müssen. Ich verspreche, dass ich Ihnen bald mehr über ihn verraten werde. Danach werden Sie ein anderer Mensch sein.

Der Traum meines Vaters für mich war einfach: Ich sollte eine erstklassige Ausbildung an einer erstklassigen Schule erhalten. Mein Vater nahm an, dass damit eine glänzende Karriere mit gerechter Entlohnung gesichert wäre; er glaubte fest daran, dass ein guter Grundstock an persönlichem Wissen die Basis für ein erfolgreiches Leben bildete. »Peter, was auch immer dir zustößt, denk immer daran: Niemand kann dir deine Bildung nehmen. Das Wissen wird immer dein bester Freund sein, egal, wohin du gehst oder was du tust«, erklärte er mir immer wieder, während er nach einem weiteren zermürbenden Vierzehn-Stunden-Tag in der Fabrik, in der er den größten Teil seines Lebens verbrachte, sein Abendessen beendete. Mein Vater war ein großartiger Mensch.

Er war auch ein hervorragender Geschichtenerzähler, einer der besten. In seiner Heimat verwendeten die Ältesten Parabeln, um ihren Kindern jahrhundertealtes Wissen zu vermitteln, und so nahm mein Vater diese lange Tradition mit in seine Wahlheimat. Von dem Tag an, an dem meine Mutter unerwartet starb, während sie in unserer abgenutzten Küche sein Mittagessen zubereitete, bis zu der Zeit, in der mein Bruder und ich ins Teenageralter kamen, las uns unser Vater jeden Abend, bevor er uns eine Gute Nacht und schöne Träume wünschte, eine wunderbare Geschichte vor, die immer eine Lektion fürs Leben enthielt. Eine Geschichte, die mir besonders im Gedächtnis geblieben ist, handelte von einem alten Bauern, der im Sterben lag und seine drei Söhne um sich versammelte. »Meine Söhne«, sagte er, »der Tod lauert auf mich und bald werde ich meinen letzten Atemzug tun. Doch vorher muss ich euch noch ein Geheimnis anvertrauen. Auf dem Feld hinter unserem Bauernhaus liegt ein wertvoller Schatz. Wenn ihr tief grabt, findet ihr ihn. Dann werdet ihr euch nie wieder Sorgen ums Geld machen müssen.«

Nachdem der alte Mann tot war, rannten die Söhne zu dem Feld und fingen wild entschlossen an zu graben. Sie gruben viele Stunden und plagten sich noch viele Tage ab. Kein Teil des Felds blieb unbearbeitet, während sie all ihre jugendliche Energie in diese Aufgabe steckten. Aber leider fanden sie keinen Schatz. Schließlich gaben sie auf, verfluchten ihren Vater wegen seiner offensichtlichen Irreführung und fragten sich, warum er sie derart an der Nase herumgeführt hatte. Doch im Herbst des nächsten Jahres brachte dasselbe Feld eine Ernte hervor, wie sie die gesamte Gemeinde nie zuvor erlebt hatte. Die drei Söhne gelangten innerhalb kurzer Zeit zu Reichtum und brauchten sich nie wieder Sorgen ums Geld zu machen.

Von meinem Vater lernte ich also die Kraft des unermüdlichen Einsatzes, des Fleißes und der harten Arbeit. Während meiner Collegezeit büffelte ich Tag und Nacht, um auf der Bestenliste eines Studiengangs, der sogenannten Dean's List, zu bleiben und die Träume zu erfüllen, die mein Vater für mich hatte. Ich gewann ein Stipendium nach dem anderen und schickte meinem Vater regelmäßig am Ende des Monats einen Scheck mit einer kleinen Summe, einem Teil des Lohns für meinen Teilzeitjob.

Dies war eine einfache Dankesgeste für alles, was er für mich getan hatte. Als es an der Zeit war, einen Beruf zu ergreifen, hatte man mir bereits ein lukratives Angebot für eine Managementposition im Hightechbereich, dem von mir gewählten Bereich, gemacht. Es handelte sich um das Unternehmen Digitech Software Strategies, eine Firma, bei der jeder arbeiten wollte. Sie war sehr erfolgreich und die Experten sagten voraus, dass ihr kometenhaftes Wachstum anhalten würde. Ich fühlte mich geehrt, dass das Unternehmen mich angeworben hatte, Teil des hochkarätigen Teams zu werden. Ich nahm das Angebot ohne Zögern an und begann sofort, achtzig Stunden pro Woche zu arbeiten, um zu beweisen, dass ich jeden Cent meines hohen Gehalts wert war. Ich konnte nicht ahnen, dass mich dasselbe Unternehmen sieben Jahre später so demütigen würde, wie ich noch nie gedemütigt worden war.

Die ersten paar Jahre bei Digitech waren wirklich angenehm. Ich fand gute Freunde, lernte viel und stieg schnell in die Führungsriege auf. Ich wurde der allgemein anerkannte Superstar, ein junger Mann mit messerscharfem Verstand, der hart arbeiten konnte und echtes Engagement für das Unternehmen an den Tag legte. Obwohl ich nie richtig gelernt hatte, Menschen zu führen, übertrug man mir immer verantwortungsvollere Posten.

Aber das Beste, was mir bei Digitech Software Strategies widerfuhr, war eindeutig die Begegnung mit Samantha, meiner späteren Frau. Sie war eine kluge junge Managerin, auffallend hübsch und verfügte über einen überragenden Intellekt. Wir hatten uns auf der Weihnachtsfeier kennengelernt, verstanden uns auf Anhieb prächtig und verbrachten schon bald das bisschen Freizeit, das uns blieb, zusammen. Vom ersten Tag an war Samantha mein größter Fan, glaubte fest an mein Potenzial und mein Talent. »Peter, du wirst der CEO«, erklärte sie mir regelmäßig und bedachte mich mit einem sanften Lächeln. »Ich weiß, du hast alles, was man dafür braucht.« Leider teilten nicht alle ihre Meinung. Oder vielleicht doch.

Der augenblickliche CEO von Digitech Software herrschte im Unternehmen wie ein Diktator. Er war ein Selfmademan mit einer gemeinen Ader, dessen Ego zu seinem maßlos überzogenen Gehaltsscheck passte. Als ich anfing, mit ihm zu arbeiten, war er höflich, aber reserviert. Doch als sich meine Fähigkeiten und meine Ambitionen in der Firma herumsprachen, wurde er kühl und kommunizierte häufig mit mir mittels knapper Memos, auch wenn die Situation weniger Förmlichkeit verlangte. Samantha nannte ihn einen »unsicheren kleinen Trottel«, aber Tatsache war, dass er Macht besaß. Echte Macht. Vielleicht hatte er, als ich in höhere Managementpositionen befördert wurde, das Gefühl, dass er ein schlechtes Bild abgeben würde. Oder vielleicht erinnerte ich ihn zu sehr an ihn selbst – und er mochte nicht, was er sah.

Doch ich muss zugeben, dass auch ich meine Schwächen hatte. In erster Linie war da mein aufbrausendes Temperament. Wenn etwas zum falschen Zeitpunkt schiefging, baute sich Wut in mir auf, die ich einfach nicht beherrschen konnte. Ich habe keine Ahnung, worauf sie zurückzuführen war, aber sie war da. Und gereichte mir in der Firma keineswegs zum Vorteil. Obwohl ich mich für einen anständigen Menschen halte, muss ich auch zugeben, dass ich im Umgang mit anderen etwas ungehobelt sein konnte. Wie bereits erwähnt, hatte ich nie ein Führungstraining erhalten und musste mich auf das bisschen Instinkt verlassen, das ich von Haus aus besaß. Ich hatte oft das Gefühl, dass nicht jeder in meinem Team meine Arbeitsmoral und mein Streben nach Höchstleistungen teilte, was Frust in mir hervorrief. Ja, ich schrie Leute an. Ja, ich übernahm viel mehr Verantwortung, als ich eigentlich verkraften konnte. Ja, ich hätte mehr Zeit für das Knüpfen von Beziehungen und die Pflege von Loyalität aufwenden sollen. Aber es gab immer zu viele Feuer zu löschen, und ich schien nie genug Zeit zu haben, mich um das zu kümmern, was verbessert werden musste. Ich glaube, ich war wie der Seemann, der all seine Zeit damit verbrachte, Wasser aus seinem Boot zu schöpfen, statt sich die Zeit zu nehmen, das Loch im Boot zu reparieren. Das war höchst kurzsichtig.

Und so kam der Tag, an dem ich gefeuert wurde. Die darauffolgenden Monate waren die düstersten meines Lebens. Zum Glück hatte ich Samantha und die Kinder um mich. Sie taten ihr Bestes, um mich aufzumuntern und mich zu ermutigen, die Scherben meiner einst atemberaubenden

Karriere aufzusammeln. Diese Monate des Müßiggangs zeigten mir jedoch, dass unser Selbstwertgefühl mit unserem Job zusammenhängt. Bei einer Cocktailparty wird uns unweigerlich als Erstes die Frage gestellt: »Und was machen Sie beruflich?« Wenn wir unsere wöchentliche Golfrunde in Angriff nahmen, fragten meine Partner stets: »Und was macht der Job, Peter?« Der Pförtner unseres luxuriösen Hochhauses, ein Meister des Small Talks, erkundigte sich regelmäßig, ob bei mir im Büro alles glatt laufe. Aber da ich jetzt keinen Job mehr hatte, hatte ich auch keine Antworten mehr parat.

Ich stand morgens nicht mehr frühzeitig auf und eilte zur U-Bahn-Station, den Kopf voller Ideen, sondern wachte gegen Mittag in einem abgedunkelten Schlafzimmer auf, in dem sich leere Heineken-Flaschen, Marlboro-Packungen und klebrige Häagen-Dazs-Becher stapelten. Ich las nicht mehr das *Wall Street Journal*, sondern beschränkte mich auf kitschige Spionageromane, alte Westernheftchen und billige Boulevardblätter, in denen zu lesen war, dass Oprah eine Außerirdische sei und Elvis noch lebte und an der Westküste einen McDonald's betrieb. Ich fand nicht die Kraft, mich der Wirklichkeit zu stellen. Ich weigerte mich, zu viel nachzudenken oder zu tun. Ein betäubender Schmerz erfasste meinen Körper, und der beste Platz für mich schien der unter der Decke unseres Himmelbetts zu sein.

Dann erhielt ich eines Tages einen Anruf. Am Apparat war ein alter Kommilitone, der als einer der besten Köpfe in der Softwarebranche galt. Er berichtete mir, dass er gerade seinen Job als Chefprogrammierer bei einem großen Unternehmen gekündigt habe und dabei sei, seine eigene Firma zu gründen. Ich erinnere mich noch, dass er mir sagte, er habe ein »brillantes Konzept« für eine neue Softwarelinie und suche einen vertrauenswürdigen Partner. Ich sei seine erste Wahl. »Peter, es ist deine Chance, etwas Großartiges auf die Beine zu stellen«, sagte er mit seiner üblichen Begeisterung. »Schlag ein, es wird Spaß machen.«

Ein Teil von mir zögerte, Ja zu sagen. Ein neues Unternehmen zu gründen ist nie einfach, besonders nicht in der Hightechbranche. Was, wenn wir scheitern würden? Unsere finanzielle Situation war ein Desaster. Als Vizepräsident bei Digitech Software war ich gut bezahlt worden und ich führte ein Leben, von dem mein Vater nur träumen konnte. Ich fuhr einen nagelneuen BMW und Samantha hatte einen Mercedes. Die Kinder besuchten eine Privatschule und verbrachten die Sommerferien in einem renommierten Segelcamp. Allein die Mitgliedsbeiträge für meinen Golfclub waren so hoch wie das Jahreseinkommen vieler meiner Freunde. Da ich jetzt aber arbeitslos war, stapelten sich die unbezahlten Rechnungen und viele Versprechen wurden gebrochen. Es war wahrlich nicht der ideale Zeitpunkt, von einer eigenen Firma zu träumen.

Andererseits hatte mir mein kluger Vater immer Folgendes eingeprägt: »Nichts kann dich besiegen, es sei denn, du besiegst dich selbst.« Ich brauchte diese Chance, um mich aus der Dunkelheit zu lösen, die mein Leben eingehüllt hatte. Ich brauchte morgens einen Grund, aufzuwachen. Ich musste dieses Gefühl von Leidenschaft und Zielbewusstsein wiederfinden, das ich auf dem College verspürt hatte, als ich glaubte, dass nichts mich aufhalten könne und die Welt ein Ort unbegrenzter Möglichkeiten sei. Ich besaß genug Intuition, um zu wissen, dass das Leben uns von Zeit zu Zeit Geschenke macht. Der Erfolg stellt sich bei denen ein, die diese Geschenke erkennen und annehmen. Also sagte ich meinem ehemaligen Kommilitonen zu.

Wir nannten das Unternehmen großspurig GlobalView Software Solutions und richteten uns in einem winzigen Büro in einem heruntergekommenen Industriekomplex ein. Ich war der CEO und mein Partner der selbsternannte Vorsitzende. Wir hatten keine Angestellten, kein Mobiliar und kein Geld. Aber wir hatten eine zündende Idee. Und so begannen wir, unser Softwarekonzept auf dem Markt zu präsentieren. Zum Glück stieß es auf große Begeisterung. Bald schloss sich Samantha unserem Team an und wir stellten weitere Mitarbeiter ein. Unsere innovativen Softwareprodukte verkauften sich in atemberaubendem Tempo und unsere Gewinne schnellten in die Höhe. In diesem ersten Jahr unserer Geschäftstätigkeit führte uns das Magazin *Business Success* als eines der am schnellsten wachsenden Unternehmen des Landes auf. Mein Vater war sehr stolz auf mich. Obwohl er damals bereits 86 Jahre alt war, traf er mit einem riesigen Obstkorb in unserem Büro ein, um unseren Erfolg zu feiern. Tränen liefen ihm über die Wangen, als er mich ansah und sagte: »Mein Sohn, deine Mutter wäre heute sehr glücklich gewesen.«

Das liegt mehr als elf Jahre zurück und wir haben unser rasantes Wachstumstempo beibehalten. GlobalView Software Solutions ist heute ein Zwei-Milliarden-Dollar-Unternehmen mit 2500 Mitarbeitern an acht Standorten auf der ganzen Welt. Erst letztes Jahr haben wir unseren neuen internationalen Hauptsitz bezogen, einen erstklassigen Komplex mit einer hochmodernen Produktionsanlage, drei olympischen Schwimmbecken und einem Amphitheater für Meetings und andere Firmenevents. Mein Partner wirkt nicht mehr am Tagesgeschäft des Unternehmens mit, sondern verbringt die meiste Zeit auf seiner Privatinsel in der Karibik oder mit Bergsteigen in Nepal. Vor einigen Jahren hat sich Samantha aus der Leitung des Unternehmens zurückgezogen, um ihrer Leidenschaft für das Schreiben zu frönen und sich stärker in der Gemeindearbeit zu engagieren. Ich bin immer noch der CEO, trage aber eine erdrückende Verantwortung, die den größten Teil meiner Zeit in Anspruch nimmt. Ich bin für den Lebensunterhalt von 2500 Menschen verantwortlich, und viele Tausende verlassen sich darauf, dass unser Unternehmen Produkte und Dienstleistungen zur Verfügung stellt, die ihnen im Alltag von Nutzen sind.

Leider starb mein Vater zwei Jahre nach der Unternehmensgründung. Obwohl er immer ahnte, dass ich überaus erfolgreich sein würde, glaube ich nicht, dass er sich hätte vorstellen können, wie gut wir heute dastehen. Ich vermisse ihn, aber bei all den Aufgaben, die ich zu bewältigen habe, bleibt mir wenig Zeit, über die Vergangenheit nachzudenken. Ich arbeite nach wie vor hart, in einer guten Woche immer noch etwa achtzig Stunden. Seit Jahren habe ich keinen richtigen Urlaub mehr gemacht, und ich bin noch genauso ehrgeizig und wettbewerbsorientiert wie an dem Tag, als ich als junger Mann von 23 Jahren bei Digitech Software Strategies zu arbeiten begann. Bis ich vor Kurzem das Glück hatte, einen ganz besonderen Lehrer kennenzulernen, versuchte ich immer noch, zu viel zu bewältigen und jeden Aspekt des Unternehmens bis ins kleinste Detail zu kontrollieren. Ich wusste, dass dies eine Schwäche war, aber ich hatte anscheinend trotzdem Erfolg.

Bis zu jenem denkwürdigen Meeting, von dem ich Ihnen gleich ausführlicher berichten werde, litt ich immer noch unter meinem Jähzorn, eine Eigenschaft, die sich verschlimmert hatte, je größer das Unternehmen und damit der Druck auf mich geworden waren. Und trotz der vielen Zeit, die vergangen war, fiel es mir immer noch schwer, Menschen zu führen und zu motivieren. Natürlich hörten meine Mitarbeiter auf mich. Aber nicht weil sie es wollten, sondern weil ihnen nichts anderes übrig blieb. Sie empfanden weder Loyalität mir gegenüber noch fühlten sie sich dem Unternehmen wirklich verpflichtet. Eher aus Angst als aus Respekt befolgten sie die Anweisungen, die ich ihnen von meiner luxuriösen Führungsloge aus erteilte. Anscheinend beruhte meine Macht einzig und allein auf meiner Position. Und ich wusste, dass dies keine gute Situation war.

Lassen Sie mich ein wenig näher auf die Herausforderungen eingehen, mit denen ich als Chef eines schnell wachsenden Unternehmens in diesen turbulenten, schnellem Wandel unterworfenen Zeiten konfrontiert war. Trotz der Expansion unseres Unternehmens war die Arbeitsmoral gesunken. Mir kam zu Ohren, dass einige Angestellte der Meinung waren, das Unternehmen sei zu schnell gewachsen und die Gewinne würden eine größere Rolle spielen als die Menschen. Andere beklagten sich, dass sie zu viel arbeiten müssten und zu wenig Unterstützung bekämen. Es gab auch Klagen von Mitarbeitern, dass ihnen aufgrund der enormen Veränderungen, mit denen sie täglich konfrontiert waren – von technologischen Innovationen bis hin zu neuen Strukturen innerhalb der Verwaltung –, der Kopf schwirre und der Körper vor Anspannung kribbele. Es herrschte wenig Vertrauen, geringe Produktivität und noch weniger Kreativität. Und soweit ich wusste, war fast jeder Firmenangehörige der Meinung, dass nur eine Person für die Probleme verantwortlich sei: ich. Die einhellige Meinung war, dass ich keine Führungsqualitäten besaß.

Obwohl das Wachstum von GlobalView Software anhielt, gab es Anzeichen dafür, dass wir vielleicht zum ersten Mal seit Jahren rote Zahlen verzeichnen müssten. Zwar verkauften sich unsere Programme immer noch gut, dennoch verloren wir Marktanteile. Unsere Mitarbeiter waren nicht mehr so innovativ und inspiriert wie in den Anfängen des Unternehmens. Als Ergebnis waren unsere Produkte nicht mehr so gut konzipiert und einzigartig. Einfach gesagt: Den Mitarbeitern schienen sie einfach egal geworden zu sein. Und ich wusste: Wenn sich diese Einstellung nicht änderte, würde sie letztlich das Ende unserer Firma bedeuten.

Überall zeigten sich Zeichen von Apathie. Die Büros waren desorganisiert und die Mitarbeiter kamen ständig zu spät. An den Weihnachtsfeiern nahm kaum mehr jemand teil und Teamarbeit gab es so gut wie nicht. Konflikte waren an der Tagesordnung und so etwas wie Initiative war kaum noch vorhanden. Sogar unsere neue Produktionsanlage wies erste Anzeichen von Verfall und Vernachlässigung auf; ihre ehemals auf Hochglanz polierten Böden waren nun mit Müll und Schmutz verunreinigt.

Bemerkenswerterweise hat sich all dies geändert. GlobalView Software Solutions steht wieder als hervorragendes Unternehmen da. Und ich weiß, wir werden noch besser werden. Unsere Firma hat sich durch die Anwendung einer sehr speziellen Formel für Führungskräfte, die mir von einem ganz besonderen Mann vermittelt wurde, verändert. Dieses einfache, aber außerordentlich effiziente System hat die Begeisterung, die einst das gesamte Unternehmen durchdrungen hat, wieder aufleben lassen, hat unsere Mitarbeiter zu einem nie da gewesenen Engagement inspiriert, die Produktivität ansteigen lassen und unsere Gewinne in eine Höhe getrieben, die ich mir in meinen kühnsten Träumen nicht hätte vorstellen können. Unsere Angestellten sind jetzt zutiefst loyal und teilen unsere Zukunftsvision. Sie arbeiten als dynamisches und höchst kompetentes Team zusammen. Und noch besser: Sie gehen gern zur Arbeit und ich arbeite gern mit ihnen. Wir alle wissen, dass wir etwas Magisches entdeckt haben und dass wir jetzt etwas Großartiges anstreben. Erst letzte Woche war ich auf der Titelseite des Magazins *Business Success* zu sehen. Die Überschrift lautete: »Das GlobalView-Wunder: Wie ein Unternehmen groß wurde.«

Worin besteht also diese wunderbare und althergebrachte Formel für Führungskräfte, die mich zum Star der Geschäftswelt gemacht hat? Wer war dieser kluge Besucher, der unser Unternehmen revolutionierte und mir zeigte, wie ich mich zu der Art von Führungspersönlichkeit entwickeln könnte, die diese turbulenten Zeiten erfordern? Ich bin fest davon überzeugt, dass die Antworten auf diese Fragen Ihre Führungsqualität sowie Ihre Lebensweise verändern werden. Es ist an der Zeit, dass Sie sie entdecken.

KAPITEL 2

Ein Mönch in meinem Rosengarten

Es war eine bizarre Szene. Wenn ich jetzt darüber nachdenke, kann ich immer noch nicht glauben, dass dies geschah. Ich hatte gerade meine übliche Montagmorgenbesprechung mit meinen Managern hinter mir, in der ich erfahren hatte, dass sich die Situation von GlobalView zunehmend verschlechterte. Bei dem Meeting hatte mir einer der Manager mitgeteilt, dass einige unserer besten Programmierer erwogen, für ein kleineres Unternehmen zu arbeiten, in dem ihre Arbeit mehr geschätzt würde. Er meinte auch, dass das Verhältnis zwischen dem Management und den Mitarbeitern täglich angespannter werde. »Sie trauen uns nicht mehr«, bemerkte er verärgert.

Ein anderer Manager fügte hinzu: »Nicht nur das, hier ist zudem nichts mehr von Teamwork zu spüren. Bevor wir so groß wurden, haben sich alle gegenseitig geholfen. Den Angestellten lag es am Herzen, ihre Arbeit gut zu machen. Wenn wir früher unter Zeitdruck standen, weil wir einen Großauftrag zu erledigen hatten, haben wir alle zusammengearbeitet, oft bis spät in die Nacht. Daran erinnere ich mich gut. Ich habe auch die Zeiten nicht vergessen, in denen die Programmierer und Manager die Ärmel hochgekrempelt haben, um den Leuten im Versand dabei zu helfen, Kartons zu versiegeln und sie für das Verladen auf die Lieferwagen vorzubereiten. Jetzt macht jeder sein eigenes Ding. Es herrscht eine Bunkermentalität, ich halte es wirklich nicht mehr aus.«

Obwohl ich während des Meetings ungewöhnlich ruhig blieb, brach mir der Schweiß aus, als ich den langen Flur hinunterging, der den Sitzungssaal mit meinem Büro verband. Die Anspannung der letzten Monate machte mich fertig und ich wusste, dass ich etwas unternehmen musste, um die Abwärtsspirale der Firma aufzuhalten. Ich wusste nur nicht, mit wem ich reden oder was ich tun sollte. Sicherlich konnte ich ein Team von Beratern beauftragen, ein paar schnelle Lösungen für die Probleme, die uns quälten, aus dem Hut zu zaubern. Aber ich spürte, dass ich tiefer graben musste, um den Ursachen dafür auf den Grund zu gehen, dass wir uns von einem visionären Unternehmen voller engagierter und mitfühlender Mitarbeiter zu einem schwerfälligen Verwaltungsapparat entwickelt hatten, in dem die Angestellten sich nach dem Feierabend sehnten.

Als ich in meinem Büro angelangt war, tropfte mir der Schweiß von der Stirn und mein Hemd war durchnässt. Meine Assistentin eilte auf mich zu, als sie meine Verfassung bemerkte, und ergriff meinen Arm. Während sie mich zu der teuren Ledercouch führte, die sich neben einem der vielen raumhohen Bücherregale in meinem luxuriösen Büro befand, fragte sie mich, ob sie meinen Arzt oder vielleicht sogar einen Krankenwagen rufen sollte. Ohne ihr zu antworten, legte ich mich auf die Couch und schloss die Augen. Irgendwo hatte ich gelesen, dass das Visualisieren einer beruhigenden Szene ein gutes Mittel sei, sich nach einem stressigen Erlebnis zu beruhigen. Und so tat ich mein Bestes.

Gerade als ich anfing, mich zu entspannen, schreckte ich durch ein lautes Geräusch zusammen. Es hörte sich an, als habe jemand einen Stein gegen eines der Fenster meines Büros geworfen. Ich sprang hoch und rannte zum großen Hauptfenster, um nach dem Übeltäter Ausschau zu halten. Doch ich konnte niemanden sehen. Vielleicht trieb der Stress, unter dem ich litt, Spielchen mit meiner Vorstellungskraft. Als ich langsam wieder zur Couch zurückkehrte, geschah es erneut, aber dieses Mal noch viel lauter. »Wer könnte das sein?«, fragte ich mich und überlegte, ob ich meine Assistentin beauftragen sollte, sofort den Sicherheitsdienst zu rufen. Vermutlich handelt es sich um einen weiteren verärgerten Computerprogrammierer, der sein Glück mit dem Chef herausfordert, dachte ich und ärgerte mich noch mehr über die Störung. Ich eilte erneut zum Fenster und entdeckte dieses Mal eine Gestalt in der Mitte des weitläufigen Rosengartens, auf den ich von meinem Büro im zweiten Stock hinunterblickte. Als ich die Augen zusammenkniff und genauer hinsah, war ich über den Anblick, der sich mir bot, völlig verblüfft.

Ich sah einen gut aussehenden jungen Mann, der Sandalen und ein rotes Gewand mit Kapuze trug, wie ich es bei einer Reise nach Tibet vor über einem Jahrzehnt bei den tibetischen Mönchen gesehen hatte. Als die Sonnenstrahlen das hübsche, faltenlose Gesicht des Fremden in Licht tauchten, flatterte sein Gewand in der leichten Brise und verlieh ihm ein geheimnisvolles, fast himmlisches Aussehen. Ein breites Lächeln überzog sein Gesicht.

Als mir klar wurde, dass es sich hier nicht um die Halluzination eines überarbeiteten CEOs handelte, dessen Unternehmen langsam ins Abseits geriet, hämmerte ich wütend gegen das Fenster. Der junge Mann blieb reglos. Er verharrte in seiner Position – und lächelte. Dann winkte er mir plötzlich eifrig zu. Diese Art von Respektlosigkeit fand ich unerträglich. Dieser Clown war unbefugt auf mein Grundstück eingedrungen, verschandelte meinen Rosengarten und versuchte eindeutig, mich zum Narren zu halten. Umgehend wies ich meine Assistentin Arielle an, den Sicherheitsdienst zu rufen. »Sie sollen unseren seltsamen Besucher sofort in mein Büro hochbringen, bevor er das Weite sucht«, befahl ich. »Ihm muss eine Lektion erteilt werden, die er sein Leben lang nicht vergessen wird.«

Innerhalb weniger Minuten standen vier Sicherheitsbeamte vor meiner Tür. Einer der Männer hielt den jungen Fremden, der mit ihnen zu kooperieren schien, behutsam am Arm fest. Zu meiner Überraschung lächelte der junge Mann nach wie vor und strahlte Stärke und Gelassenheit aus, als er im Türrahmen stand. Es schien ihn nicht im Geringsten zu beunruhigen, dass er von den Sicherheitskräften aufgegriffen und in mein Büro gebracht worden war. Und obwohl er schwieg, hatte ich das eigenartige Gefühl, dass ich es hier mit einem sehr weisen Mann zu tun hatte. Genauso war es mir immer mit meinem Vater ergangen. Ich kann es nicht anders erklären. Vielleicht war es Intuition, aber mein Bauchgefühl sagte mir, dass der junge Mann trotz seines jugendlichen Aussehens sehr weise war. Ich glaube, es waren seine Augen, die mir das verrieten.

Im Lauf meiner Geschäftstätigkeit habe ich festgestellt, dass die Augen eines Menschen die Wahrheit enthüllen können. Wenn man sich die Zeit nimmt, sie zu studieren, können sie Wärme, Unsicherheit, Unaufrichtigkeit oder Integrität verraten. Die Augen des jungen Mannes verrieten mir, dass er weise war. Sie ließen auch erkennen, dass er das Leben liebte und vielleicht sogar eine leicht verschmitzte Ader besaß. Das Sonnenlicht, das in mein Büro strömte, schien die Augen des Fremden zum Funkeln zu bringen. Aus der Nähe betrachtet, bestand das rubinrote Gewand des jungen Mannes aus einem hochwertigen Stoff und war hervorragend gefertigt. Obwohl er sich in meinem Büro befand, hatte er die Kapuze nicht zurückgeschlagen, was seine auffallende Erscheinung noch geheimnisvoller erscheinen ließ.

»Wer sind Sie und warum haben Sie Steine gegen mein Fenster geworfen?«, fragte ich. Ich spürte, dass mein Gesicht sich erhitzte und meine Handflächen noch feuchter wurden.

Der junge Mann schwieg immer noch, und nach wie vor umspielte ein Lächeln seine vollen Lippen. Dann bewegte er die Hände, führte die Fingerspitzen in einer Gebetshaltung zusammen und entbot mir den in Indien üblichen Gruß.

Dieser Kerl ist einfach unglaublich, dachte ich. Zuerst dringt er in meinen Rosengarten ein, auf den ich so gern von meinem Büro aus blicke, wenn alles um mich herum verrücktspielt. Dann wirft er Steine gegen mein Fenster und jagt mir einen Mordsschrecken ein. Und jetzt, umgeben von vier kräftigen Sicherheitsbeamten, die nicht zu scherzen pflegen und ihn im Nu in die Knie zwingen könnten, treibt er seine Spielchen mit mir.

»Hör zu, Junge, ich weiß nicht, wer du bist oder woher du kommst, und um ehrlich zu sein, ist es mir auch egal«, rief ich aus. »Du kannst weiterhin dieses alberne Gewand tragen und mich dumm anlächeln. Sei so großspurig, wie du willst, denn ich habe vor, die Polizei zu rufen. Aber wieso brichst du vorher nicht einfach das Schweigegelübde, für das ihr Mönche so berühmt seid, und erklärst mir, warum du hier bist?«

»Ich bin hier, um dir dabei zu helfen, deine Führungsrolle neu zu erfinden, Peter«, erwiderte der junge Mann in einem unerwartet gebieterischen Ton. »Ich bin hier, um dir zu helfen, dein Unternehmen wieder in Schwung zu bringen und ihm dann zu Weltklasseniveau zu verhelfen.«

Woher kannte er meinen Namen? Vielleicht war der Kerl gefährlich. Ich bin froh, dass die Sicherheitsleute in der Nähe sind, dachte ich insgeheim. Was sollte dieser Unsinn, mir zu helfen, meine Führungsrolle neu zu erfinden und mein Unternehmen wieder in Schwung zu bringen? Wenn dieser Clown eine Art Berater war, der versuchte, meine Aufmerksamkeit für einen lukrativen Vertrag zu gewinnen, dann ging er es völlig falsch an. Warum schickte er mir nicht einfach ein Angebot, so wie die anderen überbezahlten, unterbeschäftigten »Erneuerer«, die ein erstaunliches Talent dafür haben, nutzlose Projekte zu schaffen, die garantieren, dass sie rechtzeitig in Frührente gehen können?

»Peter, du hast keine Ahnung, wer ich bin, oder?«, fragte er freundlich.

»Nein, ich bedauere, ich habe keine Ahnung. Und wenn du es mir nicht auf der Stelle verrätst, werde ich dir einen Tritt in deinen Allerwertesten verpassen und dich so durch den Flur auf den Parkplatz befördern«, brüllte ich drohend.

»Wie ich sehe, hast du immer noch dein aufbrausendes Temperament, Peter. Wir werden daran arbeiten müssen, denn dadurch gewinnst du wahrlich nicht die Loyalität deines Teams. Und ich weiß, dass es dir auch beim Golfen schadet, worin du noch nie besonders gut warst«, sagte der junge Mann und brach in Lachen aus.

»Hast du überhaupt eine Ahnung, mit wem du sprichst, du arroganter kleiner Störenfried?«, brüllte ich, ohne mich davon beeindrucken zu lassen, dass der Fremde fast zwei Meter groß und in hervorragender körperlicher Verfassung war. »Wie kannst du es wagen, mich wegen meines Temperaments zu kritisieren? Und woher weißt du so viel über mein Golfspiel? Wenn du mir nachgestellt hast, werde ich definitiv die Polizei einschalten und dich anzeigen, denn das ist ein sehr schweres Vergehen«, bemerkte ich und steigerte mich in eine Raserei hinein, die mich wieder stark ins Schwitzen brachte.

Dann tat der junge Mann etwas, das mich erstaunte. Er hob die Hand, griff tief in sein Gewand und förderte etwas zutage, das wie ein vergoldeter Golfball aussah. Diesen warf er hoch in die Luft, damit ich ihn auffing. »Ich dachte, du würdest ihn vielleicht zurückhaben wollen«, sagte er, immer noch lächelnd.

Voller Erstaunen blickte ich auf den Golfball, der nun in meiner Handfläche lag, denn er trug folgende Inschrift: *Für Julian, den Mann, der alles hat, ein goldener Golfball zum fünfzigsten Geburtstag.* Die Unterschrift lautete: *Für immer dein Freund, Peter.* Wie war der junge Mann an diesen Ball gekommen? Ich hatte ihn vor ein paar Jahren meinem ehemaligen Golfpartner Julian Mantle geschenkt. Dieser war eine Legende in der Geschäftswelt gewesen und einer der wenigen Freunde, die mir über die Jahre treu geblieben waren. Er war ein Mann mit einem brillanten Verstand und galt weithin als einer der besten Anwälte des Landes. Im Gegensatz zu mir stammte er aus einem reichen Elternhaus. Sein Großvater war ein berühmter Senator und sein Vater ein hoch angesehener Richter am Bundesgerichtshof gewesen. Schon von früh an auf Erfolg getrimmt, schloss Julian die Harvard Law School als Jahrgangsbester ab und ergatterte eine heiß begehrte Stelle in einer unglaublich erfolgreichen Anwaltskanzlei.

Innerhalb weniger Jahre erlangte er im ganzen Land Berühmtheit und zu seinen namhaften Mandanten zählten milliardenschwere Unternehmen, große Sportmannschaften und sogar Regierungschefs. Auf dem Höhepunkt seiner Karriere stand er einem Team von 85 talentierten Anwälten vor und gewann eine Reihe von Prozessen, die mich bis heute staunen lassen. Mit einem siebenstelligen Einkommen konnte er sich alle Wünsche erfüllen: eine Villa in einer vornehmen Wohngegend, in der sich vorzugsweise Prominente niedergelassen hatten, einen Privatjet, ein Ferienhaus auf einer tropischen Insel und seinen wertvollsten Besitz – einen glänzenden roten Ferrari, der in der Mitte seiner Einfahrt geparkt war. Doch genau wie ich hatte auch Julian seine Schwächen.

Er war ein Workaholic, arbeitete regelmäßig die Nacht durch und gönnte sich dann ein paar Stunden Schlaf auf der Couch seines luxuriösen Eckbüros, bevor die Plackerei wieder von vorne losging. Obwohl ich sehr gern Golf mit ihm spielte, hatte er selten Zeit. Stets servierte mir seine Assistentin dieselbe Ausrede: »Mr. Franklin, es tut mir leid, aber Mr. Mantle kann diese Woche wegen eines dringenden Falls nicht Golf mit Ihnen spielen. Er bittet um Entschuldigung.« Der Mann verlangte sich ständig alles ab und verlor mit der Zeit die meisten seiner Freunde sowie seine einst so verständnisvolle Frau.

Ich vermutete ernsthaft, dass Julian so etwas wie Todessehnsucht oder dergleichen hatte. Er arbeitete nicht nur weit über seine physischen und psychischen Grenzen, sondern lebte auch dementsprechend. Er war bekannt für seine spätabendlichen Besuche der besten Restaurants der Stadt in Begleitung attraktiver junger Models und für seine leichtsinnigen Alkoholexzesse mit seinen Kumpanen, die oft in Schlägereien ausarteten, über die am nächsten Tag in den Zeitungen groß berichtet wurde. Trotz gegenteiliger Behauptungen war Julian Mantle dabei, sich ein frühes Grab zu schaufeln. Ich wusste es, die Anwälte seiner Firma wussten es, und ich vermute, tief in seinem Inneren wusste es auch Julian.

Ich beobachtete Julians stetigen Abstieg mit Bedauern. Mit 53 Jahren sah er aus wie Ende 70. Der Dauerstress und die Belastung, die sein aufreibender Lebensstil mit sich brachten, hatten ihm körperlich enorm zugesetzt und sein Gesicht mit Falten überzogen. Die spätabendlichen Dinner in teuren französischen Restaurants, das Rauchen dicker kubanischer Zigarren und das Hinunterkippen diverser Cognacs führten zu erschreckendem Übergewicht. Er beklagte sich ständig, dass er es satt hatte, dauernd krank und müde zu sein. Mit der Zeit verlor er auch seinen unverkennbaren Sinn für Humor und lachte nur noch selten. Er hörte sogar irgendwann auf, Golf zu spielen, obwohl ich wusste, dass er diesen Sport sowie unsere gemeinsamen Unternehmungen liebte. Vor lauter Arbeit hörte Julian auch auf, mich anzurufen. Ich wusste, dass er meine Freundschaft genauso benötigte wie ich seine, aber ich glaube, es kümmerte ihn einfach nicht.

Dann brach eine Tragödie über den großen Julian Mantle herein. An einem Montagmorgen brach er mitten in dem brechend vollen Gerichtssaal zusammen, in dem er Air Atlantic, seinen besten Firmenkunden, vertrat. Inmitten der hysterischen Schreie seiner Anwaltsgehilfin und klickender Kameras der anwesenden Medienreporter wurde er eilends ins Krankenhaus gebracht. Die Untersuchung ergab einen schweren Herzinfarkt und Julian wurde auf die kardiologische

Intensivstation verlegt. Der Kardiologe meinte, er habe noch nie einen Patienten erlebt, der dem Tod so nahe gewesen sei wie Julian. Aber irgendwie überlebte er. Die Ärzte sagten, Julian sei ein Kämpfer und scheine »einen heroischen Lebenswillen« zu haben.

Dieser traurige Vorfall veränderte Julian tiefgreifend. Bereits am nächsten Tag gab er bekannt, dass er seine Anwaltstätigkeit für immer aufgeben werde. Mir war zu Ohren gekommen, Julian sei zu einer Art Expedition nach Indien aufgebrochen. Er erklärte einem seiner Partner, er »benötige ein paar Antworten«, und hoffe, sie in diesem alten Land zu finden, das im Lauf der Jahrhunderte große Weisheit gesammelt habe. In einem dramatischen Schlussakt hatte Julian seine Villa, seinen Privatjet und seine Privatinsel verkauft. Doch am meisten verblüffte mich seine letzte Tat vor seiner Abreise: *Julian verkaufte seinen heißgeliebten Ferrari.*

Ich lenkte meine Aufmerksamkeit wieder auf den jungen Fremden in der Mönchskutte, der jetzt mitten in meinem Büro stand. Er lächelte immer noch und die Kapuze war nach wie vor über sein dichtes braunes Haar gezogen. »Wie bist du an diesen Golfball gekommen?«, fragte ich in ruhigem Ton. »Vor ein paar Jahren habe ich ihn einem lieben Freund zu einem ganz besonderen Geburtstag geschenkt.«

»Das weiß ich«, erwiderte der Besucher. »Und er hat dein Geschenk wirklich zu würdigen gewusst.«

»Darf ich erfahren, woher du das weißt?«, beharrte ich.

»Weil ich der gute Freund bin. Ich bin Julian Mantle.«

KAPITEL 3

DIE WUNDERSAME VERWANDLUNG EINES UNTERNEHMENS-KRIEGERS

Was ich gerade gehört hatte, versetzte mich in Erstaunen. Konnte sich hinter diesem jungen Mann, der sich bester Gesundheit erfreute, tatsächlich Julian Mantle verbergen, ein Mann, der vom Gipfel des Erfolgs so tief gefallen war wie niemand sonst, den ich kannte? Und wenn er es tatsächlich war, wie konnte sich dann sein Aussehen auf derart erstaunliche Weise verändert haben? Ich wusste, dass Julian seine Villa und sein Ferienhaus verkauft und sogar sein Glanzstück, seinen roten Ferrari, aufgegeben hatte. Ich wusste, dass er das Drum und Dran der Geschäftswelt hinter sich gelassen hatte und zum Wandern in den Himalaja aufgebrochen war, um Antworten auf die drängenden Fragen zu finden, die ihn bewegten. Doch eine einzige Reise zu diesem alten und mystischen Ort konnte einen Mann, der sich so aufgerieben hatte, wohl kaum so tiefgreifend verändern.

Verstört durch das bizarre Szenario, das sich soeben vor mir abgespielt hatte, erwog ich einige andere Möglichkeiten. Vielleicht handelte es sich hier um einen Streich, den einer meiner eher kindischen Manager ausgeheckt hatte, um etwas Leichtigkeit in die spannungsgeladene Woche zu bringen. Vielleicht war der junge Mann aber auch ein Spitzel eines Konkurrenten, der versuchte, sich in unser Unternehmen einzuschmuggeln, um festzustellen, wie prekär unsere Lage wirklich war. Vielleicht war dieser Besucher in Mönchskutte ein geistesgestörter Eindringling, der mir ernsthaften Schaden zufügen wollte. Doch bevor ich diese Optionen genauer unter die Lupe nehmen konnte, ergriff der junge Mann das Wort.

»Peter, ich weiß, es fällt dir schwer zu glauben, dass ich es wirklich bin. Wäre ich an deiner Stelle, würde es mir genauso gehen. Ich verlange von dir nur etwas Vertrauen, etwas Glauben an die kleinen Wunder des Lebens. Es gibt einen Anlass für meinen Besuch.«

»Und der wäre?«, fragte ich, immer noch unsicher, wer da vor mir stand.

»Ich will es dir gerne verraten. Ich habe gehört, dass du in großen Schwierigkeiten steckst, und ich bin hier, um dir zu helfen. Wenn das, was ich nach meiner Rückkehr vom Himalaja über GlobalView gehört habe, stimmt, kannst du es dir nicht leisten, dir das, was ich zu sagen habe, nicht anzuhören. Ich bin auf wertvolle Informationen gestoßen, die dir und deinem Unternehmen wieder zum einstigen Erfolg verhelfen werden. Ich verfüge über Wissen, das dich wieder zum Marktführer werden lässt. Ich habe Lektionen gelernt, die dir zeigen werden, wie du die loyalsten, engagiertesten und mitfühlendsten Mitarbeiter in deiner Firma haben wirst. Diese Informationen erhielt ich von einem sehr weisen Lehrer, den ich hoch oben in den Bergen traf. Die zeitlose Weisheit, die er mir vermittelte, ist hier im Westen nicht sehr bekannt. Doch sie ist so wirksam und so tiefgreifend, dass ich davon überzeugt bin, dass sie dein gesamtes Unternehmen revolutionieren und deine Bilanz wundersam verändern wird.«

»Sprich weiter«, erwiderte ich. Meine Neugier war geweckt.

»Bei der Weisheit, die ich mit dir teilen möchte, handelt es sich um ein einmaliges, aber äußerst leistungsstarkes System, gewissermaßen eine Art Führungsplan. Er ist tatsächlich narrensicher. Befolge das System, lehne dich dann zurück und beobachte, wie sich dein Unternehmen wieder von Grund auf erholt. Tatsächlich ist es so konzipiert, dass es weit mehr als das tut. Wenn du dich voller Überzeugung an die Formel hältst, wird dein Unternehmen erfolgreicher sein denn je. Es wird sich auf eine Weise verbessern, die du nie für möglich gehalten hättest. Die Arbeitsmoral und die Produktivität werden enorm zunehmen. Deine Mitarbeiter werden engagierter und kreativer sein denn je. Sie werden viel zugänglicher und offener für einen Wandel sein. Dein Team wird zusammenarbeiten und jeder Einzelne wird sich wieder für seinen Job engagieren. Und die Gewinne werden ins Unermessliche steigen.«

»Gut, du hast meine Aufmerksamkeit«, erwiderte ich. »Aber zuerst möchte ich dich etwas fragen. Angenommen, du bist Julian, was kaum zu glauben ist. Warum bist du dann wie ein Mönch gekleidet? Der Julian Mantle, den ich kannte, würde nichts anderes als Armani tragen.«

»Eine berechtigte Frage, mein Freund«, erwiderte der junge Mann mit einem schalkhaften Grinsen, das, wie ich schnell erkannte, dem ähnelte, für das Julian in seinen jüngeren Jahren berühmt war. »Hast du was dagegen, wenn ich mit meinen Erklärungen von vorne beginne?«

»Ich bin ganz Ohr«, erwiderte ich und lehnte mich in meinem geräumigen Chefsessel zurück, um mir, wie ich vermutete, eine gute Geschichte anzuhören.

Der junge Mann berichtete im Detail vom Aufstieg und Fall des legendären Julian Mantle, von seiner Zeit als hochbegabter Student an der Harvard Law School bis zu seinem unvergleichlichen Erfolg als Prozessanwalt, der einige der komplexesten Rechtsfälle des Landes bearbeitete. Er sprach offen über seine Erfolge und auch über seinen Niedergang. Er erwähnte seine Träume, seine Ängste, seine gescheiterte Ehe und seinen Herzinfarkt. Er ging sogar auf die Feinheiten meines Golfspiels ein und erklärte mir, dass er unsere heiteren Nachmittage in der Sonne schmerzlich vermisste.

»Sie waren wirklich großartig«, unterbrach ich ihn und ahnte, dass dieser junge Fremde im Gewand der Weisen tatsächlich mein lange vermisster Freund Julian Mantle sein könnte. Wer sonst hätte all diese Einzelheiten wissen können? Ich saß schweigend da, wusste nicht, was ich als Nächstes sagen sollte. Dann stand ich auf und ging auf ihn zu.

»Julian, du bist es wirklich, nicht wahr?«, sagte ich entschuldigend.

»Ja, und es ist so schön, dich nach all den Jahren zu sehen. Der Golfball, den du mir zum Fünfzigsten geschenkt hast, hat mir wirklich viel bedeutet.«

Ich freute mich sehr, ihn zu sehen. Wir umarmten uns, wie es nur alte Freunde tun können, und schwelgten in Erinnerungen an unsere gemeinsamen glorreichen Zeiten. Aber in meinem Hinterkopf nagte noch immer ein Gedanke. Ich konnte einfach keine rationale Erklärung für Julians erstaunliche Jugendlichkeit finden.

Julian, der mein Unbehagen spürte, fragte auf die ihm eigene Art: »Du würdest zu gern meine Schönheitsgeheimnisse erfahren, stimmt's?« Dabei verzog er die Lippen zu einem breiten Grinsen.

»Julian, hör auf, mich auf den Arm zu nehmen. Erst kreuzt du nach all den Jahren unangekündigt in diesem albernen Gewand auf, bewirfst mein Bürofenster mit Steinen und jagst mir an einem ohnehin stressigen Tag einen gehörigen Schrecken ein. Dann verblüffst du mich, indem du mir verrätst, wer du bist, und erzählst mir, dass du mir unbezahlbares Wissen vermitteln kannst, das irgendwie mein verflixtes Unternehmen retten wird. Und jetzt willst du mir nicht einmal erklären, wie du es geschafft hast, dem Verschleiß der Jahre zu trotzen und so auszusehen. Julian, du bewegst dich auf einem schmalen Grat«, bemerkte ich und spielte den Verärgerten.

»Nach meinem Herzinfarkt habe ich beschlossen, einige drastische Veränderungen vorzunehmen. Sicherlich hast du gehört, dass ich die Villa, das Ferienhaus und meine übrigen Spielsachen verkauft habe.«

»Du hättest wenigstens den Ferrari behalten können, Julian. Es war ein so tolles Auto. Ich sehe dich noch vor mir, wie du mit der sexy Blondine, deiner neuesten Flamme, darin herumgefahren bist.«

Julian lächelte kurz. »Die mit dem heißen rosa Minirock?«

»Genau.«

Dann wurde er nachdenklich. »Ich musste jegliche Verbindung zu meiner früheren Welt abbrechen, wenn ich wirklich ein neues Leben beginnen wollte. Ich liebte den Ferrari, aber ich wusste, ich musste mich von ihm trennen. Sonst wäre es so gewesen, als hätte ich versucht, auf Segeltour zu gehen, aber gehofft, dass zur Sicherheit ein kleines Stück Seil am Dock befestigt bliebe. Das konnte nicht funktionieren. Also verkaufte ich alles, was meinen dynamischen kompromisslosen Lebensstil symbolisierte, und machte mich nach Indien auf, ein Land, das, wie ich vermutete, reich an Wissen und Wahrheit war.«

Julian beschrieb dann, wie er auf der Suche nach Erkenntnissen, die er zur Verbesserung seiner Arbeits- und Lebensweise nutzen konnte, dieses weitläufige Land durchstreift hatte. Manchmal war er mit dem Zug gefahren, manchmal mit dem Fahrrad, manchmal auch zu Fuß gegangen. Er besichtigte alte Tempel und studierte bei renommierten Lehrern. Er lernte andere Menschen kennen, die ebenfalls auf der

Suche nach Antworten auf die großen Lebensfragen waren, und schloss Freundschaften, die bis heute bestehen. Doch während seiner ersten Monate in Indien blieb es ihm versagt, die Weisheit zu finden, nach der er suchte. Als er dann immer weitersuchte, hörte er davon, dass angeblich hoch oben im Himalaja eine Gruppe Mönche lebte.

Der Legende nach hatten diese Weisen, die die Großen Weisen von Sivana genannt wurden – Sivana bedeutet in ihrer Sprache »Oase der Erleuchtung« –, ein außerordentliches System entwickelt, das dazu genutzt werden konnte, höchst erstaunliche Ebenen persönlicher und beruflicher Erfüllung zu erlangen. Das einzige Problem war, dass niemand wusste, wo sich die Mönche aufhielten.

»Viele Menschen hatten schon versucht, sie zu finden«, erklärte Julian. »Geschäftsleute machten sich auf die Suche nach ihnen, um ihre tiefsinnigen Einsichten über Führungsqualitäten in der Welt der Wirtschaft zu erfahren. Andere wiederum suchten nach den Mönchen, um von ihnen zu lernen, wie man sein Leben richtig führt. Aber die höheren Regionen des Himalaja sind tödlich, und viele Menschen verloren auf der Suche nach diesen schwer fassbaren Weisen ihr Leben.«

Julian, der noch nie einer Herausforderung aus dem Weg gegangen war, schlug alle Bedenken in den Wind und machte sich selbst an den Aufstieg, wild entschlossen, zu finden, wonach er suchte. Viele Tage und Nächte erklomm er diese majestätischen Berge, wobei er mit den gemäßigten Gebirgsausläufern begann und dann immer steilere Pfade nahm, die ihn, wie er hoffte, zum Aufenthaltsort der Großen

Weisen führen würden. Er berichtete mir, dass er diese Zeit in der Einsamkeit nutzte, um über sein bisheriges Leben nachzudenken, darüber, wie es gewesen war und wie es sein könnte.

»In der Geschäftswelt war ich so sehr damit beschäftigt, etwas zu tun zu haben, dass ich nie die Zeit fand, über das Leben nachzudenken. Dabei gehören Reflexion und Kontemplation zu den wichtigsten Fähigkeiten innerhalb eines Unternehmens. Seitdem habe ich erkannt, dass in dieser informationsgesteuerten Welt, in der wir leben, Ideen die Grundelemente des Erfolgs sind, und die effektivsten Menschen die effektivsten Denker sind«, bemerkte Julian. »Die Zeit, die ich allein in dem Gebirge verbrachte, bewirkte eine Veränderung in mir. Zum ersten Mal in meinem Leben fing ich an, ein echtes Gefühl für mein Selbst zu entwickeln und zu verstehen, wer ich wirklich war.«

Als er seinen Weg fortsetzte, wurde er müde und befürchtete, dass er wie so viele hoffnungsvolle Abenteurer vor ihm Opfer des tückischen Terrains werden würde. Doch dann kam der Durchbruch. Als er an einem sonnigen Morgen einen besonders steilen Pfad erklomm, erblickte er flüchtig eine Gestalt, die ihn in ihrem lang wallenden roten Gewand mit dunkelblauer Kapuze fremdartig anmutete. Julian hatte viele Tage mühsamen Anstiegs gebraucht, um hierher zu gelangen, und war erstaunt, einen anderen Menschen zu treffen. Da er kilometerweit von der Zivilisation entfernt war und immer noch nicht genau wusste, wo sich Sivana befand, sprach er die fremde Person an.

Doch diese reagierte nicht, sondern beschleunigte ihre Schritte. Ohne Julian auch nur eines Blickes zu würdigen, setzte sie ihren Weg in rasantem Tempo fort, und das rote Gewand flatterte im Wind.

»Bitte, ich brauche deine Hilfe, um Sivana zu finden. Ich bin auf der Suche nach den Weisen«, rief Julian. »Seit sieben Tagen bin ich mit einem Minimum an Proviant und Wasser unterwegs. Ich glaube, ich habe mich verirrt.«

Unvermittelt blieb die Gestalt stehen. Als Julian näher kam, verhielt sich die fremde Person, deren Gesicht durch die Kapuze verdeckt war, auffallend still. Plötzlich verfing sich ein Sonnenstrahl in ihrem Gesicht und enthüllte, dass es sich um einen Mann handelte. Doch der weltgewandte Julian Mantle hatte noch nie einen solchen Mann erblickt. Obwohl er ihn auf Ende fünfzig schätzte, war sein olivfarbener Teint ebenmäßig und glatt. Sein Körper wirkte stark und kräftig und der Mann strahlte Vitalität und Kraft aus. Und sein Blick war so durchdringend, dass Julian erklärte, er habe wegschauen müssen.

»Ich merkte ziemlich bald, dass ich einen der schwer fassbaren Weisen von Sivana gefunden hatte«, erklärte Julian, dem die Begeisterung über diese Entdeckung noch immer anzumerken war, obwohl seit damals einige Zeit verstrichen war. »Also schüttete ich ihm dort oben auf dem Berg mein Herz aus. Ich erklärte ihm, warum ich da war und was ich zu erfahren hoffte. Ich berichtete ihm von meinem früheren Leben in der Geschäftswelt, von meinem Herzinfarkt und von meiner Sehnsucht, die Geheimnisse echter Führungsqualitäten in der Geschäftswelt und im Privatleben zu finden. Ich bat ihn inständig, mich zu seinen Mitbrüdern zu bringen und mir zu erlauben, deren Weisheit für mich selbst zu entdecken.«

Nachdem der Mann aufmerksam Julians Bericht zugehört hatte, legte er ihm den Arm um die Schultern und sagte sanft: »Wenn du wirklich den Herzenswunsch hast, die Weisheit eines besseren Wegs zu erfahren, dann ist es meine Pflicht, dir zu helfen. Ich bin tatsächlich einer jener Weisen, die zu finden du einen so weiten Weg auf dich genommen hast. Seit vielen Jahren bist du der erste Mensch, der uns gefunden hat. Ich gratuliere dir. Ich bewundere deine Hartnäckigkeit. Du musst ein guter Anwalt gewesen sein. Wenn du willst, kannst du mich als mein Gast zu unserem Tempel begleiten. Er liegt in einem verborgenen Teil dieser Berggegend, noch viele Stunden von hier entfernt. Meine Brüder und Schwestern werden dich mit offenen Armen willkommen heißen. Wir werden gemeinsam daran arbeiten, dich die althergebrachten Prinzipien und Strategien zu lehren, die unsere Vorfahren im Lauf der Jahrhunderte weitergegeben haben.«

Doch der Weise stellte Julian eine Bedingung. »Bevor ich dich in unsere private Welt mitnehme und dir unser kollektives Wissen vermittle, muss ich dich um ein Versprechen bitten. Obwohl wir hier in diesen magischen Bergen isoliert sind, sind wir uns des Aufruhrs, in dem sich eure Welt befindet, sehr wohl bewusst. Führungspersönlichkeiten aller Art bemühen sich, mit dem großen Umschwung und den gewaltigen Turbulenzen fertigzuwerden, die dieses neue

Business-Zeitalter mit sich gebracht hat. Noch nie war der Wettbewerb so erbittert, das Tempo der Veränderung so schnell. Die Moral sinkt, während die Menschen sich darum bemühen, festen Boden unter die Füße zu bekommen. Angesichts all dieser Umwälzungen empfinden die Menschen ihren Unternehmen gegenüber keine Loyalität mehr. Ihnen fehlt jegliche Beziehung zu ihrer Arbeit. Leider können zu viele Männer und Frauen in dem, was sie tun, keinen Sinn mehr finden, was wiederum bewirkt hat, dass ihnen die Erfüllung in ihrem Leben fehlt. Dein Herzinfarkt war ein persönlicher Beweis dafür. Aber es gibt Hoffnung für diese Menschen, und diese wird ihnen von dir vermittelt werden.«

»Wie soll die Hoffnung von mir kommen?«, fragte Julian. »Ich bin hier, um von dir zu lernen.«

»Mach dir keine Sorgen«, erwiderte der Weise. »Während du hier bei uns in diesen mystischen Bergen bist, wirst du ein bemerkenswertes System für echte Führerschaft entdecken. Wir zeigen dir eine Formel, die jede Führungskraft in der Geschäftswelt sofort anwenden kann, um die Effektivität ihres Unternehmens zu verändern und ein weitaus höheres Maß an Wertschöpfung und Wohlstand zu erreichen. Wir werden dir auch zeitlose Wahrheiten für die persönliche Führungskompetenz beibringen, damit du dein eigenes Leben wieder in den Griff bekommst und deine Lebensweise anders gestaltest als zuvor. Nur wenige Menschen auf dieser Welt besitzen das Privileg, die Weisheit für Führungskräfte zu erlernen, die du dir aneignen wirst. Und doch ist es so wichtig, dass sie allen zugänglich gemacht wird. Bevor ich dich also mit unserer Kultur vertraut mache und dich meinen Brüdern und Schwestern vorstelle, muss ich dich um die Erfüllung eines Versprechens bitten.«

Der Weise verlangte dann von Julian, dass er die Lektionen, die ihm von den Großen Weisen von Sivana zuteilwürden, mit all jenen Menschen im Westen teilen sollte, die es nötig hatten, sie zu hören. Es wäre seine Aufgabe, als Sprachrohr für die altüberlieferte Weisheit der Weisen zu dienen, sie in diesem Teil der Welt zu verbreiten und dabei das Leben vieler zu verändern. Julian willigte ohne Zögern in die Bedingungen des Weisen ein und versprach, die Botschaft der Weisen voller Aufrichtigkeit und Hingabe im Westen zu verbreiten.

»Erzähl mir nicht«, warf ich vorausschauend ein, »dass ich zu den Menschen gehöre, die die Weisheit der Weisen hören müssen.«

»Glaub mir, Peter, du wirst froh darüber sein. Weder du noch dein Unternehmen werden je wieder dieselben sein.«

Meine übliche Skepsis ignorierend, erwiderte ich voll ungewöhnlichem Enthusiasmus: »Wann können wir anfangen?«

Ich glaube, ich war es einfach leid, dass unser Unternehmen in keiner Weise vorankam, und hoffte, Julian könnte wirklich den Plan für die dringend benötigte Erneuerung und Veränderung liefern. Trotz seiner vielen Schwächen gab es etwas, über das sich alle, die Julian Mantle kannten, einig waren: Er sagte immer die Wahrheit.

»Wie wäre es mit morgen Nachmittag? Wäre 17 Uhr okay?«, erkundigte sich Julian und griff mit der rechten Hand in sein Gewand.

»Ich hatte mit einem unserer strategischen Partner ein Meeting geplant, aber ich werde es verschieben. Natürlich ist 17 Uhr okay, Eure Heiligkeit«, erwiderte ich spöttisch. »Sollen wir uns hier treffen? Du scheinst eine Schwäche für meinen Rosengarten zu haben. Und die Sicherheitsbeamten kennen dich ja bereits.«

»Eigentlich hatte ich einen anderen Treffpunkt geplant. Treffen wir uns doch in unserem alten Golfclub. Ich muss dir etwas zeigen und dieser Ort ist ideal.«

Dann zog er etwas aus seinem Gewand, das wie ein kleines Puzzleteil aus Holz aussah. Genauso wie er es vorher mit dem goldenen Golfball gemacht hatte, warf er es in die Luft, damit ich es fing.

Nachdem er mich mit einem flüchtigen Lächeln bedacht hatte, machte er auf dem Absatz kehrt und ging an den Sicherheitsbeamten vorbei, die im Gang vor meiner Tür Kaffee getrunken hatten. »Bis morgen«, hörte ich Julian noch rufen.

Als ich meinem ehemaligen Golfpartner nachsah und beobachtete, wie das lange rote Gewand hin und her schwang, während er durch den langen Flur auf den Ausgang zusteuerte, schüttelte ich ungläubig den Kopf. Ich fühlte ein Prickeln, das ich schon lange nicht mehr gespürt hatte. Vielleicht bestand doch noch Hoffnung für GlobalView. Vielleicht würde ich es schaffen, meine Mitarbeiter wieder zu inspirieren und zu verjüngen. Vielleicht konnte ich tatsächlich wieder eine klare Vision für die Zukunft dieses ehemals erfolgreichen Unternehmens gewinnen. Vielleicht würde dieses besondere System der Führerschaft, das Julian im Himalaja entdeckt hatte, es uns ermöglichen, die Chancen zu nutzen, die der neue Markt präsentierte, und weitaus größere Erfolge zu verzeichnen denn je. Und vielleicht würde ich endlich erfahren, wie Julian sich von Grund auf verändert hatte.

Als ich mich dabei ertappte, wie ich auf den meterhohen Stapel von Papieren auf meinem Schreibtisch starrte, wandte ich den Blick dem Puzzleteil aus Holz zu, das Julian mir zugeworfen hatte. Ich bemerkte, dass ein Muster aufgedruckt war. Doch selbst bei näherer Betrachtung konnte ich nicht herausfinden, was es war. Aber ich sah, dass auch Worte in das Holz geritzt waren. Wie seltsam, dachte ich. Die Worte waren fast unleserlich, waren wohl im Laufe der Zeit abgenutzt. Ich griff schnell in die Schublade meines Schreibtisches und holte ein Vergrößerungsglas heraus. Endlich gelang es mir, die Worte zu entziffern. Sie lauteten einfach *Ritual 1: Verknüpfe Gehaltsscheck mit Ziel.*

KAPITEL 4

Weise Mitarbeiterführung – Eine Vision

Von all den schönen Wahrheiten über die Seele, die in diesem Zeitalter neu erweckt und ans Licht gebracht wurden, ist keine beglückender oder reicher an göttlichen Verheißungen und Zuversicht als diese – dass du der Herr deiner Gedanken bist, der Gestalter deines Charakters und der Schöpfer und Formgeber von Voraussetzungen, Umfeld und Schicksal.

James Allen

Mein Herz schlug bis zum Hals, als ich auf die mit Bäumen gesäumte Landstraße einbog, die mich schließlich zu meinem Golfclub führen würde. Dieser galt als einer der angesehensten des ganzen Landes. Richter, Senatoren, Finanziers und Prominente zählten zu seinen Mitgliedern, und eine zehnjährige Warteliste garantierte, dass dies auch in absehbarer Zukunft so sein würde. Ich war glücklich, einem solchen Club angehören zu können. Noch glücklicher wäre ich gewesen, wenn ich die Zeit gehabt hätte, regelmäßiger dort Golf zu spielen. Angesichts der Turbulenzen, mit denen GlobalView konfrontiert war, konnte ich von einer Runde Golf nur träumen.

Als ich auf das Clubhaus zuging, einen massiven Holzbau mit majestätischen Säulen und einem atemberaubenden Blick auf den vorbildlich gepflegten Golfplatz sowie die üppigen Gärten, die ihn umgaben, entdeckte ich Julian. Er saß oben auf der Veranda. Ein Sonnenschirm schützte ihn vor der späten Nachmittagssonne. Er schien ein Buch zu lesen, während er an seinem Drink nippte. Und der strengen Club-Kleiderordnung zuwiderhandelnd, trug er immer noch sein rubinrotes Gewand. Unwillkürlich musste ich lächeln. Julian machte immer alles auf seine Weise. Und dafür musste man ihn einfach lieben.

»Julian«, rief ich, als ich aus dem Auto stieg und die Treppe zur Veranda hochging.

Als ich auf ihn zukam, stand er auf und reichte mir die Hand.

»Danke, dass du gekommen bist, Peter. Ich verspreche dir, du wirst nicht enttäuscht sein.«

Als wir Platz genommen hatten, bestellte ich einen Martini. Es war wieder ein harter Tag im Büro gewesen und ich glaubte, dass ich mich bei einem Drink entspannen könnte. In den vergangenen Monaten stand ich so sehr unter Druck, dass mir alles willkommen war, was meine Nerven beruhigen würde. »Was liest du da?«, fragte ich und warf einen Blick auf das ledergebundene Buch, das Julian in der Hand hielt.

»Es ist ein Buch über das Leben von Gandhi.«

»Ich wusste nicht, dass du dich für Gandhi interessierst. Tatsächlich kann ich mich nicht erinnern, dich in all den Jahren, die wir uns kennen, je mit einem Buch gesehen zu haben.«

»Ich habe nichts mehr mit dem zeitgeplagten, überbeanspruchten Julian Mantle, den du einst gekannt hast, gemein. Ich habe mich in so vielerlei Hinsicht verändert, wie du es dir nicht vorstellen kannst. Eine der vielen Lektionen, die ich in der Bergwelt des Himalaja gelernt habe, ist, dass mithilfe von Wissen und Mut alles möglich ist. So habe ich mir angewöhnt, jeden Tag ein paar Seiten eines guten Buchs zu lesen. Das verbindet mich mit der Intelligenz, die ich brauche, und sorgt dafür, dass ich mich auf mein Ziel konzentriere. Und inspiriert von dem Wissen darüber, wohin ich gehe, habe ich den Mut, meinen Weg fortzusetzen.«

»Interessant. Aber warum Gandhi?«

»Seit meiner Zeit bei den Weisen habe ich mich intensiv mit dem Thema Führerschaft befasst. Die meisten Menschen, die den Begriff ›Führung‹ hören, bringen ihn lediglich mit der Geschäftswelt in Verbindung. Sie stellen sich Firmenchefs vor, die ihre Mitarbeiter zu mehr Produktivität inspirieren und sich ihren großen Visionen für die Zukunft verschreiben. Aber die Weisen lehrten mich, dass Führung weitaus mehr bedeutet. *Führung ist eigentlich eine Lebensphilosophie.* CEOs und Manager können hervorragende Führungspersönlichkeiten sein, genauso engagierte Lehrer, Wissenschaftler und auch mitfühlende Mütter. Trainer leiten Sportmannschaften und Politiker stehen an der Spitze von Gemeinschaften. Und alles nimmt seinen Ausgang im Inneren, indem man die Selbstdisziplin hat, sich selbst zu führen, kennenzulernen und zu begreifen, dass die Essenz des Lebens in der Führung liegt. Wie Robert Louis Stevenson einst sagte: ›Zu sein, was wir sind, und zu werden, wozu wir fähig sind, ist das einzige Lebensziel.‹ Wirklich weise Menschen streben nicht nur nach Führung in ihren Unternehmen, sondern auch in ihrem Leben. Und so habe ich mich nach meiner Rückkehr aus dem Himalaja mit dem Leben von Gandhi befasst, einem Mann, den ich für einen der größten Allround-Führer halte, der je auf der Erde gelebt hat. Er besaß die Weisheit, sein Volk seiner Zukunftsvision entgegen zu führen, aber er hatte auch den Mut, sich selbst zu führen und große Charakterstärke zu beweisen. Er ist ein Vorbild für aufgeklärte und effektive Führerschaft.«

»Dem kann man kaum widersprechen.«

»Als Gandhi eines Tages aus einem Zug stieg, löste sich ein Schuh und fiel auf das Gleis. Da sich der Zug bereits in Bewegung gesetzt hatte, konnte er ihn nicht zurückholen und tat etwas, das seine Begleiter in Erstaunen versetzte.«

»Und das war?«

»Er zog auch den anderen Schuh aus und warf ihn neben den ersten. Seine Begleiter wollten sofort eine Erklärung haben. Während Gandhi ohne Schuhe den Bahnsteig entlangging, lächelte er sanft und erwiderte: »Jetzt hat der arme Mann, der den Schuh auf dem Gleis findet, wenigstens ein Paar, das er benutzen kann.«

»Wow.«

»Gandhi besaß auch eine große Portion Demut, eine wahrhaft großartige Führungsqualität.«

»Tatsächlich? Ich hätte nicht gedacht, dass Demut so wichtig ist.«

»Oh doch«, erwiderte Julian, als er freundlich nach einem vorbeihuschenden Kellner rief und eine Tasse Kräutertee bestellte. Innerhalb weniger Minuten kehrte der Kellner mit einer Teekanne und einer eleganten Porzellantasse für Julian zurück. Julian begann dann, den Tee in die Tasse zu gießen, hielt aber seltsamerweise nicht inne, als sie voll war, sondern goss weiter! Bald schwappte der Tee vom Tisch auf die Veranda, doch er machte immer weiter.

»Julian, was versuchst du zu beweisen?«, fragte ich ungläubig.

»Das ist eine wichtige Führungslektion«, erwiderte er gelassen. »Die meisten Führer haben Ähnlichkeit mit dieser Teetasse.«

»Wie meinst du das?«

»Nun, genau wie diese Tasse sind sie bis zum Rand voll. Sie haben ihren Kopf derart mit Meinungen, Ideen und Vorurteilen gefüllt, dass er nicht mehr aufnahmefähig für Neues ist. Und in unserer sich schnell wandelnden Welt, in der Führungspersönlichkeiten ständig neue Konzepte lernen und sich neue Fertigkeiten aneignen müssen, ist das ein fataler Charakterfehler.«

»Und wie sieht die Lösung aus?«

»Sie ist ganz einfach. Sie müssen *ihre Tassen leeren*. Sie müssen stets für neues Wissen empfänglich sein. Sie müssen sich selbst stets als lebenslange Studenten sehen, egal, wie viele Initialen und Titel auf ihren hochwertigen Visitenkarten hinter ihrem Namen stehen. Sie müssen bereit sein, zu akzeptieren, was die Weisen des Ostens als Anfängergeist bezeichnen, eine grundlegende Einstellung für jede Führungskraft, die Erfolg haben möchte. Sie müssen demütig werden. Deshalb behaupte ich, dass Demut eine fundamentale Führungsdisziplin darstellt. Und das erklärt, weshalb ich Gandhi bewundere.«

Julian sprach weiter, kümmerte sich nicht um die Blicke der übrigen Mitglieder des Golfclubs, die sich auf der Veranda nach einer Runde Golf entspannen wollten. »Der Weise, von dem ich dir gestern erzählt habe, der, dem ich begegnet bin, als ich den Berg hochkletterte, war der nominelle Führer der Großen Weisen von Sivana. Nachdem ich seine Bedingungen akzeptiert und versprochen hatte, ihr Führungssystem im Westen bekannt zu machen, stellte er sich als Yogi Raman vor und führte mich über verschlungene Bergpfade zu einem üppigen grünen Tal. Auf der einen Seite des Tals ragten die schneebedeckten Berge des Himalajas in den klaren blauen Himmel, auf der anderen Seite erstreckte sich ein dichter Kiefernwald, dessen Duft das gesamte Tal einhüllte. Yogi Raman lächelte mich an und sagte: ›Willkommen im Nirwana von Sivana.‹ Wir stiegen dann einen weiteren schmalen Pfad hinunter, der uns tief in den Wald führte. Ich erinnere mich noch, dass der Duft von Kiefern- und Sandelholz, der die Luft dieses außerweltlichen Ortes erfüllte, mich stark berührte. Auf dem Waldboden wuchsen farbenprächtige Orchideen und andere exotische Pflanzen, wie ich sie nie zuvor gesehen hatte. Als wir uns einer Lichtung näherten, hörte ich plötzlich Stimmen, und mir bot sich ein Anblick, den ich mein Leben lang nicht vergessen werde.«

»Was hast du gesehen?«, fragte ich.

»Vor mir erstreckte sich ein ganzes Dorf, das nur aus Rosen zu bestehen schien. In der Mitte des Dorfes befand sich ein winziger Tempel, von der Art, wie ich ihn bereits bei meinen Besuchen in Thailand und Nepal gesehen hatte. Aber dieser Tempel bestand aus roten, weißen und rosafarbenen Blumen, die von langen Strängen aus bunten Schnüren und Zweigen zusammengehalten wurden. Der Tempel wurde eingerahmt von einer Reihe kleiner Hütten, offenbar die einfachen Behausungen der Mönche.«

Julian hielt kurz inne. »Noch erstaunlicher waren die Bewohner selbst«, fügte er dann hinzu. »Die Männer trugen dasselbe rote Gewand wie Yogi Raman und lächelten sanft, während sie an uns vorbeigingen. Ihr Gesichtsausdruck verriet eine tief verinnerlichte Gelassenheit und ihre Augen große Weisheit. Statt beim Anblick eines unerwarteten Besuchers, der in ihr Bergversteck eingedrungen war, in Unruhe zu geraten, neigten sie still die Köpfe und widmeten sich wieder ihren Aufgaben. Die Frauen waren ebenso beeindruckend. Sie trugen wunderschöne bodenlange rosafarbene Seidensaris und ihr glänzendes schwarzes Haar war mit leuchtend weißen Lotosblüten geschmückt. Voller Anmut bewegten sie sich durchs Dorf. Nie zuvor hatte ich solche Menschen gesehen. Obwohl sie reife Erwachsene waren, strahlten sie Freude aus, und ihre Augen funkelten vor Vitalität und Lebensfreude. Keiner von ihnen hatte Falten oder graue Haare. Keiner sah alt aus. Ich war einfach sprachlos.«

Julian berichtete mir, dass Yogi Raman ihn dann zu seiner Unterkunft führte, einer kleinen Hütte, die ihm während der nächsten Monate als Zuhause dienen sollte.

»Lass uns zum Fairway hinuntergehen«, sagte Julian und stand auf. »Ich erzähle dir unterwegs meine Geschichte weiter. Und nimm diese Golfschläger mit«, bat er und deutete auf ein abgenutztes Golfschlägerset, das offensichtlich jemand auf der Veranda hatte liegen lassen.

»Willst du allen Ernstes in diesem Gewand Golf spielen?«

»Nein, ich will dir etwas viel Wichtigeres zeigen.«

Während wir den Golfplatz ansteuerten, fuhr Julian fort, mir seine erstaunliche Geschichte zu erzählen. Yogi Raman, der Julians brennenden Wunsch spürte, die Führungsweisheiten der Weisen zu erfahren, nahm ihn unter seine Fittiche. Er verbrachte buchstäblich jede wache Stunde mit seinem wissbegierigen Schüler, vermittelte ihm mit großem Vergnügen sein geballtes Wissen und lehrte ihn, wie er es umsetzen konnte. An manchen Tagen standen sie mit der Sonne auf und diskutierten stundenlang die zeitlosen Wahrheiten, die Yogi Raman offenbart hatte, wobei Julians scharfer juristischer Verstand sich an diesen aufschlussreichen Informationen erfreute, von denen er wusste, dass sie sein Leben und das vieler anderer in seinem Teil der Welt verändern würden. An anderen Tagen spazierten sie schweigend durch den Kiefernwald, genossen die Anwesenheit des anderen und nutzten die

Gelegenheit, über die Philosophien nachzudenken, über die sie diskutiert hatten.

Mit der Zeit wurde der Weise eher wie ein Vater für Julian als ein Lehrer. Er zeigte ihm, wie er sein Leben aus einem völlig anderen Blickwinkel sehen und die Fülle seines persönlichen Potenzials entfalten konnte. Da er wusste, dass Julian nach jahrelanger Vernachlässigung seiner Gesundheit dem Tod nahe gewesen war, fokussierte sich Yogi Raman anfangs darauf, Julian einen äußerst effektiven Prozess des Selbstmanagements und der Lebensverbesserung zu vermitteln, der Julians Äußeres und seine Gefühlswelt verändern sollte.

Der Weise erklärte Julian, dass »innere Führung der äußeren vorausgeht«. Bevor er die althergebrachte Dynamik der Führung anderer verstehen konnte, musste Julian verstehen, was Selbstführung ist. So lehrte ihn Yogi Raman wenig bekannte Fertigkeiten, Stress in den Griff zu bekommen, seine Angewohnheit, sich ständig Sorgen zu machen, abzulegen und sein Leben zu vereinfachen. Er lehrte ihn auch, wie er seinen Energiepegel verbessern, seine Kreativität freisetzen und seine Vitalität sprudeln lassen konnte. Im Laufe der Wochen hatte Julian sowohl eine äußere als auch eine innere Metamorphose durchlaufen. Er sah um Jahre jünger aus, war voller Kraft und blickte so positiv in die Zukunft wie schon lange nicht mehr. Er begann zu glauben, dass er alles tun, alles sein und die Welt wirklich verändern könnte, wenn er die unbezahlbare Weisheit verbreitete, die er entdeckt hatte. Die alten Lehren der Großen Weisen von Sivana fingen an, Wunder zu wirken.

Als sein Schüler sich wieder bester physischer und psychischer Gesundheit erfreute, begann Yogi Raman ihm das Führungssystem zu erklären, das laut Julian GlobalView revolutionieren und es dem Unternehmen ermöglichen würde, ein Weltklasseniveau an Leistung und Effektivität zu erzielen.

»Dieser weise Führer der Großen Weisen von Sivana glaubte, dass jedes Scheitern, ob in der Geschäftswelt oder im Privatleben, letztlich auf ein Versagen der Führungskräfte zurückzuführen sei. Unternehmen erbringen keine Spitzenleistungen, wenn ihre Führungskräfte unerfahren und töricht sind. Menschen sind nicht zu Höchstleistungen fähig, wenn sie keine Führung in ihrem Leben haben. Obwohl er in einem isolierten Teil der Welt lebte, wusste er, dass es in unserem Teil der Welt eine sogenannte ›Führungskrise‹ gab. Yogi Raman meinte, er habe die Lösung.«

Eines Nachmittags, als sie sich auf einer Bergwiese entspannten, nachdem sie diesen surrealen Ort erkundet hatten, erklärte der Weise, wie Julian sich erinnerte: »Ein Leben lang habe ich über die Elemente aufgeklärter Führerschaft nachgedacht. Viele Jahre habe ich mich mit der Frage beschäftigt, was die größten Führer so großartig macht. Als Mönch habe ich mich der Wahrheitstreue verschworen. So habe ich mein Leben der Suche nach den Wahrheiten der Führung gewidmet. Mit der Zeit habe ich begriffen, dass die einflussreichsten und angesehensten Führungspersönlichkeiten ihre Führung nach bestimmten alten Gesetzen ausrichteten. Ich habe anhand dieser Gesetze ein äußerst effektives System für dynamische Führung entwickelt, eine Art Vorlage, die jeder

Führungskraft die Möglichkeit bieten wird, ihr berufliches oder persönliches Potenzial zu entfalten. Nun teile ich mit dir, was ich gelernt habe.«

»Und was hat Yogi Raman dir gesagt?«, fragte ich interessiert, als wir endlich den Golfplatz erreichten.

»Er erklärte mir, die aufgeklärtesten, dynamischsten und effektivsten Führer würden alle eine Eigenschaft besitzen, die den weniger effektiven fehle.«

»Um welche Eigenschaft handelt es sich denn?«

»Ich glaube, ich demonstriere es besser.« Julian griff in das lederne Golfbag, das ich trug, und holte einen Schläger heraus.

»Du willst mir doch wohl nicht weismachen, dass du während deines Aufenthalts bei den Weisen auch an deinem Golfspiel gearbeitet hast.«

»Doch, das habe ich. Ich habe jeden Tag Golf gespielt. Das war sehr wohltuend und hat erheblich zu meiner Genesung beigetragen.«

»Schon klar«, sagte ich ungläubig. »Ich vermute, diese magischen Mönche hatten inmitten ihres Bergverstecks auch ein Weltklasse-Golf-Resort angelegt, damit sie ein paar Runden spielen konnten, um die Monotonie ihres Alltags aufzulockern. Vermutlich hatten sie kleine Bambus-Golfwagen, mit denen sie von einem Loch zum nächsten fuhren?«

»Sehr witzig«, erwiderte Julian und reagierte gelassen auf meinen Sarkasmus. Er konnte wohl nichts anderes erwarten. Seine Geschichte bewegte sich vom Bizarren zum Unglaublichen. »Nein, Peter, ich habe in Gedanken Golf gespielt.«

»So etwas habe ich noch nie gehört.«

»Vor ein paar Jahren las ich in einer Zeitschrift einen Artikel über einen Vietnam-Veteranen, der seine Tage in Einzelhaft mit imaginärem Schachspielen überstand. Das half ihm nicht nur, die Zeit totzuschlagen, sondern verbesserte auch enorm seine Fähigkeit, das Spiel zu beherrschen. Nach seiner Entlassung hatte er die Gelegenheit, mit einem echten Gegner auf einem echten Schachbrett zu spielen, und bewies, dass sein Schachspiel geradezu brillant war.

»Erstaunlich.«

»Mir ging es genauso, Peter, als ich von dieser Geschichte hörte. Als ich während meiner Zeit bei den Weisen in ruhigeren Momenten darüber nachzudenken begann, wie gern ich in jüngeren Jahren Golf gespielt hatte, beschloss ich, die Strategie des Kriegsveteranen nachzuahmen und in Gedanken Golf zu spielen. Als Kind hatte ich dieses Spiel so sehr geliebt, dass ich dachte, es würde mir in hohem Maße helfen, mich zu verbessern.«

»Hat sich dadurch dein Golfspiel verbessert?«

»Ich weiß es nicht. Das ist das erste Mal seit Jahren, dass ich einen Golfplatz betreten habe. Ich glaube, das letzte Mal habe ich mit dir gespielt. Aber ich habe wohl über tausend Runden in Gedanken gespielt, sodass ich nicht das Gefühl habe, ich hätte je ausgesetzt. Pass jetzt gut auf! Ich glaube, das, was du gleich sehen wirst, könnte dich überraschen.«

Julian griff in sein Gewand und holte den vergoldeten Golfball hervor, den ich ihm zurückgegeben hatte.

»Den willst du doch wohl nicht benutzen, oder? Hast du eine Ahnung, Julian, wie viel er mich gekostet hat?«, fragte ich, leicht verärgert darüber, dass mein Freund mein besonderes Geburtstagsgeschenk für diese Demonstration verwenden wollte.

»Pass gut auf«, bemerkte er lediglich, während er sich intensiv auf die Fahne auf dem Green am anderen Ende des Fairways konzentrierte, seinem endgültigen Ziel. Dann schwang er den Schläger mit der Leichtigkeit und Eleganz eines erfahrenen Profis und traf den Ball, der hoch in die Luft schoss, perfekt. Noch nie hatte ich erlebt, dass Julian den Ball so geschickt schlagen konnte. Trotzdem sah es so aus, als würde der Ball knapp sein Ziel verfehlen. Ich sah meinen Freund an und bekundete ihm mit meinem Gesichtsausdruck: ›Netter Versuch!‹

Dann geschah etwas Unglaubliches. Der Ball schien sich in der Luft zu beschleunigen, als habe er einen günstigen Windstoß erhalten. Er flog nun genau auf sein Ziel zu. Einige Greenkeeper, die dieses Schauspiel beobachteten, hatten schnell ihre Golf-Caps abgenommen, um ja nicht zu verpassen, wo der Ball landen würde. Sogar einige Golfer, die auf der Veranda des Clubhauses eine Pause einlegten, beugten sich über das Geländer, um zu beobachten, was passieren würde.

Dann fiel der Ball von oben auf das Green neben dem ersten Loch und begann langsam genau auf das Loch zuzurollen. Seit einiger Zeit war es keinem Golfer mehr gelungen, auf diesem Platz ein Hole-in-one zu schaffen, aber vielleicht würde mein Freund, der eine traditionelle Mönchskutte und statt standfester Golfschuhe Sandalen trug, der Erste sein, der diese Durststrecke beendete. Der Ball rollte langsam auf das Loch zu. Doch dann schien er unvermittelt liegen zu bleiben.

»Oh, Julian«, sagte ich ehrlich enttäuscht. »So nah und doch so fern.«

»Warte ab, Peter. Eine der Führungskraft-Lektionen, die ich gelernt habe, ist, *dass man unmittelbar vor einem großen Sieg häufig noch eine Schwierigkeit überwinden muss. Das Geheimnis ist, konzentriert zu bleiben und weiterhin an sein Ziel zu glauben.«*

Gerade als dann alle den Eindruck hatten, dass der Ball liegen bleiben würde, rollte er die restlichen zwei Zentimeter weiter und fiel in das Loch.

»Hurra«, rief einer der Greenkeeper aus voller Kehle, nachdem er dieses außergewöhnliche Ereignis miterlebt hatte. Julian streckte die Fäuste in die Luft und begann, offensichtlich hoch erfreut über seine Leistung, einen kleinen Tanz aufzuführen.

Ich lachte nur und schüttelte den Kopf. »Wow, Julian. Du verblüffst mich immer wieder von Neuem. Herzlichen Glückwünsch!«

Nachdem ich mich wieder gefangen hatte, fragte ich Julian, wie er das gemacht hatte. »Hattest du vor, ein Hole-in-one zu schaffen?«

»Ja. Aber ehrlich gesagt war ich mir nicht sicher, ob es funktionieren würde. Ich hatte dort oben im Himalaja Hunderte Male genau diesen Schlag mit dieser Länge geübt. Es wurde zu einem Spiel, das ich spielte, um meine Vorstellungskraft zu trainieren. Und ich fand großen Spaß daran. Ich muss zugeben, dass ich selbst überrascht bin, dass mein mentales Training sich als derart erfolgreich erwiesen hat. Aber die Tatsache, dass es funktioniert hat, beweist, worin die Bedeutung dessen liegt, weswegen ich dich hierhergebracht habe«, deutete Julian etwas geheimnisvoll an.

»Hat es etwas mit dem Puzzleteil zu tun, dass du mir gestern gegeben hast?«

»Ja. Lass mich dir eine Frage stellen, Peter. Warum ist es mir deiner Meinung nach gelungen, nach so vielen Jahren auf Anhieb wieder ein Hole-in-one auf einem Golfplatz zu spielen?«

»Nun, Julian, ich glaube, du hast die Frage selbst beantwortet. Es lag an deinem mentalen Training während deiner Zeit im Himalaja. Du hast das, was du gerade vollbracht hast, so oft geübt, dass du so etwas wie einen Plan im Kopf erstellt haben musst. Dann bist du heute hierhergekommen und hast entgegen aller Wahrscheinlichkeiten diesen Plan in die Realität umgesetzt.«

»Hervorragend, Peter. Du hattest schon immer eine schnelle Auffassungsgabe und hast den Ablauf gut verstanden. Ich bin beeindruckt.«

»Du weißt, dass ich das Golfspiel liebe und alles Mögliche tue, um mein Spiel zu verbessern. Und so habe ich in den letzten Monaten zahlreiche Bücher über das Leben und das Golfspiel der größten Golfer der Welt gelesen. Alle waren sich darin einig, dass ›Golfen ein mentales Spiel ist‹. Jack Nicklaus zum Beispiel erwähnte, dass er sich, bevor er eine Runde auf dem Golfplatz drehte, in Gedanken die Schläge vorstellte, die er machen wollte. Dies erwies sich als sein heimlicher Vorteil. Als du mir verraten hast, dass dies auch deine Strategie sei, war das dann keine so große Überraschung für mich.«

»Und die erfolgreichsten Führungskräfte der Geschäftswelt tun dasselbe«, erklärte Julian.

»Du meinst, sie alle visualisieren ihre Golfschläge?«, fragte ich grinsend.

»Nein, Peter. Sie stellen sich in der Gegenwart deutlich ihre künftigen Wege vor. Sie erstellen einen kristallklaren Plan oder machen sich ein Bild davon, wie ihre Unternehmen in den kommenden Jahren dastehen werden. Sie wissen ganz genau, wie der Erfolg, den sie und ihre Mitarbeiter anstreben, sein wird. Und jeder Schritt, den sie tun, soll sie ihrer klar vorgestellten Zukunft näherbringen. Kurzum, mein Freund, sie haben eine *Vision*, die sie inspiriert, nach den Sternen zu greifen. Das ist das eigentliche Geheimnis, das sie zu großartigen Führern macht.«

»Es scheint so einfach zu sein. Ich brauche mir die Zukunft meines Unternehmens nur klar vorzustellen, und schon werde ich eine großartige Führungspersönlichkeit?«, erkundigte ich mich.

»Ich wollte nicht den Eindruck erwecken, dass es so einfach ist. Es gibt noch viele weitere Führungspraktiken und Philosophien, die aufgeklärte, leistungsstarke Führungspersönlichkeiten befolgen, weil diese sie befähigen, ihre Unternehmen effektiv zu leiten. Yogi Raman brachte mir all diese Praktiken bei, und ich versichere dir, dass ich sie dir bald weitergeben werde. Aber vergiss einstweilen nicht, *dass große Unternehmen ihren Anfang mit großen Führungspersönlichkeiten nehmen. Und dass jede große Führungspersönlichkeit kühne Träume hat.* Effektive Führungskräfte sind Visionäre, die klare Vorstellungen von der Zukunft ihrer Unternehmen haben und diese dann mit den derzeitigen Aktivitäten der Menschen, deren Führung in ihren Händen liegt, verbinden. Auf diese Weise haben alle Handlungen einen Zweck, nämlich die Unternehmen dem Ergebnis näher zu bringen, das ihre Führungskräfte anstreben. Das bekräftigt Woodrow Wilsons Worte: ›Ihr seid nicht hier, um lediglich euren Lebensunterhalt zu verdienen. Ihr seid hier, um der Welt ein besseres Leben zu ermöglichen, ein Leben mit einer größeren Vision und einem feineren Geist der Hoffnung und des Erfolgs. Ihr seid hier, um die Welt zu bereichern, und ihr macht euch selbst zu Bettlern, wenn ihr diesen Auftrag vergesst.‹«

»Schöne Worte.«

»Und vergiss nicht: Sobald du dich auf deine Vision einlässt, weicht der Erfolg nicht mehr von deiner Seite. Letztlich kann man dem Erfolg nicht nachjagen, der Erfolg stellt sich einfach ein. Er ist das unbeabsichtigte Nebenprodukt effektiver, auf ein lohnendes Ziel ausgerichteter Bemühungen.«

»Das hat dir Yogi Raman, ein Mönch, der hoch im Himalaja lebt, beigebracht?«, wollte ich wissen.

»Yogi Raman verbrachte viele Jahre damit, die Grundlagen effizienter Führung zu studieren, indem er sich mit dem Leben der größten Führer der Geschichte befasste. Er erklärte mir ein zeitloses System, dessen sich jeder, der eine Führungsposition innehat, bedienen kann, um sein Team zu inspirieren und ihm Energie zu verleihen und das Unternehmen zu ungeahnten Erfolgen zu führen. Yogi Raman kannte vielleicht nicht die ganze Vielschichtigkeit der modernen Geschäftswelt hier im Westen, aber das brauchte er auch nicht. Die Weisheiten, die er mir vermittelte, basieren auf uralten Wahrheiten über die Qualität von Führungspersönlichkeiten, die über die Jahrhunderte hinweg weitergegeben wurden. Diese könnten auch als unveränderliche Gesetze charakterisiert werden, denn so wie die Naturgesetze haben sie sich im Lauf der Zeit bewährt und tun es auch weiterhin. Und während die Geschäftswelt in einem Meer der Veränderungen untergeht, gelten diese Wahrheiten für die Führung der Menschen nicht.«

»Jede große Führerpersönlichkeit ist also ein Visionär. Jeder dieser Menschen hat sich lebhaft ein Endergebnis vor Augen geführt und dadurch eine klar erkennbare Verbindung zur Zukunft hergestellt. Das erinnert an die Worte, die Henry Kissinger vor ein paar Jahren gegenüber einer Zeitung geäußert hatte: ›Die Aufgabe einer Führerpersönlichkeit besteht darin, ihre Mitarbeiter von ihrer derzeitigen Situation in eine noch nie erlebte zu bringen.‹ Ist das eine präzise Zusammenfassung dessen, was du mir gerade vermittelst?«

»Ja, Peter, das ist es. Du scheinst das Konzept gut verstanden zu haben, ja sogar perfekt. Trotzdem werde ich dir noch ein Beispiel geben. Erinnerst du dich an jenen renommierten Augenarzt, mit dem wir ab und zu Golf gespielt haben?«

»Aber sicher. Ich mochte den Kerl, er hatte einen wunderbaren Humor.«

»Ja, genau den meine ich. Er organisierte auch jährliche Galadinner und einen Ball für alle Augenärzte der Stadt. Weißt du noch, wie er ihn genannt hat?«

»Wie könnte ich es vergessen?«, erwiderte ich mit breitem Grinsen. »Der Ball der Augen.«

»Eines Nachmittags waren wir draußen auf dem Golfplatz. Ich erinnere mich, dass er mir von einem seiner sehr jungen Patienten erzählte, der an Amblyopie litt. Offenbar hatte ein anderer Arzt dem Kind zuvor versehentlich ein Pflaster auf das gesunde Auge geklebt statt auf das schutzbedürftige. Nachdem das Pflaster entfernt worden war, entdeckte man zur Überraschung und zum Kummer aller Beteiligten, dass der kleine Junge auf dem guten Auge völlig erblindet war. Ganz offensichtlich hatte das Augenpflaster die Entwicklung seines Sehvermögens behindert, was zur Erblindung führte. Das ist das Phänomen, das als Amblyopie bezeichnet wird.«

»Bemerkenswert.«

»Diese Geschichte habe ich nie vergessen, Peter. Ich glaube, sie ist auch von Bedeutung für die Lektion über Führung, die ich dir präsentiert habe. In der modernen Geschäftswelt werden zu viele Führungskräfte zu Gewohnheitstieren. Sie tun Tag für Tag dasselbe auf dieselbe Weise mit denselben Menschen. Nur selten fällt ihnen etwas Neues ein, sie entwickeln kaum neue Ideen und gehen keine kalkulierbaren Risiken ein. Stattdessen beschränken sie ihre Führerschaft auf eine sichere Komfortzone und sind nicht bereit, diese zu verlassen. Solche Führungspersonen leiden schließlich an ihrer eigenen Form der Amblyopie.«

»Wie das?«

»Ihre ausschließliche Beschäftigung mit den üblichen Dingen hat zur Folge, dass ihre gesunden Augen mit Pflastern verklebt sind. Sie werden unfähig, die enormen Möglichkeiten zu erkennen, die diese sich schnell wandelnden Zeiten bieten. Und wenn sie ihre natürliche Sehkraft nicht nutzen, verlieren sie sie schließlich und erblinden. Lass nie zu, dass dir das passiert, mein Freund. Nimm die Scheuklappen ab und sieh dich nach neuen Möglichkeiten um. *Der beste Weg, in der Zukunft Erfolg zu haben, besteht darin, sie selbst zu gestalten.* Helen Keller sagte einmal: ›Ich wäre lieber blind, als sehen zu können, ohne eine Vision zu haben.‹«

Julian fuhr fort: »Da du jetzt verstanden hast, dass die aufgeklärtesten und effektivsten Führungspersönlichkeiten ›visionäre Führer‹ sind, ist es meine Pflicht, dir die Tools und Fähigkeiten zu vermitteln, die es dir ermöglichen, einer zu werden. Und hier kommt Yogi Ramans Führungssystem ins Spiel.«

»Darf ich dir zuerst eine kurze Frage stellen?«

«Klar«, erwiderte Julian, während wir zurück zum Clubhaus schlenderten.

»Ich will wirklich lernen, was du mir beibringen willst. Du weißt ja, dass GlobalView in großen Schwierigkeiten steckt. Meine besten Programmierer verlassen das sinkende Schiff, die Moral ist am Boden, niemand hat mehr Vertrauen zum Management und Teamwork gehört der Vergangenheit an. In einer Branche, die unermüdlich Innovation verlangt, scheinen wir unsere Kreativität eingebüßt zu haben. Und all die Veränderungen, mit denen wir fertig werden müssen, lähmen meine Mitarbeiter. Die Technologie verändert sich, die Branche verändert sich und ebenso die Erwartungen unserer Kunden. Und zudem scheine ich mir einfach nicht darüber klar zu werden, in welche Richtung sich unser Unternehmen entwickeln soll.«

Ich berichtete Julian von meiner Frustration. »Im Grunde versuche ich dir zu sagen, dass ich weiß, dass ich meine Führungsqualitäten verbessern muss. Bei Digitech stieg ich im Management immer weiter auf. Und obwohl ich hier und da ein paar Kurse über die Entwicklung von Führungsqualitäten besuchte, nahm mich in all den Jahren nie jemand wirklich zur Seite und zeigte mir, wie man Menschen führt. Niemand zeigte mir wirklich, was ich tun könnte, um mein Team zu motivieren oder effizienter zu kommunizieren. Niemand zeigte mir, wie ich die Produktivität steigern und gleichzeitig das Engagement meiner Angestellten intensivieren konnte. Ich habe nicht einmal so etwas Grundlegendes wie Zeitmanagement und die Erledigung von Dingen gelernt. Und jetzt, wo ich mein eigenes Unternehmen führe, ist es sogar noch schlimmer. Ich scheine immer viel zu viel zu tun und viel zu wenig Zeit zu haben. Jeder erwartet von mir, dass ich die Antworten auf alle Fragen habe. Ich stehe ständig unter Druck und lasse meinen Frust an meinen Mitarbeitern aus, was alles noch schlimmer macht. Von einer Ausgewogenheit zwischen meinem Berufs- und Privatleben kann keine Rede sein. Ich rede mir ein: ›Nächstes Jahr werde ich wieder in Form sein oder mehr Zeit mit meiner Familie verbringen.‹ Aber nichts scheint sich je zu verlangsamen. Wenn es dir also nichts ausmacht, möchte ich unsere gemeinsame Zeit nutzen und mich intensiv mit den Elementen einer hervorragenden Führerschaft beschäftigen. Ich möchte dir einige der grundlegenden Fragen stellen, die mir schon immer am Herzen lagen, die zu stellen ich mich aber aus Angst, töricht zu erscheinen, bisher nicht traute.«

»Bitte, tu das«, forderte mich Julian sanft auf.

»Gut. Zunächst würde ich gerne wissen: Was versteht man eigentlich unter dem Begriff ›Führung‹? Wofür steht er? Obwohl ich ein riesiges Unternehmen mit über 2500 Angestellten leite, ist es mir noch nie gelungen, die Bedeutung des Begriffs zu entschlüsseln.«

»Wie ich bereits gesagt habe, geht es dabei um zielgerichtetes Handeln in Bezug auf ein lohnendes Ziel. Führung hängt zusammen mit der Erkenntnis, dass das Unmögliche im Allgemeinen das Unversuchte ist. Viele Menschen stellen sich vor, dass es sich bei einer Führungskraft um den Mann oder die Frau mit dem Titel CEO oder Präsident handelt. Doch in Wirklichkeit geht es dabei nicht um die Position, sondern um das Handeln. Deine Manager können großartige Führer sein. Deine Programmierer können großartige Führer sein. Der Vorarbeiter in der Fabrik kann eine großartige Führungspersönlichkeit sein. Weißt du, Peter, führen bedeutet inspirieren, motivieren und beeinflussen. *Bei der Führung geht es nicht um das Managen von Dingen, sondern um die Förderung von Menschen.* Visionäre Führer haben verstanden, dass die wahren Vermögenswerte eines Unternehmens diejenigen sind, die morgens in das Firmengebäude kommen und abends wieder hinausströmen. Um es in einfachen Worten auszudrücken: Bei der Führung geht es darum, Menschen zu helfen, die ganze Palette ihrer Talente zu entfalten, während sie eine Vision verfolgen, deren Ziel – wie sie mit deiner Hilfe zu verstehen gelernt haben – lohnend und sinnvoll ist. Du kannst das bewirken. Deine Manager ebenfalls. Auch deine Arbeitnehmer können bei ihrer Arbeit Führungsqualitäten beweisen. Und die wirklich effektiven Führungskräfte müssen gleichzeitig in zwei Welten leben.«

»Ich glaube, das verstehe ich nicht.«

»Die besten Führungskräfte sind sich bewusst, dass die Führung ein Handwerk ist, keine Gabe. Sie arbeiten ständig daran, dieses Handwerk zu verbessern. Und eines der Dinge, an deren Entwicklung sie am intensivsten arbeiten, ist die Fähigkeit, gegenwartsbezogen, aber gleichzeitig auch zukunftsorientiert zu sein. Erfolgreiche Führungskräfte beherrschen die Fähigkeit, die Gegenwart zu managen und sich gleichzeitig die Zukunft vorzustellen. Deshalb sage ich, dass sie gleichzeitig in zwei Welten leben müssen. Sie müssen in der Gegenwart leben und die Verbesserung der laufenden Geschäfte managen, indem sie die Qualität steigern, Systeme optimieren und die Standards für die Kundenbetreuung anheben. Gleichzeitig müssen sie aber auch einen klar umrissenen Plan für die Zukunft entwerfen, gestalten und pflegen. Yogi Raman drückte dies so aus: ›*Die visionä-*

re Führungspersönlichkeit hat es gelernt, sich auf das anspruchsvollste Ziel zu konzentrieren und gleichzeitig den Weg dorthin zu ebnen.‹ Ein Unternehmen ohne bedingungsloses Engagement, die Geschäftsabläufe zu verbessern, wird bald von der Konkurrenz übertroffen werden. Aber ein Unternehmen ohne ein eindeutiges Ideal, auf das es hinarbeitet, wird bald Vergangenheit sein.«

»Und an dieser Stelle kommt das Puzzleteil ins Spiel, das du mir gestern gegeben hast?«

»Ja. Erinnerst du dich, welche Worte darauf stehen?«, fragte Julian.

Zum Glück hatte ich das Teil bei mir und holte es schnell aus der Brusttasche meines gelben Golfhemds.

»Ich konnte das Muster nicht erkennen, aber die Worte entziffern.«

»Prima. Und wie lauten sie?«

»*Ritual 1: Verknüpfe Gehaltsscheck mit Ziel*«, antwortete ich gehorsam. »Ich bin mir nicht ganz sicher, was das bedeutet, Julian.«

»Du wirst es bald erfahren.«

RITUAL 1

VERKNÜPFE GEHALTSSCHECK MIT ZIEL

KAPITEL 5

Das Ritual einer lohnenden Zukunftsvision

Im Leben gibt es keine größere Freude als die, Schwierigkeiten zu überwinden, von einer Stufe des Erfolgs zur nächsten zu klettern, neue Wünsche zu formulieren und sie erfüllt zu bekommen. Derjenige, der sich für ein großes oder löbliches Vorhaben einsetzt, erlebt, wie seine Mühen zunächst durch die Hoffnung und später durch die Freude getragen werden.

Samuel Johnson

Während Julian und ich uns auf der Veranda des Golfclubs unterhalten hatten, war die Sonne langsam untergegangen und es zeichnete sich ein ruhiger, aber besonders schwüler Sommerabend ab. Trotz der Hitze weigerte Julian sich, sein Gewand auszuziehen. »Mir geht es gut«, bemerkte er höflich. »Aber ein Glas Eiswasser wäre jetzt gut.«

»Sehr gern«, erwiderte ich, winkte schnell nochmals den Kellner herbei und teilte ihm den einfachen Wunsch meines ungewöhnlich gekleideten Gasts mit. Ich hatte erkannt, dass Julian heute wirklich ein ganz anderer Mensch war als der gestresste Workaholic von einst. Vorbei waren die Neigung zu Alkohol sowie die Rücksichts- und Respektlosigkeit, die seinen berüchtigten Lebensstil geprägt hatten. Er war jetzt ein Vorbild für gute Gesundheit, gutes Urteilsvermögen und ein lebender Beweis für die Prinzipien, die er vermittelte.

»Weißt du, Peter, es gibt zahlreiche sogenannte Management-Gurus. Sie reisen von Stadt zu Stadt, geben ein Seminar nach dem anderen und schreiben ein Buch nach dem anderen. Während viele von ihnen nutzlose Schlagwörter und einen bestimmten Jargon entwickeln, um ihre Existenzberechtigung zu untermauern, haben die besten von ihnen wirklich wertvolle Ideen, die dazu beitragen können, Unternehmen zu verbessern. Das Problem besteht in dem, was ich als Leistungslücke oder Performance Gap bezeichne. Diese hindert viele Unternehmen daran, Größe zu erlangen.«

»Die Leistungslücke?«

»Es handelt sich um eine Theorie, die erklärt, warum sich Wissen im Allgemeinen nicht in Ergebnissen niederschlägt. Weißt du, allzu häufig wissen wir, was wir tun sollen, aber wir tun nicht, was wir wissen. Wir sind existierende Wesen, obwohl wir eigentlich *handelnde* Wesen sein sollten. Viele Führungskräfte wissen, dass sie eine klare Vorstellung von ihrer Zukunftsvision besitzen und diese ihren Mitarbeitern, die zu führen sie das Privileg haben, mit Nachdruck vermitteln sollten. Sie wissen, dass sie die Initiative ergreifen sollten, um die Verbindung zu ihren Mitarbeitern zu intensivieren. Leider haben sie es versäumt, sich das Handeln anzugewöhnen. Und deshalb schieben sie das, von dem sie intuitiv wissen, dass sie es tun sollten, auf die lange Bank. Sie verbringen die Tage damit, sich mit Banalitäten zu beschäftigen, und langsam schwinden die Wochen, die Monate und die Jahre dahin. Diese Führungskräfte begreifen nie wirklich, dass 90 Prozent des Erfolgs von der Umsetzung und der Ausführung des erworbenen Wissens abhängen. Alle sagen, wir könnten froh sein, in diesem Informationszeitalter zu leben. Doch die meisten Menschen erkennen nicht, dass Informationen allein noch nicht Macht bedeuten. Macht und Wettbewerbsvorteile stellen sich nur dann ein, wenn auf fundierte Informationen entschlossen reagiert wird.«

»Du hast recht, Julian. Die meisten von uns in unserem Unternehmen kennen mindestens ein Dutzend Dinge, die wir vermutlich innerhalb einer Woche umsetzen könnten, um die Situation zumindest zu verbessern. Und doch sind wir derart mit den täglichen Dringlichkeiten beschäftigt, die uns immer zu belasten scheinen, dass wir die Umsetzung dieser Dinge schließlich auf das nächste und dann das übernächste Quartal verschieben.«

»Genau. Deswegen solltest du, wenn ich dir Yogi Ramans Weisheiten für Führungskräfte näherbringe, immer daran denken, dass der Schlüssel zur Verbesserung deiner Performance als Führungskraft darin liegt, diese Weisheiten voller Elan umzusetzen. Verdränge sie nicht in der Hoffnung, dass du später Zeit haben wirst, dich gründlich mit ihnen zu befassen und sie umzusetzen. Erkenne ihre Kraft und schließe sie fest in deine tägliche Routine ein, damit du ihre Prinzipien täglich anwendest. Mach sie zu einem Teil deiner Führung und deines Lebens, und zwar sofort. Nur dann wirst du zahlreiche Verbesserungen deiner Effektivität bei der Führung deiner Mitarbeiter und in der Produktivität und Leistung von GlobalView erkennen. Wie schon Herodot vor langer Zeit feststellte: ›Das ist das Bitterste für einen Menschen, viel Wissen, aber keine Macht zu haben.‹

»Kannst du mir einen Rat geben, wie ich es anstellen könnte, ›die Weisheit zu einem Teil meiner Führung und meines derzeitigen Lebens zu machen‹, wie du es vorschlägst?«

»Das Wichtigste ist, dass du das Wissen, das du erwirbst, in die Tat umsetzt«, erwiderte Julian.

»Hm?«

»Die beste Methode, sicherzustellen, dass diese Führungslektionen Teil deines Wesens werden, besteht darin, Rituale um sie herum zu schaffen. Das ist eine der zeitlosesten und wesentlichsten aller Führungswahrheiten, die ich dir vermitteln werde.«

»Kannst du mir ein Beispiel für ein Ritual nennen, damit ich verstehe, worauf du hinauswillst?«

»Aber klar. Ein einfaches Ritual, das die Weisen mit einem fast obsessiven Gefühl der Verpflichtung praktizierten, war das Aufstehen im Morgengrauen. Sie waren davon überzeugt, dass ihnen das einen gewaltigen Vorsprung im Alltag verschaffte und ihre Selbstdisziplin förderte. Indem sie sich Tag für Tag an diese Gepflogenheit hielten, wurde sie zu einem Teil ihres Wesens. Das ging so weit, dass sie mit der Zeit nicht mehr fähig gewesen wären, länger zu schlafen, selbst wenn sie es versucht hätten.«

»Genauso geht es einem meiner Manager, Julian. Als Junge zwang ihn sein Vater, jeden Tag der Woche um 5 Uhr morgens aufzustehen. Er erklärte ihm, dies sei zu seinem eigenen Besten, ›um den Charakter zu stählen‹. Auch heute noch steht er selbst im Urlaub zu dieser unchristlichen Zeit auf. Vielleicht ist das der Grund, weshalb er einer der produktivsten Mitarbeiter in unserem Unternehmen ist.«

»Persönliche Produktivität entsteht auf vielerlei Arten. Das frühe Aufstehen ist sicherlich eine der besten davon. Damit will ich sagen, dass sowohl die Großen Weisen von Sivana als auch dein Topmanager die Disziplin des frühen Aufstehens *ritualisiert* haben. Andere Menschen ritualisierten vielleicht die Disziplin, zur Mittagszeit Sport zu treiben, und wieder andere die Gewohnheit, jeden Abend zu lesen. Ich versuche, dir zu vermitteln, dass die einzige Möglichkeit, eine visionäre Führungspersönlichkeit zu werden und all deine Führungstalente voll zu entfalten, darin besteht, die Wahrheiten, die ich dir offenbaren werde, zu einem festen Bestandteil deiner täglichen Routine zu machen. Dies zu verstehen, ist enorm wichtig. Du musst die Wahrheiten zu festen Ritualen machen, wie es alle visionären Führer vor dir getan haben. Auf diese Weise wechselst du vom bloßen Wissen zum Handeln.«

»Könnte man Zähneputzen als Ritual bezeichnen?«, fragte ich aufrichtig.

»Eindeutig. Könntest du dir vorstellen, jemals ohne Zähneputzen ins Büro zu gehen?«

»Ich würde es nicht wagen, meine Mitarbeiter derart zu quälen«, erwiderte ich und lachte schallend, das erste Mal seit Langem.

Julian lächelte, kam aber dann gleich wieder auf den Punkt zurück, den er ansprechen wollte. »Du putzt dir jeden Morgen die Zähne und würdest es unter keinen Umständen versäumen. Es ist also ein perfektes Beispiel für ein Ritual. Wenn du es schaffst, die Führungswahrheiten aus Yogi Ramans System in gleichem Maße in deinen Alltag zu integrieren, wird dein Erfolg als visionärer Führer garantiert sein, das verspreche ich dir.«

»Großartig, ich bin bereits jetzt ziemlich gespannt. Du hast mir also dargelegt, dass aufgeklärte, effektive Führungskräfte eine ganz klare Zukunftsvision haben. Sie haben ein genaues Ziel vor Augen und konzentrieren ihre Energie darauf, es zu erreichen. Du hast mir auch erklärt, dass die Führungswahrheiten, die dem zeitlosen Erfolgssystem von Yogi Raman zugrunde liegen, zu Ritualen werden müssen, damit ich sie fast unbewusst täglich praktiziere, auch wenn ich noch so beschäftigt bin. Könntest du mich bitte jetzt über die Elemente dieses uralten Systems informieren?«, fragte ich und konnte meine Neugier kaum beherrschen.

Julian blickte zum Himmel hoch, der inzwischen dunkel geworden war. Unzählige Sterne funkelten über unseren Köpfen. Julian starrte, wie mir schien, eine Ewigkeit auf einen bestimmten Stern und kniff die Augen zusammen, um ihn besser sehen zu können. Dann murmelte er etwas vor sich hin. Ich verstand kaum, was er sagte, hörte nur: »Da bist du also wieder, mein Freund. Ich habe dich schon eine ganze Weile vermisst.«

Als er merkte, dass er abgeschweift war, fing er sich schnell wieder und wandte mir erneut seine Aufmerksamkeit zu. Dabei sah er leicht verlegen aus. »Es tut mir leid, Peter. Wenn man so viel Zeit allein verbringt, wie ich es tue, leiden die Umgangsformen darunter. Bitte entschuldige, ich war mit meinen Gedanken woanders. Weißt du, ich habe soeben etwas entdeckt, das ich die ganze Woche über nicht finden konnte.«

Dann fuhr er fort: »Yogi Raman lehrte mich, dass es eine Reihe spezieller Rituale gibt, die von visionären Führern praktiziert werden, nämlich genau acht. Diese acht Rituale stellen ein Destillat der gesamten Führungsweisheiten dar, die über die Jahrhunderte weitergegeben und von den größten Führungspersönlichkeiten praktiziert worden waren. Es ging dabei nicht um Schnellschussstrategien, die in der modernen Geschäftswelt so verbreitet sind. Vielmehr spiegelten sie die ewigen Wahrheiten dazu wider, wie man Männer und Frauen zum Handeln anspornt, wie man starke Loyalität und Respekt kultiviert und wie man das Beste aus den Menschen herausholt, die man führt. Der brillante Yogi Raman hat aus diesen acht Ritualen ein Führungssystem gestaltet, und ich habe dir versprochen, es mit dir zu teilen. Du warst geduldig und ehrlich interessiert, eine bessere Art zu führen zu erlernen. Und nun ist es an der Zeit, dass ich dir dieses System nahebringe.«

»Liege ich richtig, wenn ich annehme, dass das Puzzleteil, das du mir gestern nach deinem Überraschungsbesuch in meinem Büro überlassen hast, etwas mit dem ersten Ritual von Yogi Ramans Führungssystem zu tun hat?«

»So ist es, Peter. Das erste Ritual visionärer Führungspersönlichkeiten ist die Verknüpfung des Gehaltsschecks mit dem Ziel. Kurzum: Es ist das Ritual einer lohnenden Zukunftsvision. Wie bereits gesagt, verfügen alle aufgeklärten Führer über eine völlig klare Vorstellung von der Zukunft ihres Unternehmens. Aber es reicht nicht aus, lediglich eine Vision zu haben. Die Vision muss den Verstand und die Herzen der Männer und Frauen in ihrem Unternehmen anregen. Die Menschen werden sich weit über ihre Pflicht hinaus engagieren, wenn ihre Führungskraft ihnen eine Vision der Zukunft vor Augen führt, die sie überzeugt und die ihnen wichtig ist. *Das Ziel ist der stärkste Motivator der Welt.*

Yogi Raman sagte mir, dass eine der größten Sehnsüchte der Menschen das Bedürfnis ist, etwas im Leben anderer Menschen zu bewirken. Die Menschen haben ein tiefes inneres Bedürfnis, Teil von etwas zu sein, das größer ist als sie selbst. Ob es sich um den CEO oder den Sachbearbeiter handelt: Jeder Mensch benötigt das Gefühl, dass er einen Beitrag leistet. Brillante Führungskräfte sind sich dieser Sehnsucht bewusst und vermitteln ihren Mitarbeitern ständig, wie sich das, was sie bei ihrer täglichen Arbeit tun, positiv auf die gesamte Welt auswirkt. Sie schüren auch das Feuer der Begeisterung in ihren Unternehmen, indem sie ihren Mitarbeitern kontinuierlich demonstrieren, dass die Arbeit, die sie verrichten, sie einem lohnenden Ziel näher bringt. In einfachen Worten: Diese Führungskräfte liefern ihren Mitarbeitern ein Motiv, morgens aufzustehen.«

»Sehr interessant. Hast du eine Idee, wie ich das auf meine Situation anwenden könnte?«

»Du hast mir vorhin gesagt, dass eine schlechte Arbeitsmoral das Wachstum von GlobalView behindert.«

»Stimmt.«

»Dann merk dir Folgendes, Peter: Es gibt keinen unmotivierten Menschen, nur einen unmotivierten Angestellten. Du kannst jedes Mitglied deines Teams herauspicken, von dem du annimmst, dass es ihm an Motivation und Initiative fehlt und sein Privatleben unter die Lupe nehmen. Was glaubst du, was du entdecken wirst?«

»Darf ich raten?«

»Du wirst feststellen, dass diese Person Hobbys hat, die sie liebt. Du wirst erkennen, dass sie Interessen hat, die sie in Begeisterung versetzen. Du wirst auch entdecken, dass sie sich bis spät in die Nacht mit ihrer Briefmarkensammlung beschäftigt oder stundenlang Fremdsprachen lernt oder voller Begeisterung ein Musikinstrument spielt. Jeder einzelne Mensch auf diesem Planeten besitzt die Fähigkeit, sich für etwas zu begeistern und zu motivieren. Die Hauptaufgabe einer Führungspersönlichkeit besteht darin, ihr Team für ihre faszinierende Vision zu begeistern und zu motivieren. Statt deinen Mitarbeitern ständig zu befehlen, die von dir entwickelten Ziele anzustreben, solltest du ihnen einen Grund dafür geben, dies aus eigener Motivation zu tun. Und wenn du feststellst, dass sie immer noch nicht motiviert sind, dann liegt es daran, dass du ihnen noch nicht genug Gründe präsentiert hast, an dein Zukunftsbild zu glauben. Denk daran, was den Psychologen bereits seit vielen Jahren klar ist: Naturgemäß gehen die Menschen dem Schmerz aus dem Weg und suchen das Vergnügen. Visionäre Führungspersönlichkeiten finden Möglichkeiten, das Vergnügen mit der täglichen Arbeit ihrer Angestellten und dem eigentlichen Ziel, das sie anstreben, zu verbinden. *Sie verknüpfen den Gehaltsscheck mit dem Ziel.* Wie lautet dein derzeitiges Unternehmensleitbild?«, fuhr Julian fort.

»Ehrlich gesagt, bin ich es leid, von Leitbildern zu sprechen. Ich glaube, diese Idee wurde bereits zu Grabe getragen, wenn ich das so sagen darf.«

»Ich bin deiner Meinung. Aber Tatsache bleibt, dass das Erstellen eines Leitbilds für die Zukunft deines Unternehmens dazu dienen kann, die Energie deiner Mitarbeiter auf die wesentlichen Dinge zu lenken. Hab also bitte Verständnis für mein Anliegen.«

»Mein Ziel ist es, der Lieblingslieferant unserer Kunden zu sein, qualitativ hochwertige Produkte herzustellen und die Firma innerhalb von fünf Jahren zu einem Fünf-Milliarden-Dollar-Unternehmen zu entwickeln«, erklärte ich stolz.

»Glaubst du wirklich, dass ein solches Leitbild deine Mitarbeiter inspirieren wird, sich bestmöglich für das Unternehmen zu engagieren? Glaubst du allen Ernstes, dass du damit deinen Mitarbeitern einen Grund gibst, jeden Morgen aufzustehen? Gibst du ihnen damit ein überzeugendes Ziel, auf das sie hinarbeiten können? Jedes Unternehmen möchte der bevorzugte Lieferant des Kunden sein. Und was die fünf Milliarden Dollar betrifft, verrate ich dir ein Geheimnis. Du bist vermutlich der Einzige im gesamten Unternehmen, der davon begeistert ist. Es hat keinerlei *emotionale* Auswirkung auf den Durchschnittsmenschen innerhalb des Unternehmens, der hart arbeitet, um seine Hypothek abzuzahlen und die Kinder durch die Schule zu bringen.«

Julians Worte versetzten mir einen Stich. Ich spürte, dass er mich herausfordern wollte, neue Denkweisen zu erschließen. Aber er traf ziemlich genau ins Schwarze. Ich hatte dieses Leitbild selbst konzipiert. Und es bedeutete mir sehr viel.

»Lass uns nach Möglichkeiten suchen, deine Zukunftsvision neu auszurichten, um sie den Menschen, die du führst, faszinierender erscheinen zu lassen. In welcher Branche bist du tätig?«

»Wir stellen Software her.«

»Und was ist dein Hauptmarkt?«

»Der Gesundheitssektor. Unsere Software wird vor allem von großen Krankenhäusern und Gesundheitsdienstleistern genutzt, um ihre Patienten besser versorgen zu können.«

»Ah, jetzt kommen wir voran«, erwiderte Julian. »Und was genau können deine Kunden mit deiner Software machen?«

»Unser meistverkauftes Programm unterstützt Ärzte und Krankenschwestern bei der Überwachung von Patienten auf der Intensivstation. Obwohl die Software erst letztes Jahr entwickelt wurde, berichtete die Fachzeitschrift unserer Branche vor Kurzem, dass allein dieser Software die Rettung von 100 000 Menschenleben zu verdanken ist.«

»Genau das verstehe ich unter einem faszinierenden Ziel«, sagte Julian voller Begeisterung. »Und wie hoch wären die Einkünfte, die GlobalView generieren könnte, wenn du Millionen von Leben retten würdest?«

»Das ist wirklich schwer zu sagen. Da sind so viele Faktoren, die ich berücksichtigen müsste und ...«

»Für das, was ich sagen will, können wir mit den Zahlen sehr flexibel sein«, unterbrach mich Julian. »Sag, wäre es möglich, dass die Einnahmen deines Unternehmens auf fünf Milliarden ansteigen könnten, wenn das Softwareprogramm, das ihr verkauft, jedes Jahr Millionen und Abermillionen Leben retten würde?«

»Ja, das wäre möglich«, räumte ich ein.

»Gut. Stell dir vor, dein Leitbild würde wie folgt geändert: ›GlobalView engagiert sich leidenschaftlich dafür, das Leben von Männern, Frauen und Kindern zu retten, indem es seinen geschätzten Kunden hochmoderne, hochwertige Software zur Verfügung stellt, mit der die Bedürfnisse der Patienten optimal befriedigt werden können. Unser Fünfjahresziel besteht darin, das Leben von über fünf Millionen Menschen zu retten und einen bedeutsamen und nachhaltigen Einfluss auf den Gesundheitssektor auszuüben.«

»Wow«, erwiderte ich. Mir war sofort klar, wie bedeutsam Julians Lektion war.

»Weißt du, Peter, *die Aufgabe einer jeden Führungskraft ist es, die Realität für die Mitarbeiter zu definieren*. Eine Führungskraft zeigt den Mitarbeitern eine bessere, aufgeklärtere Art, die Welt zu sehen. Sie deutet die Herausforderungen, mit denen sie konfrontiert sind, in Chancen für Wachstum, Verbesserung und Erfolg um. Sie tut mehr, als den Menschen beizubringen, *wie* man etwas richtig macht – das ist die Aufgabe des Managers. Die aufgeklärte Führungskraft stellt klar, *was* richtigerweise zu tun ist, und gibt ihren Mitarbeitern damit überzeugende Gründe, das, was sie tun, besser zu tun als je zuvor. Die aufgeklärte Führungskraft bekräftigt immer wieder, dass das Ziel, das alle anstreben, ein gutes, ein gerechtes und ein ehrenwertes sei. Sie ist sich im Klaren darüber, dass der beste Motivator für innovative und außergewöhnliche Leistungen sinnvolle Arbeit ist.«

Julian machte eine kurze Pause und fuhr dann fort: »Und die wirklich visionäre Führungskraft erfüllt ihre Mitarbeiter mit Hoffnung, indem sie ihnen zeigt, dass für sie eine höhere Realität existiert, wenn sie sich weiterhin auf die Vision der Führungspersönlichkeit hinbewegen. Anders ausgedrückt, die visionäre Führungskraft erweckt ein Gefühl der Leidenschaft in ihren Mitarbeitern, indem sie mittels der Überzeugungskraft ihres Ziels ihr Herz und ihren Verstand anspricht. Napoleon Hill formulierte es wie folgt: ›*Pflege deine Träume und Visionen, denn sie sind die Kinder deiner Seele: die Entwürfe für deine Erfolge.*‹ Orison Swett Marden schrieb: ›*Es gibt keine bessere Medizin als die Hoffnung, und keine größere Antriebsfeder und kein stärkenderes Tonikum als die Erwartung eines besseren Morgens.*‹ Finde eine Vision, in die du dich voll und ganz einbringen kannst, eine Vision, die zu deiner Antriebskraft, deiner Daseinsberechtigung und deinem Lebenswerk wird. Die Begeisterung und positive Energie, die du erzeugst, werden das gesamte Unternehmen erfassen.«

»Das ergibt tatsächlich Sinn, Julian. Wenn ich mir ein überzeugendes Ziel oder eine lohnende Vision für die Zukunft von GlobalView vorstelle und diese auf eine Weise an meine Mitarbeiter weitergebe, dass ihr Wunsch erfüllt wird, einen Beitrag zu leisten und etwas zu bewirken, *werden* sie sich für ihre Arbeit begeistern.«

»Unbedingt. Und vergiss nicht: Konzentriere dich nicht so krampfhaft auf das, *was* du erhältst, wenn du deine Vision verwirklichst, sondern fang damit an, mehr auf das *Warum* deines Handelns zu achten. Wenn du deine Energie auf das lohnende Ziel richtest, das deinem Streben zugrunde liegt, und nicht auf die Belohnungen, wirst du dieses Ziel viel schneller erreichen.«

»Wie kommt das?«

»Ich werde dir eine Geschichte erzählen, die Yogi Raman an mich weitergegeben hat. Sie wird deine Frage zufriedenstellend beantworten. Einst reiste ein junger Student viele Meilen weit, um einen berühmten spirituellen Meister aufzusuchen. Als er ihn schließlich fand, erklärte er ihm, dass es sein Hauptziel im Leben sei, der weiseste Mann im ganzen Land zu werden. Deshalb benötige er den besten Lehrer. Als der Meister sah, wie begeistert der junge Mann war, erklärte er sich einverstanden, ihm sein Wissen zu vermitteln, und nahm ihn unter seine Fittiche. ›Wie lange wird es dauern, bis ich Erleuchtung finden werde?‹, fragte der Student. ›Mindestens fünf Jahre‹, antwortete der Meister. ›Das ist zu lang‹, meinte der Bursche. ›Ich kann nicht fünf Jahre lang warten. Wie wäre es, wenn ich doppelt so viel lerne wie deine übrigen

Schüler?‹ – ›Zehn Jahre‹, lautete die Antwort. ›Zehn Jahre! Und wie wäre es, wenn ich Tag und Nacht lernen würde, mit höchster geistiger Konzentration? Wie lange würde ich dann benötigen, der weise Mann zu werden, der zu werden ich immer geträumt habe?‹ – ›Fünfzehn Jahre‹, antwortete der Meister. Der Junge war jetzt völlig frustriert. ›Wie kommt es, dass du mir jedes Mal, wenn ich dir erkläre, dass ich noch härter arbeiten werde, um mein Ziel zu erreichen, sagst, dass es noch länger dauern wird?‹ – ›Die Antwort liegt auf der Hand‹, erwiderte der Lehrer. ›Wenn ein Auge auf die Belohnung gerichtet ist, bleibt nur noch eines übrig, um sich auf das Ziel zu konzentrieren.‹«

»Diese Geschichte werde ich nie vergessen, Julian.«

»Sie enthält viel Wahrheit, nicht wahr? Statt sich darauf zu konzentrieren, was er geben könnte, wenn er sein Ziel erreicht, fokussierte sich der Junge auf das, was er erhalten würde. Und deswegen bräuchte er viel länger, um ans Ziel zu gelangen. Was ich dir zu sagen versuche, Peter, ist, dass *du dich auf das Geben konzentrieren musst. Geben leitet den Prozess des Empfangens ein* – das ist die Ironie. Wenn man sich für eine gute Sache engagiert und ständig fragt: ›Wie kann ich nützlich sein?‹, wird man in einem unvorstellbaren Maße belohnt. Ein asiatisches Sprichwort lautet: ›Es bleibt immer ein wenig Duft an der Hand haften, die dir Rosen schenkt.‹«

»Das ist wahr, wenn man ernsthaft darüber nachdenkt«, räumte ich ein.

»Hier ein gutes Beispiel dafür: Die Southwest Airlines gehörte durchweg zu den erfolgreichsten großen Fluggesellschaften. Herb Kelleher, der dynamische und innovative Vorsitzende, hätte das Ziel der Gesellschaft ohne Weiteres mit den Worten beschreiben können, ›eine hervorragende Fluggesellschaft zu sein‹ oder eine mit hoher Gewinnspanne oder Kundenzufriedenheit. Aber das tat er nicht. Er war so weise, Folgendes zu verstehen: Wenn er seine Mitarbeiter für eine emotional faszinierende Sache begeistern könnte, würde die Southwest eine hervorragende Fluggesellschaft werden, enorme Gewinne erzielen und jede Menge zufriedener Kunden registrieren können. Also definierte er die Arbeit seiner Fluggesellschaft – und deren Realität – auf eine Art und Weise, die die Menschen wirklich ansprach.«

»Wie hat er das gemacht?«

»Er führte seinen Mitarbeitern vor Augen, dass die Southwest eine ganz besondere Fluggesellschaft sei, die von ganz besonderen Menschen betrieben werde. Er demonstrierte seinem Team, wie die günstigen Flugpreise, mit denen die Fluggesellschaft warb, Menschen, die sich früher keine Flugreisen leisten konnten, die Chance bot, regelmäßig zu fliegen. Dies bedeutete, dass Großeltern ihre Enkel häufiger besuchen und Kleinunternehmer Märkte erschließen konnten, die ihnen vorher nicht zugänglich waren. Herb Kelleher erklärte seinen Mitarbeitern, dass es bei ihrem Job tatsächlich darum ging, anderen bei der Erfüllung ihrer Träume zu helfen und ein besseres Leben zu führen. Er hatte begriffen, *dass eine der wichtigsten Aufgaben einer visionären Führungspersönlichkeit darin besteht, dafür zu sorgen, dass ihre Mitarbeiter mit dem Herzen dabei sind.*

Und als er das in die Tat umsetzte, erfüllten sich all seine Hoffnungen. Finde also eine Möglichkeit, wie du und deine Manager euren Angestellten zeigen könnt, dass ihre Arbeit, direkt oder indirekt, auf das Leben der Menschen einwirkt. Zeig ihnen, dass sie gebraucht werden und wichtig sind, und stille ihre Sehnsucht, etwas Besonderes zu bewirken. Darum geht es bei dem ersten Ritual der visionären Führungskräfte. *Wenn du den Gehaltsscheck mit dem Ziel verknüpfst, stellst du eine Verbindung zwischen deinen Mitarbeitern und einer Sache her, die höher ist als sie selbst. So fangen deine Mitarbeiter an, sich bei dem, was sie tun, gut zu fühlen. Und wenn sie sich bei ihrer Arbeit wohlfühlen, überträgt sich das auch auf ihr gutes Gefühl in Bezug auf sie selbst. Das führt dann zu echten Durchbrüchen.* Henry Ford sagte einmal: ›Niemand ist antriebslos, mit Ausnahme jener, die die Ziele eines anderen verfolgen.‹ Lass deine Mitarbeiter an deiner Vision teilhaben. Sie werden dich mit dem Geschenk der Treue gegenüber deiner Führung belohnen.«

»Da fällt mir Folgendes ein«, unterbrach ich Julian. »Kürzlich habe ich von einem ähnlichen Beispiel gehört, bei dem es um das Engagement für eine wichtige Sache ging. Während des Zweiten Weltkriegs waren die Arbeiter, die Fallschirme für die alliierten Streitkräfte herstellten, alles andere als begeistert von dieser Arbeit, die bestenfalls als langweilig beschrieben werden konnte. Tag für Tag taten sie dasselbe und hatten es schließlich satt. Eines Tages beraumte einer der Leiter ihres Unternehmens dann ein Meeting an und erinnerte sie an den Wert ihrer Arbeit. Er erklärte ihnen, dass ihre Arbeit eventuell das Leben ihrer eigenen Väter, Söhne, Brüder und Landsleute retten könnte. Er machte sie darauf aufmerksam, dass sie durch ihre Arbeit Leben retteten. Indem er sie an das lohnende Ziel erinnerte, bewirkte er, dass die Produktivität enorm anstieg.«

Julian schnappte sich eine Zeitung, die jemand auf dem Tisch hatte liegen lassen, und hielt sie mir unter die Nase. Als ich die Augen zusammenkniff, um im schwachen Licht der Veranda das Foto auf der Titelseite besser sehen zu können, sagte Julian: »Ich habe die Zeitung heute schon gelesen und eine Erkenntnis gewonnen, die ich gerne mit dir teilen möchte. Was genau siehst du hier auf dieser Seite?«

»Sieht aus wie ein Foto von der Erde, wie die Fotos, die die Space-Shuttle-Astronauten gemacht haben.«

»Richtig. Ich habe es in der Mittagssonne unter der Lupe betrachtet. Und was glaubst du, habe ich gesehen?«

»Keine Ahnung.«

»Ich habe entdeckt, dass es in Wirklichkeit nur aus Tausenden winzigen, schwarzen Punkten besteht. Probier es morgen früh bei einer Tasse Kaffee selbst aus. Du wirst feststellen, dass jedes einzelne Foto in der gesamten Zeitung nichts anderes ist als eine Ansammlung von Tintenpunkten.«

»Okay, aber was willst du mir damit sagen, Julian?«

»Ich will auf Folgendes hinaus: Wenn du jemanden fragst, was das Thema dieses Fotos ist, wird er dir wie aus der Pistole geschossen antworten, dass es die Erde zeigt. Keiner wird je antworten, dass er zehntausend verklumpte Punkte sieht. Wenn wir Fotos in der Zeitung betrachten, haben wir es uns zur Gewohnheit gemacht, uns auf das große Ganze zu konzentrieren und das Thema von einer höheren Perspektive aus zu betrachten. Doch in der Geschäftswelt verlieren Führungskräfte und Manager zu oft jegliche Perspektive und verbringen die Zeit damit, sich auf die Kleinigkeiten zu konzentrieren.«

»Auf die Punkte«, warf ich ein und begriff die Aussagekraft von Julians ausgezeichneter Analogie.

»Du hast es begriffen. Und damit verpassen sie eine Welt voller Möglichkeiten, so wie alle, die sich auf die Punkte konzentrieren, aus denen sich dieses Foto zusammensetzt, diesen spektakulären Blick auf unsere Welt verpassen. Um eine visionäre Führungspersönlichkeit zu sein, musst du dich auf das große Ganze fokussieren – auf das lohnende Ziel, das im Mittelpunkt deiner Vision steht. Du musst darauf achten, dass deine Mitarbeiter auf die Gemeinschaften konzentriert bleiben, denen sie helfen, und auf die Menschen, die sie berühren. Das verleiht ihnen die nötige Motivation.«

»Aber braucht es nicht eine besondere Art von Mensch, der deshalb hart für sein Unternehmen arbeiten will, weil es gute Arbeit leistet und ein ›emotional überzeugendes Ziel‹ anstrebt? Um ehrlich zu sein, interessieren sich meine Mitarbeiter ausschließlich für ihren Gehaltsscheck. Die Firma oder deren Vision interessiert sie keinen Deut.«

»Das ist deine Schuld.«

»Was soll das heißen?«

»Hör auf, deine Mitarbeiter für dein Versagen als Führungskraft verantwortlich zu machen. Gib nicht den wirtschaftlichen Veränderungen, der zunehmenden Regulierung und dem Wettbewerbsdruck die Schuld. Wenn deine Leute nicht an deine Vision glauben, dann deshalb, weil sie deiner Führung nicht vertrauen. Wenn sie nicht loyal sind, dann deshalb, weil du ihnen nicht genug Gründe dafür gegeben hast. Wenn sie keine Leidenschaft für die Arbeit zeigen, dann deshalb, weil du es versäumt hast, ihnen etwas zu präsentieren, für das sie sich begeistern können. Sei bereit, die volle Verantwortung zu übernehmen, Peter. Begreife, dass *eine starke Mitarbeiterführung einer großen Gefolgschaft vorausgeht.«*

Die Wahrheit, die in Julians Worten lag, erschütterte mich. Keines der Managementseminare, die ich besucht hatte, und keiner der Berater, mit denen ich zusammengearbeitet hatte, hatte mir je diese Art von Einsicht vermittelt. Und doch erkannte ich, dass Julian recht hatte. Irgendetwas in mir, vielleicht meine Intuition, bestätigte mir, dass dieser jugendlich und dynamisch aussehende Mann im Mönchsgewand die Art von Weisheit weitergab, die sich grundlegend auf meine Führungsqualität und sogar mein Leben auswirken würde. Mir war bewusst, dass mir eine klare Zukunftsvision fehlte und mein Umfeld dieses Manko spürte. Ich wusste, dass meine Unsicherheit in Bezug auf die Zukunft dank meiner Wutanfälle und meines mangelnden Selbstvertrauens in der gesamten Firma kein Geheimnis mehr war. Und es war mir klar, dass meine Mitarbeiter mich weder respektierten noch mir vertrauten. Julian hatte völlig recht. Sie hatten mich als Führungspersönlichkeit nicht akzeptiert.

»Loyale Gefolgschaft beginnt an dem Tag, an dem deine Mitarbeiter spüren, dass du wirklich ihr Bestes willst«, fuhr Julian fort. »Nur wenn sie wissen, dass sie dir am Herzen liegen, gehen sie für dich durchs Feuer. Wenn du deine Mitarbeiter über deinen Profit stellst, hast du etwas noch Mächtigeres erreicht, als ihre Herzen zu gewinnen. Du hast ihr Vertrauen gewonnen. Denk immer daran, dass das wahre Geheimnis, als vertrauenswürdig zu gelten, darin besteht, sich des Vertrauens würdig zu erweisen.

Es war jetzt 22 Uhr. Julian und ich waren die Einzigen, die noch auf der Veranda des Golfclubs verweilten. Ich erwog kurz, meinem Freund vorzuschlagen, unsere Unterhaltung bei mir zu Hause fortzusetzen, entschied mich dann aber dagegen. Die Nacht war perfekt. Der Himmel war klar und Tausend Sterne funkelten. Über uns stand der Vollmond, beleuchtete die Veranda und verlieh diesem ohnehin außergewöhnlichen Tag etwas Mystisches. Julian war völlig vertieft in unser Gespräch, und er brachte die Führungsweisheiten eloquent und anmutig vor. Ich wäre töricht gewesen, diesem Mann, der während seines Aufenthalts hoch oben im Himalaja so viel gelernt hatte, nicht intensiv zuzuhören. Wenigstens das war ich meinen Mitarbeitern schuldig.

»Julian, darf ich dir noch eine grundlegende Frage stellen?«

»Sehr gern, deshalb bin ich ja hier«, antwortete er.

»Wie zeigen visionäre Führungskräfte ihren Mitarbeitern, dass sie ernsthaft deren Bestes im Sinn haben?«

»Ausgezeichnete Frage, Peter. Als Erstes musst du das Prinzip der Ausrichtung umsetzen.«

»Noch nie davon gehört.«

»Das Prinzip der Ausrichtung bedeutet: Wenn dein emotional überzeugendes Ziel, das wir einfach als ›Vision‹ bezeichnet haben, in Einklang mit den Interessen deiner Mitarbeiter steht, generierst du ein hohes Maß an Vertrauen, Loyalität und Engagement. Sorge dafür, dass deine Zukunftsvision von all deinen Mitarbeitern geteilt wird. *Zu viele Vision Statements hängen an Bürowänden, anstatt in den Herzen der Menschen verankert zu sein.* Vermittle deinen Mitarbeitern, von den Topmanagern bis hin zu den Arbeitern, ein echtes Gefühl, dass sie Teil des Ziels sind, das dein Unternehmen anstrebt. Eine *gemeinsame* Vision ist das Herzstück jedes Weltklasseunternehmens.«

»Und wie kann ich das erreichen?«

»Du musst ihnen zeigen, dass sie, wenn sie dir helfen, deine künftigen Ziele zu erreichen, auch *ihre* künftigen Ziele realisieren werden. Wenn du das, was für dich von Bedeutung ist, mit dem verbindest, was für sie von Bedeutung ist, oder ihnen zumindest klarmachst, wie die Realisierung deiner Vision für das Unternehmen ihnen helfen wird, Erfüllung zu finden, werden sie verstehen, dass dir ihre Hoffnungen und Träume am Herzen liegen. Sie werden Vertrauen zu dir aufbauen. Und wenn Vertrauen die Unternehmenskultur bestimmt, werden Leistungen, die einst für unmöglich gehalten wurden, möglich.

Julian hielt kurz inne und fuhr dann fort: »Es gibt eine zweite Möglichkeit, den Respekt und die Loyalität der Männer und Frauen zu gewinnen, deren Führungskraft du sein darfst, und zwar, indem du ein Befreier wirst.«

Ich hatte keine Ahnung, was er meinte, aber da ich nicht zu viele dumme Fragen stellen wollte, nickte ich lediglich.

»Du hast keine Ahnung, wovon ich rede, stimmt's?«, meinte Julian.

»Nein, nicht wirklich«, räumte ich ein und fühlte mich wie ein Schulkind, das bei einer kleinen Lüge ertappt worden war.

»Warum hast du dann genickt?«, wollte er wissen. »Ich möchte nicht barsch rüberkommen, denn das ist nicht meine Absicht, aber ich bin heute Abend sowohl als Freund als auch als Lehrer hier, der dir das Wissen vermitteln möchte, das du benötigst, um dein Unternehmen, das vor dem Aus steht, zu sanieren und deine Führungsqualität zu verbessern. Aber sei ehrlich. Ehrlichkeit gehört zu den wichtigsten Führungsqualitäten. Denke daran: Erst kommt die Wahrheit, dann das Vertrauen. Und die Menschen erkennen Aufrichtigkeit schon von Weitem. Ohne diese Eigenschaft wird GlobalView niemals ein großes Unternehmen werden.«

»Okay, tut mir leid. Ich wollte nur nicht so dumm dastehen.«

»*Visionären Führungskräften ist es viel wichtiger, das Richtige zu tun, als intelligent zu erscheinen.* Denke immer daran. Bei der Mitarbeiterführung geht es nicht um Popularität, sondern um Integrität. Es geht nicht um Macht, sondern um das Ziel. Es geht auch nicht um Titel, sondern um Talent. Dies bringt mich wieder zum Ausgangspunkt zurück, zu meiner Erklärung.«

»Ich bin ganz Ohr«, erwiderte ich aufrichtig.

»Visionäre Führungskräfte sehen sich eher als Befreier denn als Begrenzer menschlichen Talents. Ihre oberste Priorität besteht darin, das volle Potenzial ihrer Mitarbeiter zu entfalten. Sie erkennen, dass jede Führungskraft die Aufgabe hat, den Arbeitsplatz in einen Ort zu verwandeln, an dem Genialität verwirklicht wird. Die visionäre Führungskraft versteht, dass ihr Unternehmen in erster Linie ein Ort und eine Gelegenheit zur Selbstentfaltung und persönlichen Erfüllung sein muss. Sie ist klug genug, zu erkennen, dass sie ihren Mitarbeitern herausfordernde Aufgaben stellen muss, damit sie sich mit Leib und Seele für ihre Vision engagieren und ihre Fähigkeiten voll ausschöpfen können. Sie muss ihnen die Gelegenheit bieten, durch ihre Arbeit als Menschen zu wachsen. Weißt du, Peter, Yogi Raman erklärte mir, dass ein weiteres Bedürfnis der Menschen das nach Wachstum und Selbstverwirklichung ist. Und visionäre Führungskräfte befriedigen dieses Bedürfnis, indem sie die Stärken der Mitarbeiter freisetzen. Jeder einzelne Mensch auf diesem Planeten hat ein tief empfundenes Verlangen, sich als Person zu entwickeln und zu verbessern. Wenn du dich als Führungskraft der Aufgabe widmest, die Talente deiner Mitarbeiter zu fördern, statt sie zu ersticken, wirst du unermessliche Ergebnisse in Bezug auf Loyalität, Produktivität, Kreativität und Hingabe für dein lohnendes Ziel erzielen. Das Entscheidende ist: *Menschen, die sich großartig fühlen, erzielen auch großartige Ergebnisse.* Diese Führungsweisheit hat sich im Lauf der Zeit bewährt. Missachte sie nie. Traurige Tatsache ist, dass die meisten Menschen keine Ahnung haben, wie viel Talent und Potenzial in ihnen schlummert. William James, der Begründer der modernen Psychologie, sagte einst: ›Die meisten Menschen leben – ob körperlich, intellektuell oder moralisch – in einem sehr begrenzten Kreis ihres potenziellen Seins. Wir alle haben unvorstellbare Lebensreservoirs, aus denen wir schöpfen können.‹ Und er hatte recht. Wenn der Durchschnittsmensch auch nur einen flüchtigen Blick darauf erhaschen würde, wie leistungsfähig er wirklich ist, wäre er erstaunt. Doch die meisten Menschen nehmen sich nie die Zeit, in ihr Inneres zu blicken, um zu entdecken, wer sie wirklich sind.«

»Haben dir die Weisen dieses Prinzip beigebracht?«

»Ja. Yogi Raman erzählte mir gerne eine Geschichte zu diesem Thema. Der indischen Mythologie zufolge waren einst alle Menschen auf der Erde Götter. Doch sie begannen, ihre Macht zu missbrauchen, sodass der oberste Gott Brahma beschloss, ihnen diese Gabe zu nehmen und die Göttlichkeit irgendwo zu verstecken, wo sie sie niemals finden würden. Ein Berater schlug vor, sie tief in der Erde zu vergraben, aber Brahma gefiel dieser Vorschlag nicht. ›Die Menschen werden eines Tages so tief graben, dass sie sie finden‹, sagte er. Ein anderer Berater hatte die Idee, die Göttlichkeit an der tiefsten Stelle des Ozeans zu versenken. ›Nein‹, widersprach Brahma. ›Die Menschen werden eines Tages so tief tauchen, dass sie sie entdecken.‹ Ein weiterer Berater schlug vor, die Göttlichkeit auf dem Gipfel des höchsten Bergs zu verbergen, aber Brahma meinte: ›Nein, die Menschen werden schließlich eine Möglichkeit finden, zu dem Gipfel hochzusteigen und die Gabe an sich zu nehmen.‹ Nachdem Brahma in aller Stille darüber nachgedacht hatte, fand er schließlich den idealen Platz für die größte aller Gaben. ›Die Antwort lautet: Verstecken wir sie im Menschen selbst. Er wird nie auf die Idee kommen, dort zu suchen.‹«

»Eine großartige Geschichte«, erwiderte ich ernst.

»Im Grunde will ich dir vermitteln, dass alle Menschen mehr Energie und Talente in sich tragen, als sie sich je vorstellen können. Deine Aufgabe als Führungskraft ist es, diese Wahrheit zum Wohle deiner Mitarbeiter zutage zu fördern.«

»Ich verstehe, was du sagen willst, Julian. Aber glaubst du allen Ernstes, dass *jeder* das Potenzial zum Genie in sich trägt?«

»Genialität ist eine außergewöhnliche natürliche Fähigkeit. Wir alle haben unsere speziellen Gaben und Fähigkeiten. Das Problem besteht darin, dass die meisten Führungskräfte ihren Mitarbeitern nie die Gelegenheit bieten, diese Gaben zu erproben und zu entfalten. Statt ihnen zu zeigen, wie Erfolg aussieht, und sie dann ihre Kreativität und ihren Einfallsreichtum entfalten zu lassen, um dieses Ziel zu erreichen, betreiben die meisten Führungskräfte ein Mikromanagement und schreiben ihnen jeden Schritt vor. Sie behandeln ihre Mitarbeiter wie Kinder, tun so, als seien sie absolut unfähig, selbstständig zu denken. Mit der Zeit erstickt diese Art von Führung die Vorstellungskraft, die Energie und den Geist. Dann jammern die Führungskräfte über mangelnde Innovation, Produktivität und Leistung. H. G. Wells schrieb: ›Führungskräfte sollten so weit führen, wie es ihnen möglich ist, und dann verschwinden.‹ Er schrieb außerdem:

›Ihre Asche sollte das Feuer, das sie entfacht haben, nicht ersticken.‹ Erlaube also deinen Mitarbeitern, sich zu entfalten, wenn sie euer gemeinsames Ziel anstreben. Offenbare ihnen die Wahrheit über ihre Talente und biete ihnen Einblicke in eine neue Welt voller Chancen. Fordere sie heraus und gib ihnen die Chance, zu wachsen. Lass sie neue Dinge ausprobieren und neue Fähigkeiten erlernen. Lass auch zu, dass sie von Zeit zu Zeit scheitern, denn Scheitern ist nichts anderes als lernen, wie man gewinnt – eine Art kostenlose Marktforschung. *Scheitern ist die Schnellstraße zum Erfolg.* Du musst begreifen, dass die visionäre Führungskraft so weise ist, ihre Mitarbeiter zum Erfolg zu führen, statt sie zu bremsen. Sie weiß genau, dass sie Erfolg hat, wenn ihre Angestellten Erfolg haben. Sie begreift genau, was Bernard Gimbel meinte, als er sagte: ›Zwei Dinge schaden dem Herzen – den Berg hinaufzurennen und Menschen herunterzumachen.‹«

Julians Mimik war jetzt sehr lebhaft und er gestikulierte wild mit den Händen. »Yogi Raman hat es viel eloquenter ausgedrückt, als ich es je könnte«, fuhr er fort. »Eines späten Abends sagte er hoch oben in den Bergen unter einem atemberaubenden Himmel etwas, das mir für immer in Erinnerung bleiben wird, denn es bringt die Essenz visionärer Führung auf den Punkt.«

»Und was hat er gesagt?«, fragte ich voller Ungeduld.

»Er sagte: ›*Die ultimative Aufgabe einer visionären Führungspersönlichkeit besteht darin, das Leben ihrer Mitarbeiter zu würdigen und zu ehren, indem sie es ihnen ermöglicht, ihr höchstes Potenzial durch ihre Arbeit zu verwirklichen.*‹«

»Eine starke Aussage«, sagte ich leise und blickte zum Himmel hoch, während ich die Worte sacken ließ.

»Und sie ist wahr. ›Verantwortlichkeiten nehmen ihren Anfang in Träumen‹, verkündete der Dichter Yeats. Die visionäre Führungspersönlichkeit schuldet es ihren Mitarbeitern, ihre Entwicklung und Entfaltung zu unterstützen. Sie hat begriffen, dass *das größte Privileg einer Führungspersönlichkeit die Chance ist, das Leben der Menschen zu verbessern.* Du musst immer wieder die Wahrheit über das Potenzial deiner Mitarbeiter zutage fördern, sodass sie sehen können, was sie wirklich sind und was sie tatsächlich erreichen können. Der großartige Psychologe Abraham Maslow sagte, dass ›das Unglücklichsein, das Unbehagen und die Ruhelosigkeit in der heutigen Welt von Menschen verursacht werden, die weit unter ihren Fähigkeiten leben‹, und ich weiß, dass er recht hatte.«

»Okay, ich habe noch eine Frage. Wenn die Hauptaufgabe einer visionären Führungspersönlichkeit darin besteht, das Beste aus ihren Angestellten herauszuholen, ohne großen Wert auf die Gewinnorientierung zu legen, woran misst sie dann den Erfolg?«

»Ich habe nicht gesagt, dass die visionäre Führungskraft die Gewinnorientierung ganz außer Acht lässt, Peter. Natürlich versteht sie, dass ihr Unternehmen Gewinne einfahren muss, wenn es wachsen soll. Die Themen Produktivität, Kundenzufriedenheit und Qualität sind wesentliche Themen, die ihre Aufmerksamkeit erfordern. Aber an erster Stelle stehen für sie die Entwicklung und die Bereicherung ihrer Mitarbeiter. Die betrachtet sie nämlich als Bündel menschlichen Potenzials, das nur darauf wartet, für ein lohnendes Ziel freigesetzt zu werden. Und sie weiß, dass die Gewinne strömen werden, wenn die Angestellten auf höchstem Niveau arbeiten und leben. Um deine Frage zu beantworten: Die visionäre Führungskraft misst ihren Erfolg daran, wie viele Menschen sie berührt und wie viele Menschen sie verändert. Sie misst ihren Erfolg nicht am Ausmaß ihrer Macht, sondern an der Zahl der Menschen, die sie stärkt. Ergibt das Sinn?«

»Ja, Julian, dass tut es. Und was kommt als Nächstes?«

»Sobald du und deine Manager damit begonnen habt, das höchstmögliche Potenzial deiner Mitarbeiter auszuschöpfen, musst du deine große Vision für die Zukunft immer wieder verdeutlichen und kommunizieren. Produktivität und Leidenschaft sind die unvermeidlichen Nebenprodukte von Männern und Frauen, die auf ein emotional überzeugendes Ziel hinarbeiten. Inspiriere sie, ihre Energien und ihren Elan darin zu investieren. Verleih ihnen das Gefühl, dass es ihr Ziel ist, und mach ihnen klar, was es bedeutet, es zu erreichen. Nichts fesselt den Geist mehr als eine Zukunftsvision, die das Herz berührt. Abraham Lincoln wusste das, Gandhi wusste es, Nelson Mandela ebenfalls und auch Mutter Teresa.«

»Ich will ganz ehrlich sein. Ich habe immer noch keine klare Zukunftsvision von dem, was du ›ein emotional lohnendes Ziel‹ nennst, für das ich mein Team erwärmen kann. Dein Beispiel, das Leben von fünf Millionen Menschen zu retten, hat mir sehr gut gefallen. Diese Vorstellung hat mich begeistert, und ich bin davon überzeugt, dass es meinen Mitarbeitern genauso ergehen könnte. Ich glaube, das ist ein guter Ausgangspunkt. Hast du einen Rat, wie eine Führungskraft ihre Zukunftsvision entwickeln kann?«

»Ich will nicht abgedroschen klingen, Peter, aber es erfordert viel Arbeit. Du musst Tage, ja Wochen, darüber nachdenken, welche Dinge am wichtigsten für dich sind und wo GlobalView den größten Beitrag leisten und den größten Einfluss haben kann. Nimm dir die Zeit für Ruhepausen, um die Kraft deiner Vorstellungsgabe zu kultivieren. Stell dir vor, wie dieses Unternehmen in fünf, zehn und fünfzehn Jahren dastehen soll. Bewusstsein geht der Veränderung voraus, also werde dir all der Möglichkeiten bewusst, die die Zukunft bereithält. Eine weitere Taktik, die du anwenden kannst, um deine Zukunftsvision zu definieren, besteht darin, zu analysieren, was dich nachts wach hält. Welche Dinge stören dich und deine Kunden? Begnüge dich nicht damit, lediglich ihre Bedürfnisse zu befriedigen. Jedes gute Unternehmen tut das. Bemühe dich, den *Frust* aus ihrem Leben zu entfernen. Das ist das eigentliche Geheimnis, um einen loyalen Stamm zufriedener Kunden zu haben. Beginne, vorauszuahnen, was sie stört, und definiere deine Zukunftsvision anhand dieser Dinge. Das Wichtigste, was du dann tun musst, ist Folgendes: Sobald du eine klare Zukunftsausrichtung hast, gleiche sie ständig mit dem aktuellen Stand der betrieblichen Prozesse ab. Wenn deine Vision inspirierend ist, wirst du feststellen, dass es eine Lücke gibt. Aus dieser Kluft zwischen dem Istzustand und dem Zustand, den du anstrebst, entsteht deine Strategie für den Wandel. Übe dann deinen Einfluss als Führungskraft aus, um dafür zu sorgen, dass dein Plan für die Zukunft bald zur Realität des Unternehmens wird. Denke daran, dass 90 Prozent des Erfolgs in der Umsetzung und Durchführung liegen. *Eines der Markenzeichen visionärer Führerschaft liegt in der Umsetzung positiver Absichten in greifbare Ergebnisse.*«

»Visionäre Führungskräfte sind also Menschen der Tat. Sie treiben sich ständig an, um bessere und schnellere Möglichkeiten zu finden, die Gegenwart mit der Zukunft zu verschmelzen und ihre Vision zu realisieren. Richtig?«

»Ja, das ist richtig. Sie haben das alte Gesetz der abnehmenden Absicht verstanden und sorgen dafür, dass es nicht auf sie zutrifft.«

»Von diesem Gesetz habe ich noch nie gehört.«

»Das Gesetz der abnehmenden Absicht besagt Folgendes: Je länger du damit zögerst, eine neue Idee oder Strategie umzusetzen, desto mehr lässt deine Begeisterung dafür nach. Ich glaube, jeder, der in der Geschäftswelt tätig ist, kennt das Gefühl, voller großartiger Ideen aus einem Motivationsseminar zu stürmen. Die Rede ist hier von Ideen, die jeden Aspekt des eigenen Lebens verändern werden. Doch dann verlangen die Anforderungen des täglichen Lebens erneut unsere Aufmerksamkeit, und all unsere guten Absichten und persönlichen Versprechen, uns zu ändern, geraten in Vergessenheit. Und je länger wir sie vor uns herschieben, desto geringer ist die Wahrscheinlichkeit, dass wir sie je erfüllen werden. Wir müssen also lernen, täglich gemäß unserer Veränderungsstrategie zu handeln, bevor diese ein schnelles Ende erlebt und unsere Zukunftsvision mit sich begräbt. Johann Wolfgang von Goethe drückte dies wie folgt aus: ›Was immer du tun kannst oder träumst, tun zu können, fang damit an! Mut hat Genie, Kraft und Zauber in sich.‹«

»So einfach und doch so tiefgründig, Julian«, erwiderte ich und versuchte, diese Worte der Weisheit vollkommen in mich aufzunehmen.

In den wenigen Stunden, die ich an diesem Abend mit Julian verbracht hatte, hatte ich mehr über das Handwerk der Führung gelernt als all die Jahre zuvor im Geschäftsleben. Vieles davon war im Grunde genommen gesunder Menschenverstand, doch wie Voltaire schon sagte: »Der gesunde Menschenverstand ist nicht so verbreitet.« Ich hatte mir wohl nie die Zeit genommen, intensiv über die Elemente der Mitarbeiterführung nachzudenken und darüber, wie ich sie in unserer Firma umsetzen könnte. Meine Tage waren gefüllt mit so vielen scheinbar brisanten Problemen, die sofort gelöst werden mussten, dass ich die Grundlagen effektiver Führung vernachlässigte.

Ironischerweise verschlechterten sich aufgrund dieser Vernachlässigung die Dinge immer mehr. Das erinnerte mich an die Geschichte vom Leuchtturmwärter, die mir mein Großvater gerne erzählte. Der Leuchtturmwärter verfügte nur über eine begrenzte Menge Öl, um sein Leuchtfeuer zu betreiben, damit vorbeifahrende Schiffe die felsige Küste meiden konnten. Eines Nachts musste sich ein älterer Mann, der in der Nähe wohnte, etwas Öl ausleihen, um sein Haus zu beleuchten. Also gab ihm der Leuchtturmwärter welches. An einem anderen Abend bat ein Reisender um etwas Öl, um seine Lampe anzünden und seine Reise fortsetzen zu können. Der Leuchtturmwärter erfüllte auch diese Bitte und gab dem Reisenden das gewünschte Öl. In der darauffolgenden Nacht wurde der Leuchtturmwärter von einer Mutter geweckt, die gegen seine Tür hämmerte. Sie bat um Öl, damit sie ihr Haus erhellen und ihrer Familie Essen zubereiten konnte. Und auch dieser Frau half er mit Öl aus. Bald war sein gesamter Ölvorrat aufgebraucht und sein Leuchtfeuer erlosch. Viele Schiffe liefen auf Grund und viele Menschen kamen um, weil der Leuchtturmwärter es versäumt hatte, sich auf seine vordringlichste Aufgabe zu konzentrieren. Er hatte sie vernachlässigt und zahlte dafür einen sehr hohen Preis.

Ich erkannte, dass ich denselben Weg wie der Leuchtturmwärter eingeschlagen hatte. Ich fokussierte mich nicht auf die zeitlosen Prinzipien aufgeklärter, effektiver und visionärer Führung, die Julian mir vermittelte. Wenn ich meine Führungsrolle nicht vereinfachen und wenn ich nicht damit aufhören würde, zweitrangige Dinge an die erste Stelle zu setzen, würde auch mir eine Katastrophe drohen und ich müsste einen besonders hohen Preis zahlen.

Zum ersten Mal an diesem Abend schien Julian erschöpft zu sein. Viele Stunden waren verstrichen, seit wir uns auf der Veranda getroffen hatten und Julian mich mit seinem wundersamen Hole-in-One verblüfft hatte. Obwohl er eindeutig viele der Geheimnisse persönlicher Entwicklung sowie die Führungswahrheiten entdeckt hatte, die er mir weitergab, war er nach wie vor ein Mensch aus Fleisch und Blut und hatte ein Recht darauf, müde zu sein.

»Julian, ich bin dir sehr dankbar für das, was du tust. Der Himmel weiß, wie sehr ich das Coaching benötige. Du hast den ganzen Abend über leidenschaftlich versucht, mir einige sehr wirkungsvolle Lehren zu vermitteln, die, wie ich weiß, eine unmittelbare Verbesserung in meinem Unternehmen bewirken werden, sobald ich mich traue, sie umzusetzen. Ich könnte dir die ganze Nacht zuhören. Du warst von jeher ein großartiger Redner und unterhaltsamer Gesprächspartner. Aber ich möchte dir gegenüber fair sein. Warum gehen wir nicht schlafen und treffen uns morgen früh in meinem Büro? Ich habe mir den gesamten Vormittag frei gehalten, damit wir mehr Zeit miteinander verbringen können. Erlaube mir, dich jetzt nach Hause zu fahren.«

»Danke für das Angebot, Peter. Ich muss zugeben, dass ich langsam etwas schläfrig werde. Ich weiß, dass ich wie ein junger Mann aussehe, aber du weißt genau, wie alt ich bin. Obwohl ich mich jetzt lebendiger und vitaler fühle als mit zwanzig, brauche ich dennoch ein paar Stunden Schlaf, um Körper und Geist zu regenerieren. Wenn es dir nichts ausmacht, gehe ich jetzt zu Fuß zu meiner Unterkunft. Sie befindet sich nicht allzu weit von hier.«

»Aber wir sind hier mitten auf dem Land, Julian. So weit das Auge reicht gibt es hier nur Wald und Ackerland«, wandte ich besorgt ein.

»Mach dir keine Sorgen um mich«, erwiderte Julian. Er hatte wohl eindeutig vor, seine Unterkunft geheim zu halten. »Ich komme zurecht.«

»Dann sehen wir uns morgen früh?«

»Eigentlich habe ich morgen früh schon etwas vor. Und in den nächsten Tagen muss ich mich noch um einige Dinge kümmern.«

»Du hältst nicht zufällig Ausschau nach einem neuen Ferrari?«, scherzte ich, wusste aber ganz genau, was Julian antworten würde.

»Nein, Peter. Meine Ferrari-Zeit ist vorbei. Ich bin ein einfacher Mann geworden, der die einfachen Wahrheiten verkündet, die unsere Welt hören muss. Ich habe Yogi Raman und den anderen Weisen versprochen, den Rest meines Lebens damit zu verbringen, ihre Führungsweisheiten denen zu vermitteln, die sie hören müssen. Und genau das habe ich vor. Wie wäre es, wenn wir uns nächsten Freitag treffen? Das lässt dir etwas Zeit, über das nachzudenken, was ich dir vermittelt habe, und etwas von dieser Philosophie in die Praxis umzusetzen.«

»Gerne, Julian. Wenn du dich nächsten Freitag mit mir treffen willst, dann treffen wir uns nächsten Freitag. Zur selben Zeit am selben Ort?«

»Eigentlich würde ich mich gern an einem anderen Ort mit dir treffen. Wie wäre es mit dem kleinen Park hinter dem Rathaus? Dort gibt es etwas Besonderes, das ich dir gerne zeigen würde«, sagte er und erhöhte damit die Spannung. »Komm, ich begleite dich bis zu deinem Auto. Es gibt noch ein paar Führungsprinzipien, die ich dir mit auf den Weg geben möchte.«

Wir standen auf und gingen auf die Treppe zu, die hinunter zu dem Platz führte, wo ich meinen Wagen geparkt hatte. Plötzlich blieb Julian stehen.

»Gibt es immer noch den Großbildfernseher im Clubhaus?«

»Ja. Warum fragst du?«

»Folge mir einfach. Ich muss dir etwas zeigen«, erwiderte er und schlenderte über die abgedunkelte Veranda auf das elegant eingerichtete Clubhaus zu.

»Gehört dieser Herr zu Ihnen, Peter?«, fragte mich der Manager im Vorbeigehen. Offensichtlich missbehagte ihm Julians Aufmachung. Ich nickte und folgte Julian, der gerade den leeren Aufenthaltsraum betreten hatte, in dem sich der Großbildfernseher befand. Im Nu hatten wir davor Platz genommen und schauten uns die Abendnachrichten an.

»Versuchst du, dich über die Tagesereignisse zu informieren?«, fragte ich, nicht sicher, was mein Freund beabsichtigte.

»Nicht wirklich«, antwortete er und drückte auf die Taste »Radio« auf der Fernbedienung, die er vom Tisch genommen hatte. Auf dem Bildschirm liefen immer noch die Nachrichten, aber die Stimme des Nachrichtensprechers wurde jetzt durch wohlklingende klassische Musik von einem der lokalen Radiosender ersetzt. Der Kontrast war überwältigend. Über den Bildschirm flimmerten Bilder von der Gewalt, die in so vielen unserer Städte herrschte, und aus den Lautsprechern kamen die sanften Klänge von Vivaldi.

»Julian, was machst du da?«

»Tut mir leid.« Er lächelte wissend. »Stimmt etwas nicht?«

»Natürlich nicht. Das Bild ist nicht synchron mit dem Ton.«

»Das trifft auch auf viele Führungskräfte in unserer Geschäftswelt zu. Sie erklären ihren Kunden, dass sie das eine tun werden, tun dann aber das andere. Sie predigen ihren Mitarbeitern Sparsamkeit, während sie sich selbst insgeheim einen goldenen Fallschirm aushandeln. Sie loben eine wichtige Führungskraft und verhalten sich höflich ihr gegenüber, wenn sie vor ihnen steht, und ziehen über sie her, sobald sie den Raum verlässt. Sie haben kein Ehrgefühl. Es fehlt ihnen an Charakter. Es fehlt ihnen an Integrität. *Ihr Bild ist nicht synchron mit ihrem Ton.*«

Noch nie hatte ich über die Macht der Integrität als eine Führungsphilosophie nachgedacht. Ich war ein Vertreter der Führungsschule, deren Credo lautete, dass der Zweck die Mittel heiligt, und der glaubte, dass man manchmal Dinge manipulieren musste, um das gewünschte Ergebnis zu erzielen. Je mehr ich darüber nachdachte, desto klarer wurde mir, dass ich gehandelt hatte, als würde die Wahrheit in unserem Unternehmen keine Rolle spielen. Durch mein Handeln hatte ich anderen die Botschaft vermittelt, dass kleine Lügen und Täuschungen in Ordnung, ja, ein ganz normaler und akzeptabler Teil der Geschäftswelt seien. Ich ersann irgendwelche Vorwände, warum ich einen Manager, der in Schwierigkeiten steckte, nicht treffen konnte. Ich wurde Stammkunden gegenüber wortbrüchig, wenn die Verpflichtung ihnen gegenüber mit einem dringenderen und eventuell lohnenderen Geschäft kollidierte. Sicherlich beeinflusste dies meine Mitarbeiter und die Art, wie sie ihren Job ausübten.

»*Visionären Führungskräften geht es weniger darum, in gutem Licht zu erscheinen, als richtig zu handeln*«, fügte Julian hinzu. »Sie betrachten das Führen nicht als einen Beliebtheitswettbewerb, bei dem sie es allen Interessengruppen recht machen müssen. Sie haben eine klar umrissene Vision, bei der die Interessen aller berücksichtigt werden, und sie bewegen sich ständig auf sie zu. Ihre Vision dient ihnen als ihr Leuchtturm, der ihnen den Weg weist, den sie inmitten der sie umgebenden Turbulenzen gehen müssen. Ihre Führungsqualität beruht auf tief verankerten Prinzipien, die ihre Leidenschaft für ihr Ziel und ihr inneres Feuer nur noch mehr schüren. Was sie tun, stimmt mit dem überein, was sie sagen. Eine integre Führungspersönlichkeit wird nie zulassen, dass ihre Worte ihrem Gefühl widersprechen, und sie wird sich bei dem, was sie tut, immer von ihren Prinzipien leiten lassen. Peter, bemüh dich, eine prinzipientreue Führungskraft zu werden. Steh für etwas ein, das mehr ist als du selbst. Dann wirst du respektiert werden. Vielleicht sogar verehrt.«

»Was für Prinzipien meinst du?«

»Ich bezeichne sie als den Gandhi-Faktor, da es genau die Tugenden sind, die Mahatma Gandhis Leben und seine Führung bestimmten. Sie beinhalten Ehrlichkeit, Fleiß, Geduld, Ausdauer, Loyalität, Mut und vielleicht am wichtigsten: Demut. Wenn du sie studierst und in deine Führungspraktiken integrierst, wirst du die Effizienz deines gesamten Unternehmens verändern. Wenn deine Führung sowohl moralisch als auch visionär wird, wird es so sein, als habe GlobalView endlich einen Anker gefunden, der das Unternehmen vor dem Abdriften bewahrt, wenn die See rau wird. Wenn du mit einer Krise konfrontiert wirst, wirst du weniger in Panik geraten und mehr Ruhe bewahren. Deine Mitarbeiter werden beginnen, furchtloser, höflicher und respektvoller zu handeln. Der spanische Philosoph Carlos Reyles brachte dies bereits im 19. Jahrhundert hervorragend auf den Punkt, als er schrieb: ›Prinzipien sind für Menschen das, was Wurzeln für die Bäume sind. Ohne Wurzeln fallen Bäume um, wenn sie vom Wind durchgerüttelt werden. Ohne Prinzipien gehen die Menschen zugrunde, wenn sie von den Stürmen des Daseins geschüttelt werden.‹«

»Wie kann ich den Gandhi-Faktor in unserem Unternehmen einführen? Es steht im Augenblick sehr schlecht da und niemand ist offen für etwas Neues. Die meisten von uns sind der Meinung, dass wir allein im vergangenen Jahr genug Veränderungen für ein ganzes Leben erlebt haben.«

»Diene als Vorbild«, lautete Julians einfache Antwort. »Ich habe vor einiger Zeit gelesen, dass Gandhi einmal von einem Anhänger angesprochen wurde, der von dem großen Mann wissen wollte, welches Geheimnis dahinter stecke, dass er die Menschen um sich herum verändern könne. Gandhi überlegte kurz und erwiderte dann: ›Sei *du selbst* die Veränderung.‹ Und genau das ist das Geheimnis, um innerhalb von GlobalView den Charakter und die Integrität zu fördern. Du musst die Veränderung sein, die du anstrebst. *Erwarte nicht von anderen, dass sie mehr werden, als du selbst zu werden bereit bist.* Du musst das Vorbild sein, dem deine Mitarbeiter nacheifern. Die Menschen tun das, was sie sehen. Seneca brachte dies auf den Punkt, als er sagte: ›Ich werde mein Leben und meine Gedanken so führen, als ob die ganze Welt das eine sehen und das andere lesen würde.‹«

»Was für ein Zitat! Es eignet sich hervorragend für die Pinnwand in der Kantine.«

»Oder für die in der Vorstandsetage«, erwiderte Julian entschieden. »Visionäre Führungskräfte werden zu ihren eigenen besten Botschaftern. Sie werden zu leuchtenden Vorbildern für das, was sie von ihren Mitarbeitern erwarten. Zwing deine Mitarbeiter nicht, mit weniger Ressourcen noch härter zu arbeiten, während du dir einen freien Nachmittag gönnst, um Golf zu spielen. Kürze nicht die Sozialleistungen der Mitarbeiter, während du zur selben Zeit dein Büro verschönerst. Fordere deine Angestellten nicht auf, sich auf deine Zukunftsvision einzulassen, während du in aller Heimlichkeit deine Ausstiegsstrategie planst. Verkauf die Menschen nicht für dumm. Sie erkennen, ob du ehrenhaft bist oder nicht. Leb deine Führungswerte vor. Werde zu einem dieser großartigen Führer, der die Charakterstärke besitzt, sich von jemandem, der *weiß*, was richtig ist, zu jemandem zu entwickeln, der *tut*, was richtig ist, und schließlich *ist*, was richtig ist. Denk an Sokrates' Worte: ›Der erste Schlüssel zur Größe besteht darin, tatsächlich das zu sein, was wir zu sein scheinen.‹«

In Gedanken ging ich all meine Charakterschwächen durch. Regelmäßig versicherte ich, etwas Bestimmtes zu erledigen, tat dann aber etwas anderes. Im Allgemeinen kümmerte ich mich mehr um meine eigenen Interessen als um die meiner Mitarbeiter. Ich war jähzornig, konnte gegenüber meinen Angestellten barsch sein, war egozentrisch, ein schlechter Zuhörer und oft unehrlich. Ich dachte, niemand bemerke diese Schwächen, doch jetzt wurde mir klar, dass ich mich irrte. Zum ersten Mal in meiner gesamten Karriere als Führungskraft erkannte ich, dass meine Schwächen die Schwächen in unserem Unternehmen nur noch verstärkten. Meine mangelnden Führungsqualitäten waren die Ursache für die fehlende Loyalität meiner Mitarbeiter. Es wurde Zeit für mich, damit aufzuhören, andere Menschen oder Ereignisse für die Schwierigkeiten von GlobalView verantwortlich zu machen. Es war höchste Zeit, dass ich mein Leben in Ordnung brachte. Es wurde Zeit für mich, ›die Veränderung zu sein‹.«

»Die Unvollkommenheiten deines Charakters verstärken die deiner Mitarbeiter«, fuhr Julian fort. »Wenn du einem Angestellten gegenüber schroff bist, erteilst du ihm implizit die Erlaubnis, gegenüber jemand anderem unhöflich zu sein. Wenn du jemanden anlügst, duldest du, dass derjenige wiederum jemand anderen anlügt. Wenn du zu einem Meeting zu spät kommst, symbolisierst du damit, dass Pünktlichkeit nicht wichtig ist. Und all diese Botschaften prägen nachhaltig die Unternehmenskultur, die als Rahmen für alles dient, was du tust und was deine Mitarbeiter tun.«

»Wie kann ich es schaffen, ein Vorbild zu sein, Julian? Ich praktiziere meinen derzeitigen Führungsstil schon so lange, dass ich unsicher bin, wo ich mit der Veränderung beginnen soll.«

»Ich schlage vor, dass du zuerst ein Leadership Audit durchführst. Geh gründlich in dich und denk über deine Stärken nach und, was noch wichtiger ist, über deine Schwächen als

Führungskraft. Lerne dich selbst kennen. Wie ich bereits erwähnte, *geht die Wahrnehmung der Veränderung voraus.* Und wie bei allen Veränderungen, die du anstößt, sei es im persönlichen Leben oder im Unternehmen, fängst du dann klein an. Vor Kurzem habe ich etwas über ein lokales Unternehmen gelesen, das mit ähnlichen Herausforderungen konfrontiert war wie GlobalView. Die Moral war am Boden, die Produktivität stark zurückgegangen, die Kreativität versiegt und Gewinne wurden keine eingefahren. Der CEO hatte eine Idee, die ganz einfach war. Nachdem er erkannt hatte, dass seine Mitarbeiter ihn selten zu Gesicht bekamen, und dies wohl zu den schlechten Ergebnissen des Unternehmens beitrug, gewöhnte er sich an, regelmäßig durch den Betrieb zu gehen. Dabei fiel ihm auf, dass die Büroräume, im Gegensatz zum gepflegten Büro der Geschäftsführung im Obergeschoss, stark verschmutzt waren. Auf den Fluren staute sich der Müll, die Wände waren mit Graffiti verschmiert und alles war mit einer dicken Staubschicht bedeckt. Ganz offensichtlich kümmerte sich niemand um seinen Arbeitsplatz. Während der CEO seinen regelmäßigen Rundgang machte und sich mit den Mitarbeitern unterhielt, sammelte er nebenbei den Müll auf und hoffte, diese symbolische Geste würde irgendwie die Einstellung der Mitarbeiter beeinflussen. Bald folgten die Mitarbeiter seinem Beispiel. Während sie ihn begleiteten, sammelten sie ebenfalls den Müll ein, der überall verstreut lag, und warfen ihn in die Mülltonne. Als sie dann feststellten, wie viel besser jetzt ihr Umfeld aussah, fragten sie den CEO, ob sie die Wände mit ihrer Wunschfarbe anstreichen dürften. Er stimmte sofort zu. Als Nächstes führten sie eine gründliche Reinigungsaktion durch. Sie waren nun stolz auf ihren Arbeitsplatz. Dies wiederum hatte eine bessere Arbeitsmoral und eine höhere Produktivität zur Folge und erzeugte bei allen Mitarbeitern ein Gefühl der Mitverantwortung. Sie entwickelten echtes Interesse an ihrer Arbeit und an dem Unternehmen, dem sie dienten. Die positive Kraft der Veränderung breitete sich im gesamten Unternehmen aus, das sich dann schnell wieder erholte.«

»Und alles begann mit einer einfachen Initiative der Führungskraft.«

»Kleine Handlungen können zu großartigen Ergebnissen führen. Vergiss nie, dass deine Mitarbeiter dich beobachten. Sie schauen auf dich, um zu sehen, was akzeptables Verhalten ist und was nicht. Stell also das Ideal dar, das du dir von deinen Mitarbeitern wünschst. Und übernimm die Strategie dieses aufgeklärten CEOs aus der Geschichte, die ich dir gerade erzählt habe. Verlass dein palastartiges Büro, in dem du dich verbarrikadiert hast, und rede mit den Menschen, auf die es wirklich ankommt – mit den Männern und Frauen, die deine Führung erwarten. Hör ihnen zu. Finde heraus, wie sie ticken. Hör dir ihre Hoffnungen, Träume und Frustrationen an. Verschaff dir ein klares Bild von der realen Situation in deiner Firma. Die meisten Führungskräfte haben keine Ahnung. Wie Yogi Raman mir einmal sagte: ›Der Fisch bemerkt oft als Letzter das Wasser, in dem er schwimmt.‹«

Nach diesem weisen Rat schüttelte mir Julian die Hand und machte sich auf den Weg in die Dunkelheit. Dann blieb er noch einmal stehen und drehte sich zu mir um.

»Oh, ich habe vergessen, dir etwas zu geben. Bis zu unserem Treffen nächste Woche hast du dann etwas zum Nachdenken.« Er griff in sein bodenlanges Gewand, das er trotz der drückenden Hitze nicht ausgezogen hatte, und beförderte einen Gegenstand hervor, den ich in der Dunkelheit nicht erkennen konnte. Julian drückte ihn mir behutsam in die Hand. Dann tauchte er schnell in die Dunkelheit ein.

Als ich in mein Auto stieg, betrachtete ich im schwachen Licht neben dem Rückspiegel Julians Geschenk. Es war ein weiteres hölzernes Teil des Puzzles. Wie beim vorherigen erkannte ich ein Design auf der Oberfläche, Worte waren in das Holz geschnitzt. Sie lauteten: *Ritual 2: Manage mit dem Verstand, führe mit dem Herzen.*

Kapitel 5 – Zusammenfassung von Wissen • Julians Weisheit in Kurzfassung

Das Ritual

Die Essenz

Das Ritual einer überzeugenden Zukunftsvision

Die Weisheit

- Das Ziel ist der stärkste Motivator der Welt.
- Die Hauptaufgabe der Führungskraft besteht darin, ihre Mitarbeiter für ein lohnendes Ziel zu begeistern, das einen Beitrag zum Leben anderer Menschen leistet.
- Großartige Führerschaft geht großartiger Loyalität der Mitarbeiter voraus. Zeig den Angestellten, dass du ihre besten Interessen im Sinn hast.
- Visionäre Führungskräfte konzentrieren sich darauf, die Talente ihrer Mitarbeiter freizusetzen und es ihnen zu ermöglichen, ihr Potenzial zu verwirklichen.
- Führe mit Integrität, Charakter und Mut.

Die Praktiken

- Mache die Weisheit zu einem Ritual, damit deine positiven Absichten zu greifbaren Ergebnissen führen.
- Vermittle dein lohnendes Ziel so, dass es die Herzen berührt.
- Bringe dein Bild mit deinem Ton in Einklang.

Zitat

Die ultimative Aufgabe einer visionären Führungspersönlichkeit besteht darin, das Leben ihrer Mitarbeiter zu würdigen und zu ehren, indem sie es ihnen ermöglicht, ihr höchstes Potenzial durch ihre Arbeit zu verwirklichen.

Der Mönch, der seinen Ferrari verkaufte

RITUAL 2

MANAGE MIT DEM VERSTAND, FÜHRE MIT DEM HERZEN

KAPITEL 6

DAS RITUAL MENSCHLICHER BEZIEHUNGEN

Der Mensch, der sich nicht für seine Mitmenschen interessiert, hat die größten Schwierigkeiten im Leben und fügt anderen den größten Schaden zu. Solche Menschen sind die Ursache allen menschlichen Elends.

Alfred Adler

Als ich nach Hause fuhr, brummte mir der Kopf von all den Anregungen, die Julian mit mir geteilt hatte. Sie ergaben so viel Sinn, dass ich mir wünschte, ich hätte sie schon vor vielen Jahren selbst entdeckt. Das hätte mir sehr viel Stress und Ärger erspart. Wenn ich diese Führungsweisheit angewandt hätte, wer weiß, wie dann die heutige Situation von GlobalView wäre? Dann stellte ich mir vor, wie ich mir das Unternehmen in zehn Jahren wünschte. Ich malte mir aus, wie es wäre, wenn wir das größte und beste Unternehmen unserer Branche auf dem gesamten Planeten wären. Ich führte mir vor Augen, wie viele unserer Mitarbeiter ich unterstützen könnte, sich weiterzuentwickeln, und wie viele Menschenleben wir alle berühren könnten. Ein Lächeln überzog mein Gesicht.

Es fühlte sich gut an, wieder Träumen nachzuhängen. Jonas Salk hat einmal gesagt: »Ich hatte Träume und ich hatte Albträume. Mithilfe meiner Träume habe ich meine Albträume überwunden.« Alle erfolgreichen Geschäftsleute, die ich je gekannt hatte, waren Träumer gewesen. Durch Nachdenken hatten sie ihr emotional lohnendes Ziel entdeckt und den Mut gehabt, sich davon mitreißen zu lassen. Als wir ehrgeizige junge Unternehmer waren, die versuchten, GlobalView aufzubauen, saß ich oft stundenlang da, ausschließlich damit beschäftigt, mir Gedanken zu machen, was uns die Zukunft bringen mochte. Doch als das Unternehmen wuchs, nahmen auch die Kopfschmerzen zu, und meine ruhigen Momente wurden immer seltener. Dieses Meeting mit Julian, einem Mann, der eindeutig seine eigene Veränderung erlebt hatte, sollte mich für immer verändern. Ich wusste, dass ich das Zeug hatte, eine visionäre Führungspersönlichkeit zu werden. Ich musste nur lernen, was ich zu tun hatte, und das bemerkenswerte Führungssystem, das Julian mir nahebrachte, zeigte es mir. Ich war voller Hoffnung für die Zukunft, und der Nebel der Unsicherheit lichtete sich. Ich fühlte mich inspiriert, erneuert und energiegeladen.

In dieser Nacht riss ich ein Blatt Papier von dem Notizblock, der auf dem Schreibtisch in meinem Arbeitszimmer lag. Obwohl es weit nach 2 Uhr nachts war, begann ich, alles niederzuschreiben, was Julian mir beigebracht hatte. Ich hatte das erste Ritual visionärer Führungskräfte »Verknüpfe den Gehaltsscheck mit dem Ziel« und die vielen zeitlosen Führungsweisheiten kennengelernt, die in diese aufschlussreiche Lektion mit eingebunden waren. Julian hatte mir auch einen Einblick in das zweite der acht Rituale gegeben, ein Ritual, das von mir zu verlangen schien, mit dem Verstand zu kontrollieren und mit dem Herzen zu leiten. Und ich wusste, dass noch so viel ausstand.

Nachdem ich das Gelernte zu Papier gebracht hatte, begann ich, mir Möglichkeiten aufzulisten, wie ich dieses Wissen umsetzen könnte. Immerhin hatte Julian mich vor der sogenannten Leistungslücke gewarnt, der Theorie, dass die Probleme der Führungskräfte oft dadurch verursacht werden, dass sie ihre guten Absichten nicht in die Tat umsetzen. Ich wusste aus eigener Erfahrung in der Geschäftswelt, dass Ineffektivität größtenteils auf die Tatsache zurückzuführen ist, dass es den meisten Menschen an der Selbstdisziplin fehlt, in den entscheidenden Momenten das zu tun, von dem sie wissen, dass es das Richtige ist. Sie schieben die wichtigen Angelegenheiten im Unternehmen und im Leben zugunsten der einfachen und unmittelbar zu erledigenden Dinge auf. Irgendwann wachen diese Menschen dann auf und erkennen, was sie aus ihrem Leben hätten machen können. Sie trauern allen verpassten Gelegenheiten und Chancen nach. Aber leider ist es dann zu spät. Es verhält sich wie in dem Sprichwort von Charles-Guillaume Étienne: »Wenn die Jugend nur wüsste, wenn das Alter nur könnte.«

Ich dachte intensiv über meine Vision von GlobalViews Zukunft nach. Ich blickte tief in mein Herz und fragte mich, wo wir als Unternehmen die größte Wirkung erzielen könnten. Ich überlegte, wie ich beginnen könnte, meinen Mitarbeitern die Vision, die gerade Form annahm, nahezubringen, und wie ich ihnen zeigen könnte, dass sie ihren Traum erfüllen würden, wenn sie mir bei der Erfüllung meines Traums behilflich wären. Ich sann darüber nach, wie meine neue Vision für unsere Zukunft das Leben meiner Mitarbeiter verändern würde und wie ich meinen Leuten vor Augen führen könnte, dass ihre Arbeit wirklich von Bedeutung ist.

Dann konzentrierte ich mich auf Möglichkeiten, tatsächlich ein ›Befreier‹ zu sein, wie Julian es ausdrückte. Ich begann, meine Rolle als Führungskraft darin zu sehen, dass ich die überragenden Talente meiner Mitarbeiter befreien würde, anstatt sie zu begrenzen. Ich würde dafür den autoritären detailorientierten Führungsstil einstellen müssen und den Mitarbeitern mehr Verantwortung für die Ergebnisse ihrer Leistungen übertragen. Ich würde damit anfangen, Ziele festzulegen und nicht Methoden vorzugeben, damit meine Angestellten mehr Kreativität und Einfallsreichtum bei ihrer Arbeit entfalten konnten. Ich würde ihnen die Chance einräumen, sich im Job weiterzuentwickeln, und sie stärker herausfordern. Ich würde meine Mitarbeiter die Aufgaben erledigen lassen, die sie beherrschten, ohne sie ständig zu überwachen und zu beaufsichtigen. Und ich würde als Führungspersönlichkeit wieder mehr Integrität ausstrahlen.

Kein Gebrüll und Geschrei mehr. Kein Getuschel mehr hinter dem Rücken der Mitarbeiter und auch keine Geheimnisse mehr. Keine Manipulation und kein Breitschlagen mehr. Natürlich musste ich stark und hart sein, wenn die Umstände es erforderten. Das verstand sich von selbst. Aber ich musste auch für etwas stehen, wie Julian es formuliert hatte. Ich musste mich selbst und meine Führungsrolle nach den althergebrachten Prinzipien richten, die er erwähnt hatte. Die Männer und Frauen von GlobalView verdienten nicht weniger als das.

Die Tage bis zu meinem nächsten Meeting mit Julian vergingen wie im Flug. Ich konnte es gar nicht abwarten, ihn zu treffen, sodass ich nachts kaum ein Auge zutat. Mein Energiepegel schnellte hoch, während die Weisheit, die Julian im Himalaja erworben hatte, Teil meines Lebens wurde. Ich kann nicht wirklich erklären, weshalb. Ich glaube, so ähnlich fühlen sich Eltern, die ihr erstes Kind bekommen. Es entsteht ein neu entdecktes Gefühl der Aufregung, Leidenschaft und Zielstrebigkeit zugleich. Man möchte keinen Augenblick dieser Erfahrung missen und ist voller Dankbarkeit, dass man sie schließlich erleben darf.

Während ich die Wahrheiten anwandte, die Julian mir beigebracht hatte, fanden in meiner Firma bereits nach wenigen Tagen deutliche Verbesserungen statt. Ich wurde aufgeschlossener, ehrlicher und interessierter. Ich fing an, die Ideen und Interessen der anderen zu berücksichtigen. Ich begann, meine Begeisterung im ganzen Unternehmen zu verbreiten und eine viel größere Vision für die Zukunft von

GlobalView zu vermitteln. Und ich fing an, mich um die Menschen zu kümmern, mit denen ich zusammenarbeitete. Sogar meine Assistentin Arielle, eine nüchterne Frau, die in meiner Gegenwart selten ihre Deckung aufgab, scherzte, dass ich wohl durch einen ›außerirdischen Klon aus einer freundlicheren und weiseren Kolonie‹ ersetzt worden sei. »Egal, was geschehen ist, Mr. Franklin«, bemerkte sie in etwas ernsterem Ton, »allen gefallen die Veränderungen, die Sie vornehmen, und alle hoffen, dass Sie so weitermachen. Und niemand kann glauben, dass Sie gestern Morgen mitten auf dem Parkplatz die alte Firmenphilosophie in Brand gesteckt haben. Das wird in die Geschichte von GlobalView eingehen, das steht fest.«

Endlich war der Freitag da. Als ich unsere Firmenzentrale verließ und zum Park hinter dem Rathaus fuhr, in dem ich Julian treffen sollte, spielte ich mit dem zweiten Teil des Puzzles, das er mir gegeben hatte. Ritual 2: Manage mit dem Verstand, führe mit dem Herzen. Was genau bedeutet das?, überlegte ich. Bisher hatte Julian mir wertvolle Informationen gegeben. Sie waren beeindruckend und doch praktisch umsetzbar. Aber die Aussage, man solle ›mit dem Herzen führen‹, bereitete mir etwas Kopfzerbrechen. Ich hoffte, Julian würde mir gegenüber nicht zu nachsichtig sein.

Julian wartete wie versprochen im Park auf mich. Und obwohl es ein weiterer heißer Sommertag war, trug er wieder das traditionelle Gewand der Mönche, deren überliefertes Wissen sein Leben verändert hatte. Doch zu meiner Verblüffung trug er heute auch eine modische dunkle Sonnenbrille, wie sie Rockstars und Schauspieler liebten. Der Kontrast war verblüffend.

»Die Sonnenbrille gefällt mir, Julian«, bemerkte ich, während ich ihm die Schulter tätschelte, froh, meinen Freund wiederzusehen.

»Ich dachte mir, dass sie dir gefallen würde. Ich habe sie neulich einem jungen Straßenverkäufer abgekauft. Er erklärte mir, ich müsse meinen Look aufpeppen, was ich dann auch tat«, lachte er. »Ich brauchte sowieso eine Sonnenbrille, um meine Augen vor der Sonne zu schützen«, fügte er hinzu und blickte flüchtig zum Himmel hoch.

»Du brauchst schließlich dein Augenlicht, um deine Ziele im Auge zu behalten, hm?«, bemerkte ich, ganz der Musterschüler.

»Schön gesagt, Peter. Hört sich ganz so an, als hättest du nachgedacht.«

»Stimmt. Ich habe mir deinen Rat zu Herzen genommen und damit begonnen, nicht nur über die Führungsweisheiten *nachzudenken*, die du mir nahegebracht hast – ich habe bereits damit begonnen, sie umzusetzen.«

»Wunderbar. Ich wusste, dass es richtig war, dich aufzusuchen. Ich wusste, dass du die unschätzbaren Informationen, die mir die Weisen zukommen ließen, gut nutzen würdest. Die Weisen pflegten gerne zu sagen: ›Wenn der Schüler bereit ist, tritt der Lehrer in Erscheinung.‹«

»Und keinen Tag zu früh, Julian. In meinem Unternehmen wurde die Situation unerträglich, das ist mir jetzt klar. Und doch habe ich im Lauf der wenigen Tage, in denen ich das bisher von dir Gelernte umgesetzt habe, einige sehr positive Veränderungen festgestellt«, sagte ich und freute mich, ihn über unsere Fortschritte informieren zu können. »Ich weiß, es ist noch früh und nachhaltige Veränderungen brauchen Zeit, aber sie zeichnen sich ab. Ich habe alle Mitglieder meines Managementteams und jeden Abteilungsleiter im Unternehmen mit deinen Führungsweisheiten vertraut gemacht. Ich habe sie gebeten, die Lektionen, die ich gelernt habe, auch an alle Mitarbeiter weiterzugeben, damit wir alle gemeinsam besser werden können. Es ist genau so, wie du es mir erklärt hast: Bei der Führung geht es nicht wirklich um eine Position oder einen Titel, sondern ums Handeln. Und jeder im Unternehmen, angefangen bei meinem CEO für das operative Geschäft bis hin zum Betriebsrat und dem jungen Mann, der in der Poststelle arbeitet, kann Führungsqualitäten beweisen. Ich weiß jetzt, dass jeder einzelne Mitarbeiter von GlobalView sich einem Training für Führungskräfte unterziehen muss, wenn wir wirklich ein Unternehmen von Weltrang sein wollen. Jeder muss nachvollziehen können, was es bedeutet, eine visionäre Führungspersönlichkeit zu sein, und dieses Wissen dann bei seiner speziellen Tätigkeit einbringen. Jeder von uns muss danach streben, bei der Arbeit Führungsqualitäten zu zeigen.«

»Denk dran, mir immer sofort von deinen Erfolgsgeschichten zu erzählen. Ich weiß, es werden viele sein«, sagte Julian.

»Eigentlich gibt es da schon eine. Nach unserem Treffen im Golfclub neulich fuhr ich nach Hause und erstellte eine Wunschliste der Dinge, die ich bei meiner Mitarbeiterführung ändern wollte. Ich führte ein Leadership Audit durch, wie du es empfohlen hattest. Ich notierte so viele Schwächen, wie mir einfielen, entwickelte dann eine Handlungsstrategie und erstellte einen Zeitplan für die Ausmerzung jeder einzelnen von ihnen. Danach führte ich eine kleine persönliche Brainstorming-Sitzung durch, bei der mir Hunderte von innovativen Möglichkeiten einfielen, wie ich die bei unserem letzten Treffen angesprochenen Punkte in die Praxis umsetzen könnte. Einer der Gedanken war, allen Mitarbeitern ein Jahresbudget von 1000 Dollar zu bewilligen, das sie für die Verbesserung ihrer beruflichen und persönlichen Effizienz ausgeben können. Du hast mir erklärt, dass ich die Pflicht habe, meine Mitarbeiter in ihrem Job zu fördern und sie darin zu unterstützen, ihr Bestes zu geben. Also beschloss ich, diese Pflicht ernst zu nehmen und die persönliche Entwicklung meiner Mitarbeiter wirklich zu fördern. Du hättest erleben sollen, wie glücklich sie waren, als sie von dieser Initiative hörten. Ich weiß, dass ich dafür viel Geld investieren muss, aber ich sehe dies wirklich als Investition und nicht als Ausgabe. Wie du gesagt hast, Julian, werden Mitarbeiter, die sich in ihrer Haut wohlfühlen, sicherlich hervorragende Leistungen erbringen.«

»Und was wollen sie mit dem Geld anfangen?«

»Das Programm wird gerade erst auf den Weg gebracht, aber einige Mitglieder unserer Teams haben bereits ihre Schecks erhalten. Wie ich gehört habe, kaufen einige von ihnen gerade die Planungstools, die sie, wie sie schon immer fanden, dringend benötigen, um ihren Zeitplan und ihre Zeit effektiv zu managen. Andere geben ihr Geld für Motivationslektüre und Audio-Bildungsprogramme aus, die sie bei der Fahrt mit dem Auto zur Arbeit hören können. Ein Mann verwendete einen Teil seines Budgets auf sehr private Weise. Er ist recht klein gewachsen und hatte Schwierigkeiten, seine Arbeit in unserer Produktionsanlage zu verrichten, weil er ständig nach etwas greifen musste, das er nur mühsam erreichte. Aber es war ihm zu peinlich, seinen Vorgesetzten darauf anzusprechen, denn er dachte, alle würden über ihn lachen. Als er sein eigenes Budget hatte, das er dafür verwenden konnte, seine Effektivität am Arbeitsplatz zu steigern, kaufte er sich einen einfachen Hocker. Sein Vorgesetzter berichtete mir, dass sich seine Produktivität verdoppelt habe, und der Mann überglücklich sei.«

»Du fängst an, die Kraft der Wahrheiten, die ich im Himalaja entdeckt habe, zu spüren. Der Grund, warum diese die Zeit überdauert haben, ist recht einfach. Weil sie funktionieren.«

»Seit du mir deine Weisheit über Führungsqualitäten vermittelt hast, Julian, habe ich noch etwas in Angriff genommen.«

»Und das wäre?«

»Ich habe damit begonnen, als Leader viel mehr Risiken einzugehen und mich als Innovator und Katalysator für neue Ideen zu sehen. Wenn ich nicht ständig meinen Horizont erweitere und neue Denkweisen erforsche, wie kann ich es dann von meinen Mitarbeitern erwarten? Ich habe wieder angefangen zu lesen. Und nehme mir wieder Zeit zum Nachdenken. Und ich mache sogar so wie dieser CEO, von dem du mir berichtet hast, jeden Tag einen Rundgang durchs Büro, um so viele Mitarbeiter wie möglich kennenzulernen. Weißt du, der Fisch bemerkt oft als Letzter das Wasser, in dem er schwimmt.«

Julian lächelte, war sichtlich erfreut über meine Fortschritte und sagte: »Risikobereitschaft ist eine sehr wirksame erfolgversprechende Fähigkeit. Doch die meisten Menschen haben diese wichtige Führungsdisziplin nie kultiviert. Die meisten von uns legen ihr Sicherheitsdenken nie ab und wagen sich nie in unbekannte Zonen vor. Yogi Raman drückte es so aus: ›Je größer das Risiko ist, das man eingeht, desto leichter kann man fallen. Andererseits gibt es ohne Risiken auch keine Erfolge.‹ Visionäre Führer gehen Risiken ein. Sie probieren ständig neue Dinge aus. Und das wird zur Gewohnheit. Wie bereits Seneca vor langer Zeit sagte: ›Nicht weil es schwer ist, wagen wir es nicht, sondern weil wir es nicht wagen, ist es schwer.‹«

»Und da ist noch eine weitere Chance, die ich ergreife, um unser Unternehmen von Spinnweben zu befreien. Ich habe von einer leistungsstarken Firma in Singapur gelesen, in der es eine sehr ungewöhnliche Gepflogenheit gab. Jeden zweiten Freitagnachmittag wurde die Fabrik für zwei Stunden stillgelegt. Die verschiedenen Teams versammelten sich dann, um über den neuesten Management-Bestseller zu sprechen. Das ermöglichte es ihnen nicht nur, ihre Beziehungen mit ihren Teamkollegen zu festigen und aus ihrer Routine auszubrechen; sie waren auch immer über die innovativsten Ideen in Bezug auf persönliche und unternehmerische Spitzenleistungen auf dem Laufenden.«

»Ein fantastisches Konzept«, erwiderte Julian und setzte sich an einer schattigen Stelle ins Gras.

»Ich habe dieses Konzept bei GlobalView eingeführt. Meine Manager sind begeistert davon. Sie haben sich immer beklagt, sie hätten nie genug Zeit, die besten Wirtschaftsbücher zu lesen und über die aktuellen Management-Trends auf dem Laufenden zu sein. Jetzt werden sie dafür bezahlt«, bemerkte ich voller Stolz.

»Glaub mir«, sagte Julian. »Langfristig wird dir diese Idee sogar Geld sparen. Die Ineffektivität, die in den meisten Unternehmen durch überholtes Denken und ineffiziente Systeme entsteht, die einfach traditionsgemäß weiter existieren, ist auf lange Sicht kostspielig, ja sogar tödlich. Vielleicht ist das, was du tust, unorthodox. Aber es ist auch klug. Deinen Mitarbeitern oberste Priorität einzuräumen, das ist die weiseste Führungslektion, die du je lernen wirst. Das bringt mich zum nächsten Element von Yogi Ramans uraltem System, dem zweiten Ritual visionärer Führungskräfte: Manage mit dem Verstand, führe mit dem Herzen.«

»Ich habe mir schon den Kopf darüber zerbrochen, was das bedeutet.«

»Dies ist das Ritual der menschlichen Beziehungen und der Kommunikationskompetenz. Jede wirkliche visionäre Führungspersönlichkeit beherrscht die Kunst, eine starke Verbindung zu ihren Mitarbeitern herzustellen. Sie versteht es, ihre Vision zum Nutzen ihrer Mitarbeiter so zu verdeutlichen, dass diese sich voll einbringen und zum Handeln motiviert sind. Durch ihre soziale Kompetenz und ihr Kommunikationstalent berühren solche Führungskräfte die Herzen ihrer Mitarbeiter und gewinnen deren langfristige Loyalität. Mit einfachen Worten: *Wenn du die Beziehungen vertiefst, verbesserst du deine Mitarbeiterführung.*«

»Sind denn Beziehungen wirklich so wichtig? Ich kenne eine Reihe von Führungskräften, die keinerlei Interesse daran haben, eine Beziehung zu ihren Mitarbeitern aufzubauen. Sie sehen ihre Aufgabe lediglich darin, Gewinne einzufahren und Wertzuwächse für die Aktionäre zu generieren. Alles andere ist unwichtig.«

»Diese sogenannten Führungskräfte sind keine visionären Führungspersönlichkeiten, und glaube mir, da gibt es einen großen Unterschied. Visionäre Führungskräfte versuchen nicht, in möglichst kurzer Zeit so viel Gewinn wie möglich aus einem Unternehmen herauszupressen, bevor sie dann aussteigen, sich in den Vorruhestand auf die Bahamas zurückziehen und ihr Unternehmen in schrecklichen Schwierigkeiten zurücklassen. Obwohl kurzfristige Gewinne für visionäre Führungskräfte von Bedeutung sind, denken sie stets langfristig. Sie wissen, dass enorme Gewinne möglich sind, wenn sie ihren Mitarbeitern Zeit lassen, ihr volles Potenzial zu entfalten, und sie selbst starke Systeme einführen, auf denen das Unternehmen aufbauen kann. Die Führungskräfte, von denen du sprichst, sind wie Sprinter, die einen Marathon laufen. Sie setzen bereits während des ersten Kilometers alles aufs Spiel, haben aber dann für die restliche Strecke keine Kraft mehr. Letztlich sind sie die größten Verlierer. Weißt du, Peter, jeder kann in einem Unternehmen den Gewinn steigern, indem er seine Mitarbeiter unermüdlich klein hält. Aber bald werden diese es leid und damit geht die wichtigste Ressource kaputt, weil niemand sich ordnungsgemäß um sie kümmert. Denk daran, so etwas rächt sich immer. Man kann die Naturgesetze des Lebens nicht umgehen.«

»Du hast recht, Julian. Was muss ich also tun, um das zweite Ritual in die Praxis umzusetzen?«

»Ich werde es dir gleich zeigen«, erwiderte er und warf einen Blick zu einem älteren Ehepaar, das unter einem Baum saß. Die beiden kicherten wie Schulkinder, während sie sich ihrem Picknick widmeten. »Siehst du die beiden da drüben? Ich habe sie in den letzten Wochen beobachtet. Manchmal haben sie die Enten in dem Teich dort drüben gefüttert. Manchmal sind sie mit dem Rad durch den Park gefahren. Gelegentlich habe ich sogar ihre Gespräche belauscht, wenn ich mich hier auf der Wiese ausruhte«, gab Julian sichtlich verlegen zu. »Eines kann ich dir mit Bestimmtheit sagen. Diese beiden führen eine wunderbare Beziehung.«

»Ich frage mich, wie lange sie schon verheiratet sind? Sie wirken wie ein Liebespaar.«

»Wie ich mitbekommen habe, sind sie seit dreiundvierzig Jahren verheiratet«, erwiderte Julian. »Letzte Woche feierten sie hier in diesem wunderschönen Park ihren Hochzeitstag. Sie haben mit ein paar Freunden genüsslich eine riesige Torte verzehrt. Es war eine recht lebhafte Party.« Er deutete auf eine

Lichtung mit fünf Picknicktischen und leuchtend roten Blumen.

»Dreiundvierzig Jahre. Das ist in der heutigen Zeit wahrlich keine Selbstverständlichkeit mehr.«

»Es ist nicht schwer zu erkennen, wie sie es geschafft haben, so lange zusammenzubleiben.« Julian nahm seine Sonnenbrille ab und wischte sich den Schweiß von der Stirn. »Sie halten sich an die althergebrachten zwischenmenschlichen Beziehungsprinzipien, die nach Yogi Ramans Worten visionäre Führungspersönlichkeiten anwenden, um den Respekt ihrer Mitarbeiter zu fördern und dauerhaftes Vertrauen aufzubauen. Und das eine habe ich gelernt: Ein Unternehmen von Weltrang ist auch eines, in dem großes Vertrauen herrscht. Vertrauen ist eines der zeitlosen Elemente jedes leistungsstarken Unternehmens. Wenn deine Mitarbeiter dir sowie ihren Managern und Kollegen nicht vertrauen, sind sie nicht bereit, ihr Bestes zu geben. Ohne Vertrauen gibt es kein Engagement. Und ohne Engagement gibt es kein Unternehmen.«

»Was genau hast du denn bei diesem Paar beobachtet?«, fragte ich voller Neugier.

»Ganz speziell vier Dinge, Peter: Sie halten ihre Versprechen ein, hören eifrig zu, sind stets mitfühlend und schließlich, und das ist vermutlich das Wichtigste, sie sind ehrlich.«

»Das sind die Geheimnisse ihrer unglaublichen Beziehung?«

»Yogi Raman lehrte mich, dass dies die Geheimnisse *jeder* innigen Beziehung sind. Er erklärte mir, dass jeder, der eine visionäre Führungspersönlichkeit sein möchte, die ihre Mitarbeiter zu außergewöhnlichen Leistungen inspiriert, diese vier Elemente zu einem festen Bestandteil seines Führungsstils machen muss. Sie sind die Eckpfeiler effektiver menschlicher Beziehungen. Und sie werden dir helfen, das zweite Ritual tagtäglich durchzuführen.«

»Sie scheinen so einfach zu sein. Können sie wirklich den Einfluss auf mein Team ausüben, von dem du überzeugt bist?«

»Das ist das Problem mit vielen der dauerhaften Führungswahrheiten. Sie wirken auf den ersten Blick so einfach und so augenscheinlich, dass jeder ihre Anwendung hinauszögert. Sie sind nicht modern, also ignoriert man sie zugunsten von Strategien, die auffälliger und sensationeller sind. Ich habe eine Frage an dich, Peter: Praktizierst du diese vier Dinge tagtäglich?«

»Mm, nein.«

»Fangen wir mit dem ersten an. Hältst du die meisten Versprechen, die du machst?«

Die Antwort auf diese Frage hatte ich sofort parat. Ich brach oft Versprechen. Ich erklärte meinen Angestellten, dass ich immer Zeit für ein Gespräch hätte, aber wenn einer von ihnen tatsächlich ein Problem hatte, das er mit mir besprechen wollte, fand ich passende Ausreden, mich davor zu drücken. Ein anderes Mal erklärte ich zum Beispiel einer Abteilungsleiterin, dass sie es verdiene, mehr Verantwortung zu bekommen, um die sie mich gebeten hatte. Doch dann versäumte ich es, das Ganze durchzuziehen und dafür zu sorgen, dass ihr Wunsch erfüllt wurde. Ich war ein Meister der gebrochenen Versprechen.

»Jedes Versprechen, das du brichst, egal, wie geringfügig und scheinbar unbedeutend es sein mag, wirkt sich negativ auf deinen Charakter aus«, brach Julian das Schweigen. »Jedes Mal, wenn du jemanden nicht zurückrufst, obwohl du es versprochen hast, oder ein Meeting verpasst, an dem du teilnehmen wolltest, zerstörst du das Vertrauen. Jedes Mal, wenn du eine Verpflichtung nicht einhältst, zerstörst du das Band zwischen dir und den Menschen, die du führen darfst. Wie Yogi Raman zu sagen pflegte: *›Jedes Mal, wenn du vermeidest, das Richtige zu tun, verstärkst du die Gewohnheit, das Falsche zu tun.‹*«

»Und diese älteren Turteltauben da drüben halten sich an die Versprechen, die sie einander geben?«, überlegte ich laut.

»Aber ja. Wenn der Ehemann verspricht, seine Frau um 12 Uhr mittags zum Essen an der Hotdog-Bude zu treffen, kannst du darauf wetten, dass er pünktlich sein wird. Wenn die Ehefrau sagt, dass sie an einem bestimmten Tag eine kleine Radtour machen möchte, dann biegt ihr Van an diesem Tag auf den Parkplatz ein und der Mann holt die Räder heraus. Weißt du, Peter, wenn die Menschen ihre Versprechen halten, erzeugen sie große Loyalität. Die Frau weiß, dass sie sich auf ihren Mann verlassen kann, und er weiß, dass er sich auf sie verlassen kann. Und das schafft Beständigkeit, ein wichtiges Attribut guter menschlicher Beziehungen. Der Ehemann und die Ehefrau wissen, was sie voneinander erwarten können. Sie können sich aufeinander verlassen. Und das wiederum schafft Vertrauen. Brich nie deine Versprechen. Ich weiß, dass du von den Ergebnissen begeistert sein wirst.«

»Weißt du, Julian, du bist der erste Mensch, der mir den Zusammenhang zwischen dem Einhalten von Versprechen und zwischenmenschlichen Beziehungen vor Augen führt. Ich weiß, dass das, was du sagst, wahr ist. Wenn ich die Führungspersönlichkeit sein will, zu der ich mich jetzt verpflichtet habe, muss ich mich an die Versprechen halten, die ich anderen gebe, und jemand sein, auf den sich andere wirklich verlassen können. Ich muss das Vertrauen meiner Mitarbeiter gewinnen und mir ihre Loyalität verdienen. Von heute an werde ich jemand sein, der sein Wort hält. Ich werde tun, was ich zu tun verspreche, das verspreche ich.«

Julian grinste. »Ich werde dich daran erinnern, mein Freund.«

Die Sonne brannte immer noch heiß vom Himmel, als er aufstand und sich in Bewegung setzte. Es war bemerkenswert, wie beweglich Julian trotz seines fortgeschrittenen Alters immer noch war. Ein Lächeln huschte über sein jugendliches Gesicht, als er durch den Park schlenderte und seinen Vortrag über das zweite Ritual fortsetzte und betonte, welche Kraft es mit sich brachte, mit dem Herzen zu führen und menschliche Beziehungen zu bereichern.

»Die zweite Disziplin, die du beherrschen musst, um das zweite Ritual zu einem Teil deines Führungsstils werden zu lassen, ist aktives Zuhören. *Visionäre Führungskräfte gewinnen die Herzen ihrer Mitarbeiter, indem sie ihnen aufmerksam zuhören.* Die meisten Führungskräfte glauben, dass sie das

Reden überwiegend selbst übernehmen müssen, um effektiv zu führen. Sie sind fälschlicherweise der Meinung, dass Führungspersönlichkeiten reden und Mitarbeiter zuhören sollten. Aber visionäre Führungskräfte wissen, dass ein weiteres menschliches Bedürfnis darin besteht, sich verstanden zu fühlen. Jeder Mensch hat das tiefe Bedürfnis, eine Stimme zu haben, und wünscht sich, dass diese gehört wird. So werden visionäre Führungskräfte zu ausgezeichneten Zuhörern. Die Ironie ist, dass sie dadurch auch als hervorragende Kommunikationspartner bekannt werden.«

»Um es richtig zu verstehen, Julian: Willst du mir tatsächlich sagen, dass ich, wenn ich aufmerksamer zuhöre, meine Botschaften besser vermitteln kann? Wie soll das funktionieren?«, fragte ich.

»Du willst doch, dass deine Mitarbeiter dir vertrauen, richtig?«

»Richtig.«

»Du willst, dass deine Leute dir und GlobalView gegenüber loyal sind, richtig?«

»Richtig.«

»Dann denk daran: Es ist ein Zeichen von Respekt, sich anzuhören, was andere zu sagen haben. Es beweist, dass du deine Angestellten schätzt und an sie glaubst. Was ich wirklich sagen will, ist, dass du ihnen gegenüber Empathie bekunden musst. Ihre Perspektiven teilen musst. Du musst dich in die Person, mit der du kommunizierst, hineinversetzen. Du musst in ihre Gedanken eindringen und herausfinden, was sie denkt. Nur so wirst du sie verstehen und nur so wird sich dein Gegenüber von dir verstanden fühlen. Und derjenige, der sich verstanden fühlt, wird zuhören, wenn du an der Reihe bist, zu sprechen. Denk daran, Peter, eines der größten Geschenke, das du jemandem machen kannst, besteht darin, ihm 100 Prozent deiner Aufmerksamkeit zu schenken. *Zuhören ist das größte Kompliment.*«

»Ich habe festgestellt, dass ich kein begnadeter Zuhörer bin«, unterbrach ich Julian. »Je mehr ich darüber nachdenke, desto mehr erkenne ich, dass meine schlechten Zuhörgewohnheiten meine Mitarbeiter wirklich abstoßen müssen. Indem ich nicht auf das achte, was sie sagen und fühlen, vermittle ich ihnen eigentlich, dass das, was sie sagen, nicht wirklich wichtig für mich ist. Das ist mir jetzt klar geworden. Und ich würde darauf wetten, dass dies eines der Grundübel für unsere schlechte Arbeitsmoral und das wenig vertrauensvolle Umfeld ist. Ich habe einfach nie gedacht, dass aufmerksames Zuhören eine so große Rolle spielt.«

»Doch, das tut es«, erwiderte Julian schnell. »Lass uns kurz prüfen, wie schlecht es um deine Fähigkeit zuzuhören steht.«

»Muss das sein?«

»Wie bereits gesagt, Peter, geht Bewusstsein der Veränderung voraus. Bevor du deine Führungsfähigkeiten verbessern kannst, musst du ganz genau wissen, welche Fähigkeiten verbessert werden müssen. *Eine unbekannte Schwäche kann nie in eine Stärke umgewandelt werden.* Bitte beantworte mir folgende Frage: Fällst du häufig anderen Menschen ins Wort?«

»Schuldig.«

»Beendest du die Sätze anderer für sie?«

»Hin und wieder«, spielte ich die Häufigkeit, mit der ich das tat, herunter.

»Denkst du dir bereits deine Antwort aus, während die andere Person spricht?«

»Vielleicht«, erwiderte ich abwehrend.

»Gut, wir wissen jetzt beide, dass du, was das Zuhören anbetrifft, noch ernsthaft an dir arbeiten musst. Wenn du das zweite Ritual wirklich beherrschen und die Herzen der Menschen gewinnen möchtest, musst du sofort damit aufhören, dir deine Antwort zurechtzulegen, solange dein Gesprächspartner noch spricht. *Hör stattdessen mit der Absicht zu, zu verstehen.*«

»Wow, das sind deutliche Worte, Julian. Aber ich frage dich: Wenn effektives Zuhören eine derart bedeutsame Führungsdisziplin ist, warum halten sich dann so wenige von uns daran?«

»Gute Frage. Der erste Grund ist, dass wir Menschen visuelle Geschöpfe sind. 83 Prozent unserer Sinneseindrücke erfolgen über die Augen, was zur Folge hat, dass wir häufig viel von dem, was wir hören, ignorieren. Ich gebe dir ein Beispiel. Du bist zu einer Cocktailparty eingeladen. Du tauchst dort auf und wirst sofort jemandem vorgestellt. Du fängst ein Gespräch mit dieser Person an und nach ein paar Minuten wird dir bewusst, dass du etwas vergessen hast.«

»Mir einen Drink zu besorgen?«, scherzte ich.

»Nein, den Namen der Person.«

»Das passiert mir dauernd.«

»Und nicht nur dir. Über 90 Prozent der Geschäftsleute vergessen acht Sekunden, nachdem sie einer Person vorgestellt wurden, deren Namen. Das lässt sich wie folgt erklären: Sobald wir einer unbekannten Person begegnen, beginnt unser Gehirn, alle visuellen und taktilen Informationen wie Größe, Gewicht, Geschlecht, Händedruck und Gesichtsausdruck zu verarbeiten. Dabei entgeht der Name unserer Aufmerksamkeit. Wir müssen also damit anfangen, dem, was wir hören, größere Aufmerksamkeit zu schenken.«

Julian fuhr fort: »Der zweite Grund, weshalb die meisten Führungskräfte keine aufmerksamen Zuhörer sind, erklärt sich dadurch, dass wir Menschen die Fähigkeit besitzen, ungefähr 500 Wörter pro Minute aufzunehmen, wir aber pro Minute nur ungefähr 100 bis 125 Wörter äußern, also viel langsamer sind. Angesichts dieses Spielraums neigen unsere Gedanken dazu, umherzuschweifen.«

»Interessant. Ehrlich gesagt, ertappe ich mich ständig dabei, dass meine Gedanken abschweifen, wenn ich anderen zuhören sollte. Ich befinde mich in einer Besprechung, und statt dem Redner zuzuhören, gehe ich in Gedanken all die Dinge durch, die ich dringend erledigen sollte. Selbst wenn ich mit jemandem unter vier Augen spreche, fange ich an, mich Tagträumen hinzugeben. Kannst du mir einen Rat geben, wie ich mich auf denjenigen, der spricht, konzentrieren und ihn verstehen kann?«

»Intensives Zuhören ist eine Gewohnheit, die etwas Zeit und Übung erfordert. Aber glaube mir, es lohnt sich, es zu lernen. Vor Kurzem habe ich gehört, dass Zuhören sogar die

Gesundheit verbessern kann, weil dadurch der Blutdruck sinkt, sich der Herzschlag normalisiert und man insgesamt ruhiger wird. Das Ziel ist, ›ein aktiver Zuhörer‹ zu werden, um den von Yogi Raman geprägten Begriff zu benutzen. Ich weiß, das klingt wie ein Widerspruch, ist es aber nicht. Begeistere dich für die Vorstellung, ein guter Zuhörer zu werden, und brenne dafür, deine Mitarbeiter zu verstehen. Probiere diese schlichten Ratschläge aus, um dieses Ziel zu erreichen. Kultiviere als Erstes die Fähigkeit, deinen Mitarbeitern sinnvolle, offene Fragen zu stellen und wirklich aufmerksam ihrer Antwort zuzuhören, nicht nur halbherzig.«

Julian machte eine kurze Pause, ehe er weitersprach. »Eine Führungskraft in einem leistungsstarken Unternehmen hatte eine einfache, aber effektive Idee, um den Vorgang des Zuhörens noch zu verbessern. Sie wählte Mitarbeiter aus allen Abteilungen aus und bat sie um ihre detaillierten, praktischen Vorschläge zur Optimierung des Unternehmens. Diese Initiative hatte zwei unmittelbare Vorteile. Erstens hatten die Mitarbeiter das Gefühl, dass ihnen zugehört wurde, was die Arbeitsmoral und das Vertrauen in das Unternehmen noch weiter stärkte. Der zweite Vorteil war, dass das Management kostenlose Ratschläge in Bezug auf die Rationalisierung und Verbesserung der Firma von den Mitarbeitern erhielt, die die Schwächen des Unternehmens aus erster Hand kannten, und nicht von einem kostspieligen externen Berater. Das Management wählte dann die besten Vorschläge aus und untersuchte sie wissenschaftlich anhand solider Leistungskennzahlen wie

Umsatz, Kundendienstbeschwerden und Qualitätsstandards, um herauszufinden, welche tatsächlich funktionierten. Dieses Unternehmen wurde zum Marktführer, weil es auf seine Mitarbeiter hörte.«

»Gut, darin stimme ich dir zu«, erwiderte ich. »Kannst du mir noch etwas mehr über diese sogenannten ›offenen‹ Fragen sagen, die du erwähnt hast?«

»Eine offene Frage wie ›Was kann ich tun, um dir dabei behilflich zu sein, deine Arbeit besser auszuführen?‹ entlockt eine völlig andere Antwort als eine geschlossene Frage wie ›Wenn ich dir einen neuen Computer kaufen würde, würde dir das helfen, nicht wahr?‹ Entwickle dann eine Reihe von Fragen, die ich ›Kopfknacker‹ nenne. Das sind sinnvolle Fragen, die deine Mitarbeiter dazu bringen sollen, sich zu öffnen und eine Bindung zu dir aufzubauen.«

»Kannst du mir ein paar Beispiele geben?«

»›Was war dein größter Erfolg im Job?‹, ›Was tust du am liebsten?‹, ›Welche drei Dinge könnten wir tun, um dieses Unternehmen erfolgreicher zu machen?‹, ›Was begeistert oder motiviert dich?‹ und ›Was würdest du tun, wenn du dieses Unternehmen leiten würdest?‹ sind lauter gute Fragen. Aber ich schlage vor, dass du dir etwas Zeit nimmst, um deine eigenen Fragen zu formulieren. Ich will damit sagen, dass du gut darin werden musst, Fragen zu stellen. Und falls du annimmst, ich würde von dir verlangen, eine farblose Person zu werden, vergiss das eine nicht: Eigentlich führt die Person, die die Fragen stellt, das Gespräch.«

»Wirklich?«

»Wirklich. Die zweite Strategie, die ich dir vorschlage, um aktiv zuzuhören, besteht darin, das Gehörte kurz zusammenzufassen und zu paraphrasieren, was du gehört hast. Dadurch vergewisserst du dich, dass du die Botschaft der anderen Person verstanden hast, und diese wiederum fühlt sich verstanden.«

»Wie genau fasse ich zusammen und paraphrasiere ich?«

»Sage Dinge wie: ›Nur um mich zu vergewissern, dass ich dich richtig verstehe, meinst du damit …?‹ Glaub mir, Peter, Fragen wie diese wirken Wunder in Bezug auf zwischenmenschliche Beziehungen und deine Kompetenz als Gesprächspartner. Eine weitere wirksame Strategie besteht darin, sich Notizen zu machen. Stell dir vor, was deine Mitarbeiter denken werden, wenn sie sehen, wie du einen Block und einen Stift herausholst und dir, während sie sprechen, Notizen machst. Diese einfache Geste vermittelt ihnen die Botschaft, dass du wirklich gewillt bist, sie ernst zu nehmen. Und schließlich: Sei ehrlich. Die Vorschläge, die ich dir unterbreitet habe, sind keine Tricks und Taktiken, um Menschen zu manipulieren. Sie sollen dir helfen, mit deinen Mitarbeitern eine Bindung aufzubauen. Aber wenn es dir nicht wirklich wichtig ist, werden sie es spüren, und dir im Anschluss weder vertrauen noch dich respektieren.«

»Das Paar da drüben hört einander vermutlich zu?«

»Ja, definitiv. Wenn die Frau redet, ist der Mann interessiert und aufmerksam. Wenn der Mann redet, fasst die Frau alles zusammen und paraphrasiert es, um ihm zu zeigen, dass sie sich mit dem, was er sagt, identifiziert. Ich will damit nicht sagen, dass ich meine Tage damit verbringe, die Privatgespräche dieser beiden prächtigen Menschen zu belauschen, aber ich habe genug gehört, um beurteilen zu können, dass sie die Kunst des aufmerksamen Zuhörens beherrschen. Und das solltest du auch.«

»Gut, ich bin von dem Konzept überzeugt. Wie all die anderen Führungsweisheiten, die du mir vermittelt hast, leuchtet es vollkommen ein. Nur um sicherzugehen, dass ich dich richtig verstehe: Willst du mir sagen, dass ich das zweite Ritual, also mit dem Herzen zu führen, praktizieren soll, indem ich meine Versprechen halte und ein aktiver Zuhörer werde?«

Julian strahlte übers ganze Gesicht, denn er erkannte, dass ich soeben seine Strategie des »Zusammenfassens und Paraphrasierens« umgesetzt hatte. Dann tätschelte er mir den Rücken und sagte: »Komm, wir holen einen Hotdog.«

»Du isst immer noch Hotdogs?«, fragte ich überrascht. Schließlich hatte Julian den Hauptteil seiner körperlichen Verwandlung auf die gesunde Ernährung zurückgeführt, die ihm die Weisen während seines Aufenthalts im Himalaja beigebracht hatten.

»Er ist für dich, mein Freund. Du bist bestimmt hungrig«, bemerkte er besorgt.

Während wir weitergingen, verriet er mir noch eine der zeitlosen Wahrheiten über zwischenmenschliche Beziehungen, die, wie er versprach, zu mehr Respekt, Loyalität und Engagement führen würde.

»*Visionäre Führungskräfte sind stets empathisch.* Sie sind immer freundlich zu ihrem Team und überlegen, wie sie zeigen können, dass sie sich aufrichtig Gedanken um ihre Mitarbeiter machen. Weißt du, Peter, eine weitere menschliche Sehnsucht besteht in dem Bedürfnis, geschätzt zu werden. William James, der renommierte Harvard-Psychologe, sagte einmal: ›Das tiefste Prinzip der menschlichen Natur ist die Sehnsucht nach Anerkennung.‹ Es spielt keine Rolle, wer du bist – ob ein Schulmädchen oder der robusteste Fabrikarbeiter –, jeder einzelne Mensch auf diesem Planeten hat den brennenden Wunsch, gut behandelt zu werden. Die besten Führungskräfte wissen das und kommen diesem Bedürfnis nach, indem sie stets mitfühlend sind.«

»Was genau bedeutet es, ›stets mitfühlend‹ zu sein?«

»Es geht darum, im Unternehmen seine Menschlichkeit zu zeigen. Es geht darum, den Menschen mit Höflichkeit zu begegnen und ihnen Rücksicht und Respekt zu bekunden, und zwar an jedem einzelnen Tag der Arbeitswoche. Und Höflichkeit ist im Geschäftsleben ungemein wichtig. Peter Drucker stellte einmal fest, dass gute Umgangsformen das Schmiermittel eines Unternehmens sind. Sei also freundlich zu deinen Mitarbeitern. Respektiere und schätze sie. Ich glaube, Goethe hat es vollkommen richtig erfasst, als er sagte: ›Behandle die Menschen so, als wären sie, was sie sein sollten, und du hilfst ihnen zu werden, was sie sein können.‹ Das, mein Freund, ist eines der großen Geheimnisse des Führungserfolgs.«

»Wenn ich ehrlich sein darf, Julian, habe ich folgenden Einwand: Wenn ich immer freundlich zu meinen Mitarbeitern wäre, würde ich dann nicht wie ein Weichei rüberkommen?

Ich habe immer gehört, dass die besten Führer die harten seien.«

Julian kaufte mir schweigend einen riesigen Hotdog und beobachtete, wie ich ihn mit Senf und Sauce bestrich. Ich spürte, dass er wusste, dass meine Frage wichtig war; er nahm sich Zeit, seine Gedanken zu sammeln.

»*Visionäre Führungskräfte vereinen Menschlichkeit mit Mut*«, lautete seine poetische Antwort. »Allzu häufig sind die Führungskräfte nicht aufrichtig.«

»Wie meinst du das?«, fragte ich und verzehrte meinen Hotdog.

»Viele Führungskräfte teilen die Ansicht, die du gerade zum Ausdruck gebracht hast. Ihnen wurde gesagt, dass effektive Führungskräfte hart und autoritär sind. Sie glauben, dass Freundlichkeit nicht zu ihrem Berufsbild gehört und dass Führungskräfte nicht zu freundlich sein sollten. Und obwohl die meisten von ihnen anständige Menschen sind, verbergen sie aufgrund dieser Annahmen ihr wahres Ich und greifen immer hart durch – was ihre Mitarbeiter mit Angst und Schrecken erfüllt. Das Bedauerliche daran ist, dass ein diktatorischer Führungsstil unweigerlich zweierlei zur Folge hat: Die Mitarbeiter bekommen Angst oder sie beginnen, sich aufzulehnen. So oder so wird das Unternehmen bald von seinen Konkurrenten überflügelt. Florence Nightingale traf ins Schwarze, als sie überlegte: ›Wie wenig kann man im Geist der Angst tun?‹«

Julian hielt inne und fügte dann hinzu: »Das soll nicht heißen, dass visionäre Führungskräfte nicht stark seien. Sie sind stark, wenn es die Umstände erfordern. Eigentlich sind sie die stärksten aller Führungspersönlichkeiten, denn es erfordert viel Mut, seiner Vision treu zu bleiben und immer das Richtige zu tun. Aber sie ignorieren nie die Interessen ihrer Mitarbeiter. Auch wenn sie noch so viel um die Ohren haben, nehmen sie sich immer die Zeit, ihre Fürsorge zu demonstrieren. Sie haben kein Problem damit, zu zeigen, dass sie auch nur Menschen sind. Und diese Verletzlichkeit schafft ein starkes Band zwischen ihnen und ihren Mitarbeitern. Und es schafft dauerhafte Bindungen. Peter, wenn du wirklich gewillt bist, GlobalView zu einem Unternehmen von Weltrang zu machen, dann vergiss bitte all diese cleveren neuen Managementtrends, die in Wirtschaftszeitschriften auftauchen, und konzentrier dich auf die zeitlosen Wahrheiten der Mitarbeiterführung. Eine der wichtigsten davon ist, dass die Mitarbeiter sich eine Führungskraft wünschen, die sie als Menschen schätzt. Sie wollen eine Führungskraft, die die Vision hat, sie von einem Ziel zu überzeugen, das sie anstreben können, damit ihre tägliche Arbeit sinnvoll wird. Vor allem aber wünschen sie sich eine Führungskraft, die freundlich ist.«

»Wie also stelle ich es an ›stets mitfühlend‹ zu sein?«

»Schau dir einfach nur diese beiden Turteltauben an.« Julian zeigte auf das ältere Ehepaar. Gerade griff der Mann in den Picknickkorb und zog einen großen Strohhut heraus, um seine Frau vor der heißen Sonne zu schützen. »Dieser Mann setzt ständig das um, was Yogi Raman als *›kleine Gesten der Fürsorge‹* bezeichnete. Er sucht immer nach Möglichkeiten, seiner Frau zu zeigen, dass er um ihr Wohlergehen besorgt ist. Manchmal spendet er ihr Schatten, indem er einen Schirm aufspannt. Dann wieder schenkt er ihr ein kaltes Getränk aus der Thermoskanne nach. Vor ein paar Wochen beobachtete ich, wie er sie, als es heftig zu regnen anfing, über eine große Pfütze hob, damit sie keine nassen Füße bekam.«

»Was willst du mir damit sagen, Julian? Doch wohl nicht, dass ich meinen Mitarbeitern kühle Getränke besorgen oder sie über die Pfützen, die regelmäßig unseren Parkplatz überschwemmen, tragen soll?«, bemerkte ich augenzwinkernd.

»Natürlich nicht. Du solltest mich besser kennen. Selbst als ich noch der toughe, schnelllebige Anwalt war, stand ich mit beiden Füßen fest auf dem Boden. Was ich sagen will, ist: Du solltest nach Möglichkeiten suchen, in deinem gesamten Unternehmen »kleine Gesten der Fürsorge« zu etablieren. Und wie bereits erwähnt: Diene als Vorbild. Die Führungskraft lehrt ihre Angestellten durch ihr eigenes Verhalten, welche Verhaltensweise angebracht ist. Bemüh dich, ihnen durch kleine Gesten zu zeigen, dass du dich um sie kümmerst.«

»Was für Gesten?«

»Schick zum Beispiel eine handgeschriebene Dankeskarte an einen Mitarbeiter, der besonders gute Arbeit geleistet hat. Ein CEO, den ich persönlich kannte, schrieb jedem seiner 10 000 Mitarbeiter höchstpersönlich eine Weihnachtskarte. Er fing damit bereits im Januar an, um sicher zu sein, dass er alle Karten rechtzeitig bis Dezember fertig hatte, und schrieb täglich ein paar. Dafür musste er natürlich ein paar Minuten von seinem vollen Terminkalender abzwacken. Aber ganz bestimmt kam dies bei seinen Mitarbeitern gut an. Eventuell könntest du auch damit anfangen, das Telefon persönlich zu bedienen – wie es Sam Walton tat. Warum gehst du nicht einfach durch die Gänge, sprichst mit deinen Angestellten und zeigst echtes Interesse, indem du fragst: ›Wie geht's der Familie?‹ Paul Allaire, damals Chef von Xerox, ließ sich mit einem seiner Spitzenverkäufer von einem Fotografen fotografieren und schenkte ihm das Foto dann als Andenken für gute Arbeit. Diese kleinen Gesten der Freundlichkeit haben eine große Wirkung. Sie summieren sich im Laufe der Zeit und zeigen deinen Mitarbeitern, dass du dich für sie engagierst. Sie bekunden, dass sie dir am Herzen liegen. Schenk deinen Mitarbeitern mehr von dir selbst. Albert Einstein äußerte voller Weisheit: ›Oft wird mir bewusst, wie sehr mein eigenes äußeres und inneres Leben auf der Arbeit meiner Mitmenschen aufgebaut ist und wie sehr ich mich bemühen muss, so viel zurückzugeben, wie ich erhalten habe.‹«

»Ich stimme dir zu, Julian. Gewiss habe ich viel zu tun, aber ich weiß, dass ich zumindest ein paar dieser Dinge tun könnte, um eine intensivere Bindung zu den Männern und Frauen meines Unternehmens aufzubauen. Du meinst, dass kleine Gesten große Wirkungen haben können, nicht wahr?«

»Genau. 1963 stellte der Meteorologe Edward Lorenz eine einfache Theorie auf: Der Flügelschlag eines Schmetterlings in Brasilien könnte einen Wirbelsturm in Texas auslösen. Zur Verblüffung aller Meteorologen zeigte Lorenz, dass dies möglich war, und widerlegte damit die lange Zeit vorherrschende Meinung, dass das Universum eine große Maschine sei, in der Ursachen und Wirkungen einander entsprechen. Lorenz' Postulat wurde als Schmetterlingseffekt bekannt und soll an das Naturprinzip erinnern, dass kleine Handlungen große Auswirkungen haben können. Bei kleinen Gesten der Fürsorge verhält es sich nicht anders. Ein persönlicher Anruf, wenn eine deiner Mitarbeiterinnen Mutter wird, oder ein kurzer Besuch bei einem Mitarbeiter, der vor einer Herausforderung steht, verändert die Einstellung deiner Mitarbeiter dir gegenüber grundlegend. Vergiss nicht: Einen Händedruck kann man nicht faxen.«

»Du hast noch eine vierte Disziplin erwähnt, die ich anwenden könnte, um sicherzustellen, dass ich das zweite Ritual praktiziere und wirklich mit dem Herzen führe. Was war es noch gleich?«

»Nach dem Einhalten von Versprechen, dem aktiven Zuhören und einem beständigen Mitgefühl, ist der letzte Eckpfeiler der zwischenmenschlichen Beziehungen und Kommunikation das Sagen der Wahrheit. Die besten Führungskräfte, die das Herz und den Verstand ihrer Mitarbeiter gewinnen, sind offen und ehrlich, ja sogar *fanatisch ehrlich*, wodurch sie das Vertrauen aller gewinnen. Sie geben auch Informationen an alle weiter und betrachten es als eine ihrer höchsten Prioritäten, ihre Mitarbeiter auf dem Laufenden zu halten. Sie wissen, dass der langfristige Erfolg ihrer Führung davon abhängt, dass sie Informationen weitergeben und unter allen Umständen die Wahrheit sagen.«

»Und was meinst du damit, wenn du sagst, dass die besten Führungskräfte ›offen‹ sind?«

»Wenn du die Unterstützung und das ehrliche Engagement deiner Mitarbeiter für deine Zukunftsvision wirklich gewinnen willst, musst du ihnen so viele Schlüsselinformationen wie möglich zukommen lassen. Je mehr sie Bescheid über das wissen, was du tust, desto engagierter werden sie sein. So wie das aktive Zuhören ist es ein Zeichen von Respekt, offen zu sein und seine Mitarbeiter an seinen Vorstellungen teilhaben zu lassen. Wenn du den Anstand besitzt, sie schnell und präzise über das zu informieren, was sie betrifft, zeigst du ihnen, dass sie wichtig sind. Und wenn du die Kommunikationswege stets offen hältst, werden deine Mitarbeiter dich als Führungskraft so sehr schätzen, dass sie dich nicht im Stich lassen wollen. Und hier beginnt die Magie.«

»Was meinst du damit?«

»Yogi Raman vertrat die Meinung, dass die höchste Stufe, die eine visionäre Führungskraft in Bezug auf die Qualität ihrer Beziehungen zu ihren Mitarbeitern erreichen kann, dann erreicht ist, wenn die Mitarbeiter so fest von ihr überzeugt sind, dass sie fast alles tun, um sie nicht zu enttäuschen. Und wenn das eintritt, wird alles in diesem Unternehmen möglich.«

Ich wusste, dass ich bei Weitem nicht der von Julian beschriebenen idealen Führungspersönlichkeit entsprach. Ich gehörte zu den Managern, die glaubten, je weniger die Mitarbeiter davon wüssten, was im Unternehmen vor sich ging, umso besser. Informationen, die sie nicht für ihre jeweiligen Jobs benötigten, gingen sie nichts an. Aber Julians Worte waren wahr. Mitarbeiter, die umfassend informiert sind, würden schnell die Gründe für meine Entscheidungen verstehen. Ihr Vertrauen in meine Führung wäre größer, da sie wüssten, was mich zu meinem Handeln bewog. Und sie würden sich sicherlich stärker mit der Firma verbunden fühlen. Was Julian gerade versuchte, mir vor Augen zu führen, war nicht nur richtig. So zu handeln, wie er es vorschlug, war auch clever.«

»Offen und ehrlich zu sein, bedeutet auch, dass du dich um die kleinen Probleme und Plänkeleien kümmerst, die es jeden Tag gibt, bevor sie eskalieren und fürchterliche Auswirkungen haben«, fügte Julian hinzu.

»Ich kann dir wieder nicht folgen.«

»Ich gebe dir ein Beispiel. Ein bekanntes Unternehmen hatte starke Probleme mit der Arbeitsmoral der Angestellten, nachdem eine wichtige Führungskraft entlassen wurde. Gerüchte, dass die Abteilung der entlassenen Führungskraft in Schwierigkeiten stecke, verbreiteten sich im Unternehmen, und andere Angestellte befürchteten, dass sie ebenfalls ihren Job verlieren würden. Zum Glück war der CEO eine visionäre Führungskraft. Da er wusste, wie wichtig Offenheit und Ehrlichkeit sind, berief er sofort eine Sitzung ein, um seinen Mitarbeitern genau zu erklären, was passiert war. Die wichtige Führungskraft war nur auf Zeit eingestellt worden, um die Produktivität und Effektivität der Abteilung zu verbessern, die sie leitete. Nachdem sie ihre Aufgabe erfüllt hatte und die Abteilung wieder leistungsstark war, hatte der CEO beschlossen, dass keine Notwendigkeit bestand, ihren Vertrag zu verlängern. Diese Führungskraft war zwar enttäuscht, hatte aber von Anfang an gewusst, dass es sich um eine vorübergehende

Aufgabe handelte, und verließ die Firma in gutem Einvernehmen. Da der CEO seinen Mitarbeitern gegenüber völlig ehrlich war und sie auf dem Laufenden hielt, wandelte er eine negative Situation in eine positive um.«

»Wie das?«

»Weil er den Angestellten geholfen hat, das Ausscheiden der Führungskraft in einem positiveren Licht zu sehen. Er machte ihnen klar, dass es eigentlich ein Anlass zum Feiern war, weil es bedeutete, dass eine Abteilung, die zuvor schlechte Leistungen erbracht hatte, jetzt wieder gut dastand, auch ohne die Unterstützung eines externen Turnaround-Spezialisten. Da der CEO seinen Mitarbeitern gegenüber offen war, zeigte er ihnen eine positivere Realität und erstickte das Problem im Keim. Lass nicht zu, dass sich Probleme aufbauen. Erkläre die Gründe für deine Entscheidungen und sei deinen Mitarbeitern gegenüber offen. Darum geht es bei der Führerschaft, mein Freund. Wie schon erwähnt, musst du deine Mitarbeiter dabei unterstützen, ihre Realität zu definieren, und sie auf dem Laufenden zu halten, wird dir dabei sehr helfen. Probleme werden sich nicht anhäufen und Missverständnisse werden sich nicht verfestigen. Ich hoffe, es macht dir nicht aus, aber ich muss dich jetzt verlassen, denn ich habe noch etwas zu erledigen. Es war ein toller Tag. Ich danke dir, dass du ein so aufmerksamer Schüler warst.«

»Wohin musst du denn so eilig?«, fragte ich.

»Ich werde die Sterne beobachten«, lautete Julians geheimnisvolle Antwort.

»Wie soll ich das verstehen?«

»Ich erkläre es dir später, wenn du bereit dazu bist. Ich muss mich jetzt beeilen.«

Was hatte es mit Julian und den Sternen auf sich? Während unseres Treffens im Golfclub hatte er zu einem der Sterne hochgeblickt und etwas vor sich hingemurmelt. Jetzt eilte er los, um sich noch mehr mit den Sternen zu beschäftigen. Ehrlich gesagt, klang das etwas verrückt, ganz besonders aus seinem Munde. Immerhin war er in seiner vorherigen Inkarnation ein Superstar in der Unternehmerwelt gewesen. Er hatte sein Jurastudium an der Harvard Law School als Bester abgeschlossen und war einer der erfolgreichsten Anwälte des ganzen Landes gewesen. Jetzt rannte er in einem Mönchsgewand herum und blickte zu den Sternen hoch. Ich wurde aus Julian nicht schlau. Das gehörte wohl zu seinem besonderen Charme.

»Warte, Julian«, rief ich beunruhigt. »Bekomme ich nicht noch ein weiteres Teil des Puzzles? Und wann können wir uns wieder treffen? Du kannst mich nicht einfach so hängen lassen. Ich möchte die Führungsformel von Yogi Raman vollständig beherrschen. Sie wirkt bei GlobalView bereits jetzt Wunder.«

»Da, nimm das«, sagte er und drückte mir eine Eintrittskarte für einen Sitzplatz am Spielfeldrand beim nächsten Heimspiel der Skyjumpers, unserer lokalen Profibasketballmannschaft, in die Hand.

»Ich verstehe nicht, Julian. Wofür ist das?«

»Wir treffen uns beim Spiel. Ich muss dir dort etwas ganz Besonderes zeigen. Und ich habe dann die Chance, dir noch einen Hotdog zu kaufen. Du hast den, den ich dir gekauft habe, regelrecht verschlungen. Gott sei Dank habe ich keinen Finger eingebüßt«, scherzte er.

Dann war er verschwunden. Ich ging zurück zu meinem Auto, das ich am anderen Ende des Parks abgestellt hatte. Julian hatte mir so viele Tipps zur Verbesserung meines Unternehmens gegeben, dass ich ganz aufgeregt war und es kaum erwarten konnte, das zweite Ritual und alles, was dazugehörte, in die Praxis umzusetzen. Ich blickte hoffnungsvoll in die Zukunft und war von Herzen dankbar, dass dieser weise Mann zurückgekommen war, um sein Wissen an mich weiterzugeben. Als ich mich meinem Auto näherte, entdeckte ich, dass etwas unter meinem Scheibenwischer steckte.

Oh nein, nicht schon wieder ein Strafzettel. Ich habe diese Woche bereits drei erhalten, dachte ich bei mir.

Aber dann entdeckte ich, dass es kein Strafzettel war. Es war ein Umschlag, auf dem in eleganter Schrift »J. M.« geschrieben stand. Es war Julians persönliches Briefpapier aus seiner Zeit als Anwalt. Ich holte den Umschlag unter dem Scheibenwischer hervor und warf einen Blick hinein, unsicher, welche Überraschung er enthielt. Ich wurde nicht enttäuscht.

Es war das erhoffte dritte Teil des Puzzles. Genau wie bei den anderen waren auch auf diesem ein paar Worte eingeritzt. Ich wusste mittlerweile, dass sie mir einen Hinweis auf das dritte Ritual des uralten Führungssystems geben würden, das Julian bei seiner abenteuerlichen Reise in den Himalaja entdeckt hatte. Die Worte lauteten einfach: *Ritual 3: Belohne regelmäßig, erkenne unermüdlich an.*

Kapitel 6 – Zusammenfassung von Wissen • Julians Weisheit in Kurzfassung

Das Ritual

Die Essenz

Das Ritual der menschlichen Beziehungen

Die Weisheit

- Jede visionäre Führungspersönlichkeit baut eine intensive Beziehung zu ihren Mitarbeitern auf.
- Eine der tiefsten Sehnsüchte des Menschen ist das Bedürfnis, geschätzt und verstanden zu werden.
- Zeig gegenüber deinen Mitarbeitern Menschlichkeit und behandle sie mit Höflichkeit und Freundlichkeit.

Die Praktiken

- Versprechen einhalten
- aktiv zuhören
- beständig Empathie bekunden
- die Wahrheit sagen

Zitat

Jede visionäre Führungspersönlichkeit versteht es, eine intensive Verbindung zu ihren Mitarbeitern aufzubauen. Sie hat die Kunst perfektioniert, ihre Vision zum Nutzen ihrer Mitarbeiter auf eine Weise zu verdeutlichen, die diese voll mit einbezieht und zum Handeln motiviert.

Aufgrund ihrer sozialen Kompetenz und ihres Kommunikationstalents gewinnen visionäre Führungskräfte die Herzen ihrer Angestellten und ihre langfristige Loyalität. Mit einfachen Worten: Wenn man die Beziehungen vertieft, verbessert man seine Führungsqualitäten.

Der Mönch, der seinen Ferrari verkaufte

RITUAL 3

BELOHNE REGELMÄSSIG, ERKENNE UNERMÜDLICH AN

KAPITEL 7

Das Ritual des Teamgeists

Geh zu den Menschen,
leb mit ihnen.
Lerne von ihnen.
Liebe sie.
Beginn mit dem, was sie wissen.
Bau auf dem auf, was sie haben.
Doch über die besten Führungskräfte,
werden die Menschen dann,
wenn deren Aufgabe erfüllt
und ihre Arbeit getan ist, sagen:
»Wir haben es selbst getan.«

Alte östliche Weisheit

Als ich ein Kind war, erklärte mir mein Vater immer, dass wir aus einem ganz bestimmten Grund zwei Ohren und nur einen Mund hätten: um doppelt so viel zu hören wie zu sprechen. Zum ersten Mal in meiner gesamten Laufbahn setzte ich diese Lektion nun in die Praxis um. In den Tagen nach meinem Treffen mit Julian im Park fanden wundersame Veränderungen statt. Ich wusste, dass die Lektionen, die er mich gelehrt hatte, die Wirren der Zeit überstanden hatten und durch und durch fundiert waren. Aber ich hätte mir nicht vorstellen können, welche Auswirkungen sie auf meine Mitarbeiter haben würden.

Obwohl ich das zweite Ritual bei Weitem noch nicht vollkommen beherrschte, bemühte ich mich nach Kräften. Ich führte eine Politik der offenen Tür ein und meinte es ernst damit. Ich versuchte, selbst die kleinsten Versprechen und Zusagen einzuhalten. Ich fiel anderen nicht mehr ins Wort und wurde ein aktiver Zuhörer, wie Julian es mir empfohlen hatte. Ich suchte nach Gelegenheiten für »kleine Gesten der Fürsorge« und lud zum Beispiel einen geschätzten Manager zum Lunch ein oder versuchte, eine Mitarbeiterin des Teams, die ihr Bestes gab, mit ein paar Worten zu ermutigen. Ich machte sogar die Disziplinen Ehrlichkeit und Offenheit zu einem wichtigen Bestandteil meines Führungsstils, indem ich E-Mails verschickte oder mich persönlich zu den entsprechenden Mitarbeitern begab, um ihnen wichtige Informationen zu übermitteln. Es war erstaunlich, welche Wirkung dies hatte.

Genau wie bei den vorherigen Ritualen, die Julian mir vermittelt hatte, war mir bewusst, dass es Zeit benötigte, bis das zweite Ritual voll zum Tragen kommen würde. Aber bereits wenige Wochen nach unserem letzten Meeting erkannten die Mitarbeiter von GlobalView, dass etwas Großes im Gange war und dass sie einen erheblichen Teil davon ausmachten. Die Programmierer unterbreiteten mir bald Vorschläge, wie wir effizienter und innovativer handeln könnten. Nachdem ich meinem Managementteam meine Erkenntnisse über die Bereicherung zwischenmenschlicher Beziehungen dargelegt hatte, führte dieses eine »Die Wahrheit kommt zuerst«-Politik ein und versprach den Teammitgliedern, in jeder Hinsicht ihnen gegenüber »fanatisch ehrlich« zu sein, sie auf dem Laufenden zu halten und dafür zu sorgen, dass ihre Stimmen gehört würden. Es war, als würde sich GlobalView von Grund auf erneuern. Die Mitarbeiter kamen früher zur Arbeit und blieben abends länger. Die Gespräche, die ich zufällig mitbekam, und die Art des Umgangs miteinander ließen mich spüren, dass alle wieder anfingen, sich gegenseitig zu unterstützen. Für mich als Inhaber des Unternehmens fühlte sich das wunderbar an.

Schließlich kam der Abend, an dem ich mich mit Julian im Stadion treffen sollte. Als ich das Stadion betrat, fragte mich ein Platzanweiser, ob ich Hilfe benötige. Nach einem Blick auf meine Eintrittskarte lächelte er und sagte: »Willkommen im CivicDome, Sir. Ich begleite Sie zu Ihrem Platz, dem besten hier im Stadion.«

Als ich mich setzte, stellte ich fest, dass alle Plätze in unserer Reihe besetzt waren, mit Ausnahme des Platzes neben mir. Das ist wohl Julians Platz, dachte ich. Aber wo steckte er? Das Spiel sollte in fünf Minuten beginnen und Julian war nirgends zu sehen. Ich begann, mir Sorgen zu machen. Es war nicht Julians Art, zu spät zu kommen. Er hatte sich eindeutig zu einem Mann gewandelt, der das, was er sagte, auch in die Tat umsetzte. Ich wusste, dass er mich nicht warten lassen wollte, insbesondere nachdem er mir während unserer letzten beiden Treffen Appetit auf seine tiefgründigen Führungsweisheiten gemacht hatte.

Dann, zwei Minuten vor Spielbeginn, bot sich am anderen Ende des Stadions ein seltsamer Anblick: Ein Mann mit einem kleinen Fernglas in der einen Hand und zwei Hotdogs in der anderen eilte rasend schnell durch die Menge, wobei der Senf von den Hotdogs auf sein rotes Gewand tropfte. Als er den leeren Platz neben mir entdeckte, stieß er einen Schrei aus, der die Aufmerksamkeit aller in meiner Nähe Sitzenden auf sich zog. »He, Peter, halt den Sitz frei! Wir Mönche bekommen nicht so viele gute Spiele zu sehen!« Julian war angekommen.

Als er neben mir Platz nahm, legte er sein Fernglas behutsam unter seinen Sitz und reichte mir die Hotdogs. »Die sind für dich, ich weiß, dass sie dir schmecken werden. Der Verkäufer meinte, es seien die leckersten, die er habe. Tut mir leid, dass ich zu spät dran bin. Ich habe die Sterne beobachtet und dabei jedes Zeitgefühl verloren. Weißt du, das Sternegucken ist inzwischen eine echte Leidenschaft von mir geworden.«

»Das habe ich mir schon gedacht. Was ist daran so besonders?«

»Wenn es an der Zeit ist, werde ich es dir verraten. Für den Augenblick schlage ich vor, dass du dich den Hotdogs widmest, bevor sie kalt werden. Glaubst du, dass unsere Jungs heute Abend gewinnen werden?«, fragte er und wechselte geschickt das Thema.

»Darauf würde ich wetten«, antwortete ich. »Sie haben gerade die längste Siegesserie in ihrer Geschichte. Auch dieses Spiel heute sollten sie locker gewinnen können.«

Als das Spiel begann, beugte sich Julian vor und fragte leise: »Bist du nicht neugierig, warum ich dich gebeten habe, mich heute Abend hier zu treffen?«

»Nur ein wenig«, erwiderte ich, was stark untertrieben war.

»Ich dachte, die Beobachtung des Spiels würde dich eine Menge über Führung lehren. Siehst du den Trainer da drüben?«, fragte er und deutete auf einen hochgewachsenen Mann mit Glatze, der einen perfekt sitzenden dunkelblauen Nadelstreifenanzug trug. Auch Julian hatte einst solche Anzüge getragen.

»Ja.«

»Er ist der Inbegriff der Führungsphilosophie, die ich dir nahebringen will. Obwohl er der Trainer ist, schreibt er den Spielern nicht jeden Schritt vor. Stattdessen coacht, leitet und spornt er die Spieler an, damit sie ihre Stärken entfalten können. *Große Führer sind große Lehrer.* Und genau damit solltest du anfangen. Betrachte dich selbst als Coach, der sein Team inspiriert, seine Zukunftsvision mitzutragen und es für sein überzeugendes Ziel zu begeistern. Ich wette, dass du nicht weißt, dass das Verb ›coachen‹ kommt von: ›Jemanden von dem Ort, an dem er sich gerade befindet, an den Ort bringen, an dem er sein möchte.‹«

»Stimmt, das wusste ich nicht.«

»Und nicht nur das. Ein guter Coach sorgt dafür, dass sein Team auf dem Weg dorthin hoch motiviert ist. Ein guter Coach spornt an, fordert heraus, sorgt dafür, dass sich seine Mitarbeiter entfalten, und rüstet sie entsprechend aus. Er holt das Beste aus ihnen heraus. Er verlangt, dass sie Höchstleistungen abliefern, und trainiert sie dafür. In der heutigen Zeit, in der die meisten Unternehmen unter einer niedrigen Arbeitsmoral und unter unmotivierten Mitarbeitern leiden, müssen Führungskräfte qualifizierte Coaches sein, um den Erfolg ihres Teams zu garantieren.«

»Wie also werde ich ein hervorragender Coach und motiviere mein Team?«

»Ich dachte schon, du würdest nie fragen«, erwiderte Julian, als gerade einer der Point Guards der Heimmannschaft einen Dreier versenkte. Julian sprang auf und brüllte lautstark: »Gut gemacht! Noch ein paar solche Dinger und wir haben es geschafft!«

Seit seiner Rückkehr aus dem Himalaja hatte ich Julian noch nie so lebhaft erlebt. Bei unseren vorherigen Treffen war er ruhig und gelassen gewesen. Jetzt, während dieses aufregenden Basketballspiels, sprang er hoch, jubelte und klatschte wie ein Kind bei seinem ersten Zirkusbesuch. Es war großartig, ihn so glücklich zu sehen. Er hatte mehr Schmerz und Turbulenzen in seinem Leben durchgemacht als sonst jemand, den ich kannte.

»Bitte entschuldige meinen Ausbruch, Peter. Doch seit meinem Aufenthalt bei den Weisen von Sivana ist mir klar geworden, dass jeder Tag ein Geschenk ist. Jeder Tag ist etwas Besonderes und voller kleiner Segnungen. Als ich ein gehetzter, unausgeglichener Anwalt war, war ich so sehr damit beschäftigt, immer besser zu werden, dass ich die einfachen Freuden des Lebens nicht mehr wahrnahm. Ich vernachlässigte meine Familie, meine Freundschaften. Und schließlich achtete ich auch nicht mehr auf meine Gesundheit. Natürlich verdiente ich unglaublich viel Geld und konnte mir all die Spielereien leisten, von denen der Normalbürger nur träumen kann. Aber das Geld machte mich nicht glücklich, es brachte mir keine Erfüllung. Obwohl ich nicht mehr viele Besitztümer habe, genieße ich jetzt die besonderen Augenblicke, die mir jeder Tag beschert. Ich suche das Außergewöhnliche im Gewöhnlichen. Und das ist auch der Grund, weshalb ich heute Abend so viel Spaß habe. Wer weiß, ob ich jemals wieder ein Spiel wie dieses sehen werde.«

Ich war überrascht, Julian so reden zu hören. Er war so positiv eingestellt, so lebendig. Ihn über die eigene Sterblichkeit und die Möglichkeit sprechen zu hören, dass er eventuell nicht mehr da sein würde, passte gar nicht zu dem neuen Julian Mantle, und das sagte ich ihm auch.

»Mach dir keine Gedanken, Peter, ich beabsichtige, noch viele Jahre zu leben. Ich habe noch so viel Arbeit in diesem Teil der Welt zu erledigen. Ich habe Yogi Raman und den anderen Weisen versprochen, den Rest meines Lebens damit zu verbringen, ihre Botschaft von der richtigen Führung in der Wirtschaftswelt und im Leben zu verbreiten, und genau das habe ich vor. Es gibt noch so viele Menschen, denen ich helfen kann, und noch so viele Dinge, die ich erledigen muss. Meine besten Jahre liegen noch vor mir, mein Freund. Verlass dich darauf. Ich möchte damit nur sagen, dass wir alle nicht vergessen dürfen, dass die Zeit wie Sandkörner durch unsere Hände rinnt und nie mehr wiederkehrt. Habe den Mumm, Ja zum Leben zu sagen, und es zu genießen, solange du es durchläufst.«

»Da hast du recht, Julian. Bevor deine Weisheiten über Führungskräfte unser Unternehmen veränderten, war ich so ausgelaugt, dass ich nachts nur noch wenige Stunden Schlaf fand. Samantha machte sich Sorgen deswegen und die Kinder beklagten sich, dass ich immer mürrisch sei, was alles noch verschlimmerte. Ich hatte das Gefühl, dass mir alles entglitt, wofür ich mein ganzes Leben lang gearbeitet hatte. Ich reagierte darauf, indem ich mir vornahm, noch härter zu arbeiten. Aber jetzt weiß ich, was getan werden muss, um GlobalView von Grund auf zu sanieren und das Unternehmen wieder an die Spitze zu bringen. Jetzt kann ich *klüger* agieren und damit beginnen, die Führungsrolle zu genießen.«

»Gut. Okay, lass uns jetzt wieder auf deine Frage zurückkommen, wie man ein hervorragender Coach werden und seine Mitarbeiter motivieren kann. Das Geheimnis, hoch motivierte, loyale Mitarbeiter zu haben, die alles tun, um dir dabei zu helfen, deine Vision Wirklichkeit werden zu lassen, lässt sich mit vier Worten ausdrücken. Möchtest du sie hören?«

»Nein, ich dachte, ich bekomme noch einen Hotdog«, erwiderte ich gespielt spöttisch. »Natürlich will ich das Geheimnis kennenlernen, weshalb Mitarbeiter hoch motiviert sind. Will das nicht jede Führungskraft und jeder Manager?«

»Nun, hier ist es: Belohne regelmäßig, erkenne unermüdlich an.«

»Das ist Ritual drei«, sagte ich und holte den dritten Teil des Puzzles hervor, auf dem wie bei den ersten beiden ein Muster eingeritzt war.

»Ja, mein Freund, das dritte Ritual stellt in Yogi Ramans uraltem Führungssystem das Ritual der Teambildung dar. Alle visionären Führungskräfte haben es sich zur Praxis gemacht, ihre Mitarbeiter zu belohnen und sie anzuerkennen. Sie haben in ihrer Weisheit erkannt, dass Mitarbeiter, die sich geschätzt fühlen, bessere Ergebnisse liefern.«

»Und ich wette, das ist ein weiterer Grund, warum du für unser Meeting heute Abend dieses Stadion gewählt hast, nicht wahr, Julian? Es passt jetzt alles zusammen.«

»Du hast eine schnelle Auffassungsgabe, Peter. Das habe ich schon immer an dir gemocht. Bereits früher, als du noch mein Golfpartner warst, warst du mir immer einen Schritt voraus. Ja. Der Trainer da unten wendet sicherlich das Prinzip an, das ich dir hier vermittle. Er hat offensichtlich erkannt, dass die Spieler ihm Wertschätzung entgegenbringen, wenn man sie selbst mit Achtung behandelt. Er praktiziert eindeutig die beiden Führungsgrundsätze Belohnung und Anerkennung. Deshalb ist sein Team so erfolgreich.«

»Wo fängt man an? Ich gebe offen zu, ich hatte keine Ahnung, dass die Belohnung und Anerkennung der Mitarbeiter eine so große Rolle spielen. Ich war so sehr mit anderem beschäftigt, dass ich nie ernsthaft darüber nachgedacht habe, ›meine Mitarbeiter wertzuschätzen‹, wie du es empfiehlst.

Aber aus meiner eigenen Zeit als Angestellter weiß ich: Wenn ich etwas richtig gemacht hatte und dies von meinem Vorgesetzten bemerkt wurde, dann verspürte ich den Wunsch, es beim nächsten Mal noch besser zu machen. Leider muss ich sagen, dass unsere Mitarbeiter nur dann etwas von der Geschäftsführung hören, wenn sie etwas falsch gemacht haben. Ansonsten sind sie ziemlich auf sich allein gestellt.«

»Weißt du, Peter, in den meisten Unternehmen verhält es sich so. Die Geschäftsführung geht davon aus, dass die Männer und Frauen, die dort arbeiten, mündige Erwachsene sind, die keine Streicheleinheiten benötigen. Die Manager sind der Meinung, ihre Aufgabe bestehe nur darin, schlechtes Verhalten auszumachen und zu korrigieren. Sie enthalten ihren Mitarbeitern die vielen positiven Briefe von zufriedenen Kunden vor, zitieren sie aber umgehend in ihr Büro, um sie ins Verhör zu nehmen, wenn eine Beschwerde eines Kunden eingeht. Damit fordern sie ihre Mitarbeiter unbewusst dazu auf, sich darauf zu konzentrieren, schlechtes Verhalten zu vermeiden, anstatt ihre Energie darauf zu verwenden, gute Arbeit zu leisten. Und glaub mir, solche Unternehmen werden nie den Status eines Unternehmens von Weltrang erreichen. Würde es dich überraschen, zu hören, dass die meisten Menschen in unserem Teil der Welt jeden Abend hungrig zu Bett gehen?«

»Das ist unmöglich, Julian, wir leben in einem Land des Überflusses.«

»Und doch ist es wahr. Die meisten Menschen gehen jeden Abend ihres Lebens hungrig zu Bett. Sie hungern nach nur ein wenig Anerkennung und aufrichtiger Wertschätzung für ihre Mühen.«

»Und was kann ich tun, um das zu ändern? Ich erkenne allmählich das Potenzial unserer Mitarbeiter, das durch den Panzer hindurchscheint, den sie als Reaktion auf meinen ehemals diktatorischen Führungsstil angelegt haben. Ich bin bereit, zuzulassen, dass sie ihre Stärken entfalten und die Mitarbeiter und Menschen sind, die sie wirklich sein können. Aber wo soll ich beginnen?«

»Der Ausgangspunkt für die Motivierung deiner Mitarbeiter ist einfach: *die Jagd nach gutem Benehmen.*«

»Was meinst du damit?«

»Nun, du hast es selbst gesagt: Bei GlobalView halten du und deine Manager ständig Ausschau nach Fehlverhalten, um es zu korrigieren. Der einzige Indikator, der den meisten deiner Mitarbeiter verrät, dass sie ihren Job gut machen, besteht darin, dass sie nicht gefeuert wurden. Aber das reicht nicht. Deine Mitarbeiter haben etwas Besseres verdient. Du musst deine Denkweise ändern und nach Mitarbeitern suchen, die ihre Sache gut machen. Suche aktiv nach Leuten, die ihre Arbeit richtig machen. Verhalte dich wie ein Jäger, der unermüdlich seinem Ziel hinterherjagt. Und wenn du es gefunden hast, dann sei großzügig mit Belohnungen und Anerkennung. *Vergiss nie: Die Belohnung zahlt sich vielfach aus.*«

»Soll gutes Verhalten sofort anerkannt werden?«

»Eine gute Frage, Peter. Nicht zwangsläufig, aber eines kann ich dir versichern: Je schneller du gutes Verhalten belohnst, desto wahrscheinlicher ist es, dass es wiederholt wird. Belohne stets die Art von Verhalten, die du immer wieder erleben möchtest. Wenn du deine Mitarbeiter auf diese Weise konditionierst, entwickeln sie ein Gespür für deine Erwartungen. Bald werden sie erkennen, wie Erfolg aussieht.«

»Aber wissen die meisten Mitarbeiter nicht bereits, was sie tun sollten? Wissen sie nicht schon, wie Erfolg aussieht? Ich hatte immer den Eindruck, dass die meisten einfach zu träge sind, um danach zu streben. Meiner Erfahrung nach wollen sie einfach ihr Geld leicht verdienen und abends so schnell wie möglich nach Hause gehen.«

»Da liegst du völlig falsch«, erwiderte Julian geradeheraus. »Yogi Raman predigte mir immer, dass fast jeder Mensch Gutes tun will. Jeder von uns möchte einen positiven Beitrag leisten und das Gefühl haben, dass sein Leben mit Sinn erfüllt ist. Wir alle haben Träume, Hoffnungen und Leidenschaften, von denen wir uns wünschen, dass sie eines Tages erfüllt werden. Doch in Wahrheit werden die Ambitionen der meisten Menschen von ihren Führungskräften im Keim erstickt. Man schreibt ihnen vor, wie sie sich kleiden, wann sie ihren Lunch einnehmen oder wie sie ihren Job erledigen sollen. Die meisten Arbeitnehmer in unserem Teil der Welt werden derart mikroverwaltet, dass sie den Eindruck gewinnen, es könne ihrer Berufslaufbahn schaden, wenn sie sich zu Freidenkern und Innovatoren entwickeln. Um die Stärken und Talente deiner Mitarbeiter zu fördern, musst du damit beginnen, das Verhalten zu belohnen, das du nachhaltig sehen möchtest. Lass jeden Mitarbeiter genau wissen, wie Erfolg aussieht, indem du denjenigen Anerkennung zollst, die ihn erzielen. Du wirst es mir vielleicht nicht glauben, aber den meisten Arbeitnehmern ist nicht richtig klar, was Spitzenleistung bedeutet, wodurch ihr Stresspegel noch weiter steigt. Ihr Vorgesetzter hat ihnen nie ein Vorbild gegeben, dem sie nacheifern könnten. Wenn er sie dann kritisiert, weil sie nicht das tun, was sie tun sollten, wird alles noch viel schlimmer. Ich war in viel zu vielen Unternehmen, in denen die Erwartungen der Führungskräfte an ihre Mitarbeiter wenig oder gar keine Ähnlichkeit mit den Stellenbeschreibungen haben. Visionäre Führungskräfte beschreiben detailliert die Art von Ergebnissen, die sie sich von ihren Mitarbeitern erhoffen, und geben ihnen die Möglichkeit, sie zu realisieren. Wie ich dir schon erklärt habe, kann nichts den Verstand besser motivieren und fokussieren als ein klares Ziel. Wenn die Mitarbeiter das Ziel vor Augen haben und wissen, was von ihnen erwartet wird, werden sie ihre Aufgaben erfüllen.«

»Aber was passiert, wenn sie versagen? Dann müssen sie doch zur Rechenschaft gezogen werden?«

»Das bringt mich zu einem weiteren wichtigen Punkt. In leistungsschwachen Unternehmen haben die Mitarbeiter so große Angst zu versagen, dass sie keine Risiken eingehen. Deswegen entdecken sie nie etwas Neues. Das hat zur Folge, dass sie den Rest ihres Lebens in ihrer begrenzten Komfortzone verbringen und jeden Tag dasselbe mit denselben Menschen auf dieselbe Weise tun. Und dann werden sie auch noch vom Management wegen ihrer mangelnden Kreativität und Innovationsbereitschaft gerügt. Versteh mich nicht falsch, Peter, du weißt, dass ich ein Pragmatiker bin: Niemand behauptet, dass Führungskräfte und Manager Fehlverhalten nicht korrigieren sollten. Aber mach nicht den Fehler, vor lauter Bäumen den Wald nicht zu sehen. Sei so weise zu verstehen, dass Misserfolg wesentlich für den Erfolg ist. Wenn einer deiner Mitarbeiter etwas versucht und damit scheitert, lernt er dadurch, wie er vorankommen kann. Misserfolge sind nichts anderes als verkappte Lektionen. Sie führen uns schließlich zu Weisheit und Wohlstand. Visionäre Führungskräfte sorgen für ein risikofreies Arbeitsumfeld. Sie räumen ihren Mitarbeitern die Freiheit ein, Fehler zu machen. Und dadurch haben sie letztlich Erfolg.«

»Wow, aus dieser Perspektive habe ich Scheitern noch nie betrachtet.«

»Vielleicht bist du überrascht, zu erfahren, dass bei Southwest Airlines – der spektakulär erfolgreichen Fluggesellschaft, die ich bei einem unserer letzten Treffen bereits erwähnt habe – ein junger Manager, der eine innovative Idee hatte, die aber kläglich scheiterte, tatsächlich befördert wurde. Dieser Manager hatte einen Frachtdienst mit Lieferung am selben Tag vorgeschlagen, was die Einnahmen von Southwest um 50 Prozent steigern sollte. Der Firmenchef höchstpersönlich genehmigte das Programm und es wurden erhebliche Gelder für Werbung und den Aufbau des neuen Service ausgegeben. Leider wurde das Ganze nie verwirklicht. Aber die Führungskräfte des Unternehmens begriffen Folgendes: Risikobereitschaft ist wohl für überragenden Erfolg notwendig, kann aber gelegentlich auch zu großen Misserfolgen führen. Das sind dann einfach Kosten des Geschäftsbetriebs. Sie sorgten dafür, dass die Lektion vollständig verinnerlicht wurde, und machten weiter. Indem sie den jungen Manager nicht feuerten, übermittelten sie die eindrucksvolle Botschaft, dass Innovation und Unternehmergeist geschätzt wurden.«

»Das ist ein unglaubliches Beispiel, Julian.«

»Es kommt noch besser. Rate mal, wie ein Southwest-Mitarbeiter anerkannt wird, wenn eine positive Beurteilung von einem Kunden eintrifft?«

»Lass hören.«

»Der Brief wird sofort an den Mitarbeiter weitergeleitet, und zwar mit einer Notiz des Firmenchefs, in der steht: ›Ich finde Sie großartig und ziehe meinen Hut vor Ihnen. Leisten Sie weiterhin so hervorragende Arbeit. Ich liebe Sie.‹«

»Erstaunlich. Obwohl ich mir in Bezug auf diese ›Liebe deine Angestellten‹-Methode nicht ganz sicher bin.«

»Bei Southwest Airlines nutzt der Firmenchef jede Gelegenheit, seinen Angestellten zu erklären, dass er sie liebt. Der Begriff ›Liebe‹ wird hier nicht auf sentimentale Weise verwendet, sondern als Ausdruck der Wertschätzung. Doch du brauchst deinen Mitarbeitern nicht zu erklären, dass du sie liebst, um sie zu motivieren und zu inspirieren. Danke ihnen einfach, wenn sie ihren Job richtig machen, und habe Verständnis, wenn ihnen ein Fehler unterläuft. Ich zitiere hier Yogi Ramans tibetisches Lieblingssprichwort: ›Wenn du in einem Augenblick des Ärgers geduldig bist, wirst du hundert Tage des Kummers vermeiden.‹«

»Ich nehme an, am besten belohnt man positives Verhalten und Spitzenleistungen mit Geld, stimmt's?«

Julians Antwort wurde durch die laut tönende Halbzeitsirene unterbrochen. Unser Team dominierte das Spiel und die Fans applaudierten frenetisch. Da Julian Sitzplätze am Spielfeldrand besorgt hatte, konnten wir hören, was der Trainer zu den Spielern sagte, als sie vom Platz kamen: »Phänomenal, Jungs. Wir ziehen unser Spiel so durch, wie wir es im Training geplant haben. Wenn wir das durchhalten, qualifizieren wir uns für einen Playoff-Platz. Ich weiß, dass ihr in den letzten beiden Wochen immer unterwegs gewesen seid und verdammt müde seid. Doch lasst uns dieses Spiel für unsere Fans zu einem erfolgreichen Ende bringen.«

Als die Spieler auf die Umkleidekabine zugingen, fügte der Trainer hinzu: »Hey Jungs ... ich bin sehr stolz auf euch!«

»Ist damit deine Frage beantwortet, Peter?«, fragte Julian.

»Hm?«

»Hat der Trainer gerade sein Team motiviert?«

»Ganz entschieden.«

»Hat er einen Geldsack hervorgezaubert und jedem Spieler ein paar Scheine ausgehändigt?«

»Nein«, erwiderte ich grinsend.

»Wie hat er es dann angestellt?«

»Er hat sie gelobt, und das aufrichtig. Man konnte wirklich spüren, dass sie ihm am Herzen liegen und er stolz auf ihre überragende Leistung war.«

»Genau. Weißt du, mein Freund, *ein Lob ist kostenlos.* Ein echtes Lob kann Berge versetzen und dein gesamtes Unternehmen revolutionieren. Und es kostet dich keinen Cent. Zu viele Führungskräfte vertreten die Meinung, dass Bonusschecks und Geldprämien die einzige Möglichkeit darstellen, ihre Teams zu motivieren, und da Geld knapp ist, tun sie gar nichts. Doch im Gegensatz zur weitläufigen Meinung ist Geld keineswegs der stärkste Motivator für Menschen. Untersuchungen zeigten, dass Menschen ein einfaches Lob fast jeder anderen Art von Belohnung vorziehen. Eine bahnbrechende Studie mit 1500 Arbeitnehmern ergab, dass persönliche, unmittelbare Anerkennung der beste Motivationsanreiz für Arbeitnehmer ist. Dennoch erhielten nur 42 Prozent ein solches Feedback. Im Rahmen einer anderen Studie erklärten 58 Prozent der Arbeitnehmer, dass sie selten ein schriftliches Dankeschön für gute Arbeit erhalten, obwohl diese Art der Anerkennung sie am meisten motiviere.«

»Ein einfaches Dankesschreiben genügt ihnen?«

»Vielleicht wollen deine Mitarbeiter mehr. Du als ihre Führungskraft musst dir die Zeit nehmen, es herauszufinden. Eine wichtige Lektion lautet: Belohne deine Mitarbeiter nicht so, wie du belohnt werden wolltest, wenn du an ihrer Stelle wärst. Finde stattdessen heraus, was *sie* motiviert. Finde heraus, was du und deine Manager tun können, damit sich eure Mitarbeiter wie Helden fühlen. Beginne damit, dir die ›Wow-Frage‹ zu stellen. Sie ist ungeheuer wirkungsvoll.«

»Was ist die ›Wow-Frage‹?«

»Die Wow-Frage ist der beste Freund jeder Führungskraft. Sie erfordert lediglich, dass du dich das Folgende fragst: Wie könnte ich meine Mitarbeiter für ausgezeichnete Arbeit so belohnen und meine Wertschätzung so kundtun, dass sie bei Erhalt der Belohnung ›Wow!‹ ausrufen würden? Denk an diese zeitlose Wahrheit, Peter: *So wie du deine Mitarbeiter behandelst, so werden sie deine Kunden behandeln.* Wenn du es schaffst, ihnen das Gefühl zu vermitteln, dass sie etwas Besonderes sind, und es dir gelingt, ihnen immer wieder dieses ›Wow‹-Gefühl zu verschaffen, werden sie sich deinen Kunden gegenüber genauso verhalten. Wie ich bereits erwähnte: Geben leitet den Empfangsprozess ein.«

Julian sprach weiter: »Unterschiedliche Menschen müssen auf unterschiedliche Art und Weise belohnt werden. Geschenke müssen individuell angepasst sein. Vermutlich ist es keine gute Idee, einem Mitarbeiter im Vertrieb, der ungern fliegt oder ständig unterwegs und damit von seiner Familie getrennt ist, eine Reise auf die Bermudas zu schenken. Jemand, der ein gutes Gehalt bezieht, aber 18 Stunden täglich arbeitet, zieht vielleicht ein paar freie Tage einem dicken Bonusscheck vor. Als ich noch als Anwalt tätig war, hatte ich einen jungen Mann in meinem Team, der einfach nur vor seinen Teamkollegen wegen seiner hervorragenden Arbeit gewürdigt werden wollte. Wie Yogi Raman sagte: ›Knacke den Code deiner Mitarbeiter und finde heraus, wie sie ticken.‹ Stelle fest, was genau ihnen ein gutes Gefühl verleiht, wenn sie erfolgreich waren. Für den einen ist es vielleicht eine Trophäe, für den anderen eine Tageskarte für den örtlichen Skilift. Pass die Belohnung der jeweiligen Person an.«

Julian ließ mir einen kurzen Moment, das Gesagte zu verarbeiten, und sprach dann weiter: »Ich kann mich noch genau erinnern, wie Yogi Raman eines Tages meine kleine Hütte betrat, nachdem ich eifrig bei ihm gelernt und mich intensiv darum bemüht hatte, die Weisheit der Weisen in mein Leben zu integrieren. ›Du bist ein sehr guter Schüler gewesen, Julian‹, sagte er behutsam, ›vermutlich der beste, den wir je hatten. Du hast unsere Sitten und Bräuche respektiert und ehrliches Interesse daran gezeigt, unsere Philosophie über die Führerschaft und das Leben kennenzulernen. Jeder von uns hat dich ins Herz geschlossen und betrachtet dich jetzt als Mitglied unserer kleinen Gemeinde. Und obwohl wir nur wenig besitzen, möchte ich dir gerne als Belohnung für deine Fortschritte ein kleines Geschenk machen. Ich möchte dir etwas schenken, das dir etwas bedeutet. Anstatt das Geschenk selbst auszusuchen, dachte ich, komme ich bei dir vorbei und frage dich, welches Geschenk dir am meisten Freude bereiten würde.‹ Weißt du, Peter, es war das erste Mal, dass sich jemand die Zeit genommen hat, mich zu bitten, mir meine Belohnung für gute Arbeit selbst auszuwählen. Das machte mich zu einem glücklichen Schüler. Ich begann, noch eifriger zu lernen, um diesen Lehrer nicht zu enttäuschen, der mir so viel Vertrauen geschenkt hatte.«

»Und was hast du dir gewünscht?«

»Ich wusste, dass du das wissen willst. Es war etwas ganz Schlichtes. Im Inneren des Tempels, der im Ortskern des Dorfes der Mönche stand, befand sich eine Tafel aus Holz. In ruhigen Augenblicken ging ich in den Tempel und dachte in aller Stille über die Worte nach, die Yogi Raman auf die Tafel geritzt hatte. Sie bedeuteten mir viel. Mein Wunsch war, dass Yogi Raman mir eine ähnliche Tafel schenkte. Er war gerne dazu bereit und gab sie mir am nächsten Tag.«

»Wie lauteten die Worte?«, fragte ich höchst interessiert.

»Es waren die Worte des großen indischen Philosophen Patanjali. Ich habe sie auswendig gelernt, sie lauten:

Wenn du von einem großen Ziel, einem ungewöhnlichen Projekt inspiriert wirst, sprengen deine Gedanken alle Fesseln: Dein Verstand setzt sich über Grenzen hinweg, dein Bewusstsein erweitert sich in alle Richtungen und du findest dich in einer neuen, großartigen und wunderbaren Welt wieder. Schlummernde Kräfte, Fähigkeiten und Talente werden lebendig, und du stellst fest, dass du ein weitaus großartigerer Mensch bist, als du es dir je erträumt hast.«

Julian fuhr fort, ohne auf das Basketballspiel zu achten, das gerade wieder angepfiffen wurde. »Yogi Raman gab mir mit dieser Holztafel die Belohnung, die ich mir gewünscht hatte ...«

»... anstatt dich mit etwas zu belohnen, das *er* an deiner Stelle vielleicht gewollt hätte«, warf ich ein.

»Genau. Wenn die visionäre Führungskraft jemanden mit einwandfreiem Verhalten entdeckt, erweist sie ihm ihre Wertschätzung und belohnt ihn, wie *er* belohnt werden möchte. Auf diese Weise werden Spitzenleistungen zu einem festen Bestandteil der gesamten Unternehmenskultur, bis sie zu einem Automatismus werden, also die Mitarbeiter nurmehr diese Arbeitsweise kennen. Damit erreicht dein Unternehmen einen Weltklassestatus. Und das ist durchaus machbar.«

»Okay, ich muss mich also bei GlobalView auf die ›Jagd nach gutem Verhalten‹ machen. Anstatt nur nach Mitarbeitern zu suchen, die etwas falsch machen und sie dann zurechtzuweisen, muss ich mich aktiv nach solchen umsehen, die die Dinge richtig machen. Wenn ich diese dann finde, sollte ich ihre Bemühungen anerkennen und belohnen, und zwar mit etwas, das auf ihre Interessen zugeschnitten ist. Ich werde mich auch verbessern, was das einfache Loben angeht. Wie du schon gesagt hast, schätzen die meisten Menschen Lob mehr als jede andere Form der Anerkennung, und doch wird es ihnen nur selten zuteil. Ich glaube, ich werde ›Lob kostet nichts‹ zu meinem neuen Führungsmantra machen. Den Mönchen hätte es wohl gefallen. Darf ich dir noch eine weitere Frage stellen?«

»Deshalb bin ich ja hier, mein Freund«, erwiderte Julian herzlich und strich sein langes Samtgewand glatt.

»Meine Mitarbeiter müssen sich noch mächtig ins Zeug legen, bis sie Spitzenleistungen erreichen. Und doch weiß ich, dass sie schon jetzt Belohnung und Anerkennung benötigen. Soll ich warten, bis sie ihre Fähigkeiten verbessert haben und ein Vorbild für gutes Verhalten geworden sind?«

»Eine ausgezeichnete Frage. Du dringst tief in die Weisheit ein, die ich dir vermittle, was ich sehr schätze. Wenn du auf die perfekte Leistung wartest, wirst du noch lange warten müssen, vielleicht eine Ewigkeit.«

»Worin besteht also das Geheimnis?«

»Das Geheimnis besteht darin, Fortschritte zu loben und Ergebnisse zu belohnen. Halte Ausschau nach gutem

– nicht perfektem – Verhalten und sorge dafür, dass deine Mitarbeiter sich über ihre Verbesserungen freuen. Dies wird eine sich selbst erfüllende Prophezeiung sein. Schließlich werden deine Mitarbeiter Spitzenleistungen erbringen, weil sie immer besser werden.«

»So ähnlich wie unsere Heimmannschaft hier«, sagte ich und deutete auf die Spieler, die gerade bei einem Tempogegenstoß über das gesamte Spielfeld gerannt waren und zwei weitere Punkte erzielt hatten. »Ich erinnere mich, wie ich sie gesehen habe, als sie den Spielbetrieb starteten. Was war das für ein jämmerlicher Haufen! Und dabei liegt das noch gar nicht so lange zurück.«

»Und viele dieser Spieler haben sich zu Superstars gemausert. Der Trainier lobte ihre Fortschritte, fand immer einen Anlass, sie zu belohnen. Und schau dir die Jungs jetzt an. Sie sind unglaublich«, bemerkte Julian und sprang begeistert von seinem Sitz hoch. Er reckte die Fäuste in die Luft und rief den Spielern, die er alle namentlich kannte, anfeuernde Worte zu. Ich wusste gar nicht, dass Julian ein so begeisterter Basketballfan war. Seine Begeisterung war ansteckend.

»Julian, mir brennen noch mehr Fragen auf der Zunge.«

»Schieß los«, ermunterte er mich und setzte sich wieder auf seinen Platz, verfolgt von den Blicken der Zuschauer, die in unserer Nähe saßen.

»Ich weiß nicht so recht, was ich sagen soll, wenn ich nun jemanden loben möchte, denn ich habe es noch nie wirklich getan. Klar kann ich ein paar Worte sagen wie ›Gute Arbeit‹

oder ›Weiter so‹, aber hast du noch andere Vorschläge, wie ich meine Mitarbeiter wirkungsvoll loben kann?«

»Lob zu spenden, ist eine Fähigkeit, die gelernt und geübt werden muss. Jede Führungskraft muss diese Fähigkeit beherrschen. Um damit zu beginnen, nenne ich dir ein paar Grundprinzipien des Lobs: Das Lob muss spezifisch sein, es muss unmittelbar erfolgen, es muss in der Öffentlichkeit erfolgen und es muss aufrichtig sein. Wenn du Lob spendest, dann sprich den Betreffenden mit dem Vornamen an. Der faszinierendste Klang der Welt ist für einen Menschen der Klang seines eigenen Namens. Und hüte dich vor der Falle, in die die meisten Manager tappen, wenn sie Lob erteilen.«

»Und die wäre?«

»Sie übertreiben es. Lob ist wichtig, das steht außer Zweifel, aber wenn man es leichtfertig verteilt, verliert es an Wert, so wie das Drucken einer zu hohen Geldmenge die Währung abwertet.«

»Hast du noch andere spezielle Ideen, wie ich mein Team motivieren kann?«

»Aber sicher. Ich zähle dir ein paar der besten und kostengünstigsten Möglichkeiten auf. Hänge eine persönliche Dankeskarte an die Tür des zu lobenden Mitarbeiters, übernimm seine Parkgebühren für einen Monat und schenk ihm ein Jahresabonnement für eine Zeitschrift seiner Wahl – all das sind einfache, aber bewährte Möglichkeiten, Mitarbeiter für hervorragende Leistungen zu belohnen. Auch einen Mitarbeiter als Ersatzperson für seinen direkten Vorgesetzten an einem Meeting teilnehmen zu lassen, Geburtstagskarten zu versenden und ein Mitarbeiteressen zu veranstalten, sind wertvolle Beiträge, die Motivation der Mitarbeiter zu fördern und ihnen zu zeigen, dass du dich um sie kümmerst. Vor Kurzem habe ich eine Geschichte über eine Managerin gelesen, die eine kostengünstige, aber höchst effektive Strategie anwandte: Sie stellte den Mitarbeitern eine große Truhe mit Motivationsbüchern, CDs und Videos von renommierten Autoren aus dem Bereich der Persönlichkeitsentwicklung zur Verfügung. Sie nannte sie ihre ›Schatztruhe‹. Wenn eines der Teammitglieder eine Belohnung verdient hatte, führte sie die jeweilige Person unter den Blicken der anderen Mitarbeiter zu der Truhe und forderte sie auf, sich etwas auszusuchen, was sie interessierte. Diese Idee gefällt mir, denn sie belohnt nicht nur gutes Verhalten, sondern ermöglicht es den Mitarbeitern auch, durch die Beschäftigung mit den weiterbildenden Inhalten zu wachsen und sich zu entwickeln, was zur Folge hat, dass sie noch bessere Leistungen erbringen. Vergiss nicht, Peter, visionäre Führungskräfte sind Befreier und nicht Begrenzer. Sie wissen, dass es ihre Pflicht ist, ihre Mitarbeiter dabei zu unterstützen, das Beste, das in ihren ruht, freizusetzen, und ihnen zu helfen, Verantwortungsgefühl für ihr berufliches und persönliches Leben zu entwickeln. Sie konfrontieren ihre Mitarbeiter ständig mit Ideen und Informationen, die ihnen helfen, ihre natürlichen Talente zu entfalten und als denkende und handelnde Personen unabhängiger zu werden. Der weise Konfuzius sagte dazu: ›*Gib einem Menschen einen Fisch und du ernährst ihn einen Tag lang. Lehre einen Menschen zu fischen und du ernährst ihn ein Leben lang.*‹ Wie ich dir an jenem Abend im Clubhaus erklärt habe, geht es bei der Führung darum, die Stärken der Mitarbeiter freizusetzen. Wenn man es genau nimmt, ist das Unternehmen, das du GlobalView nennst, nicht viel mehr als ein Stempel und ein paar Bogen Papier, die der Computer eines firmeneigenen Anwalts ausspuckte. Der eigentliche Wert deines Unternehmens liegt in deinen Mitarbeitern und ihrem Potenzial, dir dabei zu helfen, deine großartige Zukunftsvision zu realisieren.«

»Starke Gedanken. Weißt du, wenn ich darüber nachdenke, muss ich einräumen, dass einige unserer Konkurrenten über ein paar recht gute Strategien verfügen, um ihre Mitarbeiter zu motivieren.«

»Im Ernst?«

»Ich glaube, ich habe einfach die Macht von Belohnungen und Anerkennung nicht verstanden und beidem deshalb keine große Beachtung geschenkt.«

»Wenn der Schüler bereit ist, erscheint der Lehrer«, bemerkte Julian mit einem Lächeln, als sich das Spiel dem Ende zuneigte.

»Einer der Konkurrenten von GlobalView sorgt ständig für Spaß, um sein Team herauszufordern und anzuspornen. Sein Vertriebsteam beginnt seine Meetings immer mit einer ›Heldenfeier‹, bei der Vertriebsmitarbeiter für das Erreichen ihrer Ziele oder hervorragende Kundenbetreuung ausgezeichnet werden. Ein anderes Unternehmen hat eine Bürowand ›die Siegeswand‹ getauft. An dieser sind für alle, die daran vorbeikommen, deutlich sichtbar motivierende Zitate, Referenzen und strategische Ziele angebracht. Ich habe sogar von einem Topmanager von Xerox erfahren, der zu jedem Meeting eine Skimütze mitnahm, auf der der Name eines Fünf-Sterne-Skiresorts eingestickt war. Dieses ›Siegessymbol‹ diente als eindrucksvolle Erinnerung daran, wo das Team seinen Urlaub verbringen würde, sollte es die Verkaufsziele erreichen.«

»Diese großartigen Ideen solltest du für GlobalView übernehmen. Und vergiss nie, welch große Rolle kulturelle Traditionen spielen.«

»Erläutere mir das bitte noch einmal kurz«, bat ich Julian.

»Im Himalaja hatten die Weisen eine ganze Reihe von kulturellen Traditionen entwickelt, um ihre Einheit zu bewahren. Egal, wie sehr sie mit ihrer philosophischen Lektüre oder ihren Lehren beschäftigt waren, sie kamen jeden Abend zusammen, um an einem langen Holztisch eine einfache, aber schmackhafte Mahlzeit einzunehmen. Es war ein unglaublicher Anblick, diese wunderschön gekleideten Mönche beim Essen zu beobachten und zu sehen, wie sie lachten und sangen, die Gesellschaft der anderen genossen und ihr Gemeinschaftsgefühl festigten. Die Basketballspieler tun dasselbe mit ihren Pizzapartys am Freitagabend oder ihren halbjährlichen Familienpicknicks. Solche Traditionen bringen die Menschen einander näher. Sie spornen die Teammitglieder an, sich umeinander zu kümmern. Sie sorgen für engere Beziehungen und unterstützen die Menschen dabei, sich als Teil eines gemeinsamen Schicksals zu betrachten.«

»Traditionen sollten also Teil unserer Unternehmenskultur werden?«

»Unbedingt. Die Mitarbeiter sollen sich gegenseitig kennenlernen und von Zeit zu Zeit aus sich herausgehen. Veranstalte Familienpicknicks oder alle zwei Wochen gemeinsame Mittagessen. Befreie dein Unternehmen von alten Zöpfen und bring die Mitarbeiter wieder zum Reden und Lachen. Ich kenne zum Beispiel ein Unternehmen, das sogenannte verrückte Tage veranstaltet. Und glaube mir, die Mitarbeiter amüsieren sich dabei nicht nur großartig, auch die Produktivität steigt. Eine weise Führungskraft sagte einmal: ›Der Verstand wendet sich genau wie das Herz dorthin, wo er geschätzt wird.‹«

»Erklär mir diese Tradition der verrückten Tage. Ich habe noch nie davon gehört.«

»In diesem speziellen Unternehmen wird alle drei Monate ein sogenannter verrückter Tag festgelegt. Dieser ist dafür vorgesehen, dass die Mitarbeiter Dampf ablassen und Stress abbauen können, was die Arbeitsmoral fördert. So wurde dieser Tag einmal zum ›Du bist nicht der Boss‹-Tag erklärt. Der CEO musste Kaffee machen, das Telefon bedienen und im Lager arbeiten, während einige seiner Mitarbeiter im Chefbüro arbeiten und Spaß haben durften. Durch diese einfache Methode wurden viele der künstlichen Barrieren zwischen Management und Nichtmanagement abgebaut und der Teamgeist wird gestärkt. Ein anderes Mal wurde der verrückte Tag zu einem unternehmenseigenen Zirkustag. Clowns, Zauberer und Gaukler wurden engagiert, um in den Büros des

Unternehmens aufzutreten, sehr zum Vergnügen aller Mitarbeiter. Sogar Besucher in der Lobby wurden eingeladen, an dem Spektakel teilzunehmen, was für eine großartige Mundpropaganda über dieses innovative und mitarbeiterbezogene Unternehmen sorgte. Einer der erfolgreichsten verrückten Tage war der Zurück-in-die-Zukunft-Tag.«

»Hört sich faszinierend an.«

»Alle Mitarbeiter versammelten sich, um ihre vergangenen Erfolge zu feiern. Persönliche Erfolgsgeschichten wurden an den Wänden des Konferenzsaals, der extra für diesen Anlass gemietet worden war, für jeden sichtbar ausgehängt. Dann konzentrierten sich alle auf ihre künftigen Ziele und machten ein Brainstorming, um herauszufinden, wie sie diese Ziele am besten erreichen könnten.«

Julian fixierte meinen Blick. »Mit all diesen Beispielen versuche ich, dir vor Augen zu führen, dass visionäre Führungskräfte begreifen, dass Mitarbeiter, die sich als geschätzte Mitglieder eines motivierten Teams fühlen, bereit sind, sich noch mehr zu bemühen, ihr Bestes zu geben. Wenn du das dritte Ritual praktizierst und deine Mitarbeiter regelmäßig belohnst und unermüdlich anerkennst, werden sie sich in dein Unternehmen einbringen. Sie fangen dann an, sich selbst als Teil des größeren Ganzen zu sehen, als integralen Bestandteil von etwas Besonderem und als wichtiges Mitglied des GlobalView-Teams. Und dein Unternehmen wird nicht mehr zu bremsen sein. Vielleicht hat es Yogi Raman auf den Punkt gebracht, als er feststellte: ›Wenn sich Spinnweben verflechten, können sie einen Löwen fesseln.‹«

Während die Zuschauer aus dem Stadion strömten, herrschte plötzlich seltsame Stille. Wir hatten das Spiel gewonnen und alle waren bester Stimmung.

Aber etwas viel Spektakuläreres hatte die Aufmerksamkeit aller erregt. Am Himmel hatte ein Stern begonnen, hell zu funkeln und die Dunkelheit mit einem fast magischen Farbton zu erhellen. Obwohl es nahezu 23 Uhr war, erweckte es den Anschein, als würde das Tageslicht jeden Augenblick die Dunkelheit durchbrechen und den Nachthimmel in helles Licht tauchen.

Ich hatte noch nie ein derartiges Phänomen gesehen. Alle Zuschauer verstummten und starrten schweigend zum Himmel hoch.

»Ich glaube, ich traue meinen Augen nicht, Julian«, sagte ich, den Blick auf den hellen Stern gerichtet, der alle in seinen Bann gezogen hatte.

»Ich schon«, erwiderte er mit einem wissenden Lächeln.

»Hat das etwas mit dem Stern zu tun, mit dem du neulich abends Zwiesprache gehalten hast, und dem Fernglas, das du mit dir trägst?«, fragte ich gespannt.

»Ja. Und schon bald werde ich dir genau erklären können, was vor sich geht. Als ich mich im Himalaja aufhielt, sagten die Weisen dieses astronomische Ereignis voraus. Sogar ich bin erstaunt, wie genau ihre Vorhersage ist.«

Innerhalb weniger Augenblicke kehrte die Dunkelheit zurück und der funkelnde Stern war lautlos in der Nacht verschwunden. Der Anblick, der sich mir gerade geboten hatte, war erstaunlich. Obwohl ich keine Ahnung von Astronomie und derartigen Naturereignissen hatte, war dieses einmalige Schauspiel überwältigend.

»Das war unglaublich, Julian!«

»Die Naturgesetze sind die stärksten Gesetze des Universums«, erwiderte er. »Sie geleiten dich zur Wahrheit, Peter. Die Qualität unseres Lebens als Führungskraft wird in dem Maße besser, in dem wir von ihnen lernen. Visionäre Führungskräfte wissen genau Bescheid über diese Gesetze und richten ihre Bemühungen nach ihnen aus.«

»Wie meinst du das?«

»Sie besitzen die Führungsweisheit, zu verstehen, dass man das erntet, was man sät. Sie wissen, dass das Wachstum eines Unternehmens demselben zyklischen Prozess unterliegt wie der Jahreszeitenwechsel. Sie sind sich bewusst, dass, genau wie in der Natur, auf Widrigkeiten Chancen folgen, so wie die Dunkelheit der Nacht durch die Helligkeit des Tages abgelöst wird.«

»Ich hätte nie vermutet, dass die Naturgesetze auch für die Geschäftswelt gelten.«

»Doch, das tun sie. Und die Führungskraft, die diese zeitlose Tatsache erkennt, hat einen enormen Vorteil gegenüber ihren Konkurrenten. Deshalb wird unser nächstes Treffen in einer natürlicheren Umgebung stattfinden.«

»Wo genau?«

»Ich hätte gern, dass wir uns nächsten Sonntag im Wald hinter dem Bärensee treffen.«

»Du meinst dort, wohin die Jäger gehen?«

»Genau. Geh einfach zum Eingang des Waldes. Dort werden dir eine Reihe von Markierungen ins Auge fallen, die dich zu der Stelle führen, an der ich dir die Führungsweisheit der Weisen vermitteln werde. Ich verspreche dir, du wirst nicht enttäuscht sein.«

»Um wie viel Uhr?«

»Bei Tagesanbruch. Das ist eine besondere Tageszeit.«

»Du machst wohl Scherze, oder?«

»Nein, ich meine es absolut ernst. Die Morgendämmerung ist die beste Tageszeit. Und ich finde, es ist an der Zeit, dass du die Ruhe erlebst, die damit verbunden ist. Jetzt muss ich mich aber beeilen.«

»Julian, du rennst immer davon. Wozu diese Eile?«

»Ich muss diesen Stern finden«, lautete seine knappe Antwort, als er in der Menge untertauchte.

Auf meinem Heimweg dachte ich an das viele Wissen, das mir an diesem wunderbaren Abend zuteilgeworden war. Ich dachte darüber nach, wie wichtig es ist, »regelmäßig zu belohnen und unermüdlich anzuerkennen«. Ich dachte über Julians Aussage nach, dass »Lob nichts kostet«, und darüber, dass die meisten Menschen abends hungrig zu Bett gehen, hungrig nach ein wenig ehrlicher Wertschätzung und Respekt. Ich dachte an all die Männer und Frauen von GlobalView, die jeden Morgen pflichtbewusst in die Firma kamen und ihre Tage hier verbrachten, ohne ein Wort des Danks für die von ihnen aufgewendete Energie zu erhalten. Da waren die Manager, die Programmierer und das Lieferpersonal, die ich nicht einmal mit einem höflichen »Guten Morgen, wie geht es Ihnen?« bedacht hatte. Diese Mitarbeiter waren nicht die Ursache für die Schwierigkeiten unseres Unternehmens – ich war es. Wie Julian bereits erwähnt hatte, zieht eine großartige Führungskraft großartige Mitarbeiter nach sich. Und ich war nicht annähernd die großartige Führungskraft gewesen, die sie verdienten.

Ich machte mir dann Gedanken über die vielen kreativen Möglichkeiten, die meine Manager und ich einsetzen konnten, um unsere Mitarbeiter zu motivieren und sie auf Erfolg zu programmieren. Allein der Gedanke an diese Möglichkeiten und die positiven Ergebnisse, die durch deren Umsetzung erzielt würden, versetzten mich in helle Aufregung. Wir würden in der gesamten Firma Schatztruhen mit Motivationsbüchern und CDs aufstellen, um gutes Verhalten auf der Stelle zu belohnen. Wir würden von Zeit zu Zeit gemeinsame Mittagessen veranstalten und noch weitere Traditionen einführen, damit unsere Mitarbeiter Dampf ablassen und stärkere Bindungen entwickelten. Der »Du bist nicht der Boss«-Tag würde eine gute Möglichkeit sein, zu demonstrieren, dass ich nicht mehr die Führungskraft war, die ich einst gewesen war. Neue Ideen gingen mir durch den Kopf.

Wie wäre es, wenn ich Nichtmanagern die Firmenleitung überlassen würde, während mein Managementteam und ich uns zu der jährlichen zweitägigen Klausurtagung begeben würden, die ich dieses Jahr organisieren wollte? Warum nicht die Sitzungssäle nach Topmitarbeitern benennen? Warum nicht einen Mitarbeiter, der eine neue umsatzfördernde Idee hatte, mit einem Prozentsatz des daraus resultierenden Gewinns oder zumindest mit Freizeit belohnen? Vielleicht konnten einmal pro Quartal die zehn besten Mitarbeiter jeder

Abteilung mit mir und den übrigen Topführungskräften gemeinsam essen. Und ich würde im Lauf der nächsten Monate sicherlich Hunderte von Dankesschreiben versenden. Ich erkannte, dass ein kleines Lob Berge versetzen kann.

Als ich die Lobby unseres luxuriösen Hochhauses betrat und in die Tasche meines leichten Mantels griff, um meine Schlüssel herauszuholen, spürte ich einen Fremdkörper. Während ich den Flur entlangging, musste ich unwillkürlich lächeln. Das Licht ließ erkennen, dass es sich bei dem Objekt um das nächste Puzzleteil handelte. Julian musste es mir zugesteckt haben, während ich mir das Spiel angeschaut hatte.

Dieses Mal lautete die Inschrift einfach: *Ritual 4: Gib dich dem Wandel hin.*

Kapitel 7 – Zusammenfassung von Wissen • Julians Weisheit in Kurzfassung

Das Ritual

Die Essenz

Das Ritual des Teamgeists

Die Weisheit

- Großartige Führungskräfte sind großartige Lehrer und großartige Coaches.
- Belohne deine Mitarbeiter und erkenne sie regelmäßig an. Bekunde ihnen echte Wertschätzung. Die Belohnung zahlt sich immer für dich aus.
- Loben kostet nichts.

Die Praktiken

- Jagd nach gutem Benehmen
- die »Schatztruhe« und die »Siegeswand«
- Symbole des Siegs und Teamtraditionen

Zitat

Visionäre Führungskräfte wissen, dass Mitarbeiter, die sich als geschätzte Mitglieder eines motivierten Teams fühlen, bereit sind, sich noch mehr zu bemühen, ihr Bestes zu geben. Wenn du das dritte Ritual praktizierst und deine Mitarbeiter regelmäßig belohnst und sie unermüdlich anerkennst, werden sie sich in dein Unternehmen einbringen. Sie fangen dann an, sich selbst als Teil des größeren Ganzen zu sehen. Und dein Unternehmen wird nicht mehr zu bremsen sein.

Der Mönch, der seinen Ferrari verkaufte

RITUAL 4

GIB DICH DEM WANDEL HIN

KAPITEL 8

Das Ritual der Anpassungsfähigkeit und des Changemanagements

Betrachte den Umlauf der Gestirne, als wenn dein Leben mit ihnen umliefe, und erwäge beständig die wechselnden Übergänge der Elemente ineinander. Denn solche Betrachtungen reinigen dich vom Schmutz des Erdenlebens.

Mark Aurel

Ich konnte es nicht glauben, dass ich mich mit Julian zu einer so unchristlichen Zeit verabredet hatte. Es überraschte mich nicht, dass keine Menschenseele in Sicht war, als ich mit einer Thermoskanne Kaffee und einer Tüte Gebäck, die ich mit Julian teilen wollte, auf den Eingang des Walds zusteuerte. Eine ungewöhnliche Stille beherrschte die Szene, als ich in den Wald hineinging. Die ersten Sonnenstrahlen drangen durch das dichte Blätterwerk der Bäume und führten mich noch tiefer in diese natürliche Oase der Ruhe.

Der Duft von Kiefern und Zedern drang mir in die Nase und weckte sehr viele schöne Erinnerungen an meine Kindheit und die langen Wanderungen, die mein Vater mit mir durch den Wald unternommen hatte. Manchmal brachten wir sogar unser altes Kanu mit und paddelten auf sonnenüberfluteten Seen. Dies gehörte zu den besten Zeiten meines Lebens. Ich verstand nicht, wie es geschehen konnte, dass ich mich so weit von der Natur entfernt hatte. In diesem Augenblick beschloss ich, die Verbindung wiederaufzunehmen. Ich erkannte, dass ich durch die Rückbesinnung auf die Natur und die ihr eigene Friedlichkeit eine bessere Führungskraft und ein tiefsinnigerer Denker werden würde. Wie William Wordsworth sagte: »Wie freundlich und mild erscheint uns die Einsamkeit, wenn wir durch die stets gehetzte Welt zu lange von unserem besseren Selbst getrennt waren und der Geschäfte und Vergnügungen dieser Welt überdrüssig sind.« Wahrlich wunderbare Worte!

Plötzlich fiel mir etwas ins Auge. Es sah aus wie eine Karte, die mit einem Holznagel am Stamm einer hohen Kiefer befestigt war. Julian hatte mir ja erklärt, dass ich gewissen Markierungen folgen müsste, um zu ihm zu gelangen; sicherlich war das hier eine davon. Ich ließ mir etwas Zeit, um die vorgeschriebene Route zu studieren. Dann drang ich weiter in den Wald vor. Die Anweisungen, die auf die Karte gekritzelt worden waren, wiesen darauf hin, dass ich einen knappen Kilometer nach Norden gehen sollte. Dort angekommen, würde ich einen kleinen Bach entdecken, den ich überqueren und dem ich dann einen weiteren Kilometer folgen sollte. Dies würde mich zu der Stelle führen, die laut Anweisung die letzte Ruhestätte sein sollte. Ich hatte keine Ahnung, was das bedeutete, und wollte mir auch nicht den Kopf darüber zerbrechen oder mir Sorgen machen.

Ich marschierte weiter, wurde müde und war nach zwanzigminütigem Marsch außer Atem. Schweißperlen tropften von meiner Stirn auf den weichen Waldboden und das Herz schlug mir bis zum Hals. Aber wenn es eine positive Eigenschaft gab, die ich von jeher besessen hatte, dann war es mein Kampfgeist. Ich habe nie aufgegeben, egal, welche Hindernisse sich vor mir auftürmten. Mein Vater pflegte mir zu erklären, dass es vier Charaktereigenschaften gebe, die, sofern man sie kultivierte, den Erfolg gewährleisteten: Die erste Eigenschaft war Disziplin, die zweite Konzentration, die dritte Geduld und die vierte Beharrlichkeit. Ich hatte diese Worte immer ernst genommen. Und so stapfte ich weiter.

Plötzlich hörte ich aus der Ferne ein Geräusch. Zuerst war es leise, dann aber wurde es lauter. Es klang, als renne ein Tier durch das Gebüsch und zerbreche dabei die kleinen Zweige, die auf dem Boden verstreut lagen. Vielleicht handelte es sich um einen Waschbären oder einen Fuchs, vielleicht auch um ein kleines Reh. Doch dann entdeckte ich zu meiner großen Überraschung, dass es kein Tier, sondern eine menschliche Gestalt war, die sich schnell zwischen den Bäumen bewegte und mit der Hand etwas umklammerte, was wie ein langer spitzer Holzpfahl aussah. Ich konnte nicht unterscheiden, ob es sich um einen Mann oder eine Frau handelte, hatte auch nicht vor, die Person anzusprechen und zu fragen. Ich rannte in die entgegengesetzte Richtung, war ernsthaft um meine Sicherheit besorgt. Schließlich war weit und breit keine Hilfe in Sicht und der Anblick des spitzen Holzpfahls war keineswegs beruhigend.

Mein Herz raste noch mehr und ich war schweißgebadet, als ich mich durch das Gebüsch kämpfte und jetzt so schnell lief, wie meine Beine es zuließen. Meine Thermoskanne mit dem Kaffee und das frische Gebäck hatte ich zurückgelassen. Als ich etwas länger als eine halbe Stunde gerannt war, stellte ich fest, dass die geheimnisvolle Gestalt verschwunden war. Ich brach zusammen und legte mich auf den Boden, inmitten von bunten Blumen und kleinen immergrünen Pflanzen. Als ich durch die Bäume hochblickte, konnte ich den blauen Himmel erblicken. Es war ein wolkenloser Sommertag. Eigentlich perfekt. Nur besaß ich leider keine Energie mehr, mich in Bewegung zu setzen.

Meine Gedanken kehrten zu Julian zurück. Die Person mit dem Holzpfahl war bestimmt nicht er, denn warum hätte er mir Angst einjagen sollen? Und wenn es tatsächlich Julian gewesen wäre, wäre er zumindest so höflich gewesen, sich mir gegenüber zu erkennen zu geben. Dann stieg Wut in mir hoch. Ich befand mich hier mitten in einem Wald, in dem sich Bären, Pumas und Wölfe herumtrieben, aber Julian war nirgendwo zu sehen. Er hatte mir erklärt, es gebe Markierungen, die mich zu ihm führen würden, aber ich hatte keine entdeckt. Zu allem Übel bedrohte mich noch ein Geistesgestörter mit einer Holzwaffe, und ich hatte keine Ahnung, wie ich zu meinem Geländewagen zurückfinden sollte. Es war nicht zu leugnen: Ich hatte mich komplett verlaufen.

Okay, ich muss mich zusammennehmen, dachte ich bei mir. Ich bin der CEO eines Zwei-Milliarden-Dollar-Unternehmens. Ich habe eine wunderbare Frau und zwei großartige Kinder, die ich von Herzen liebe und die mich brauchen. Ich werde einen Weg hier herausfinden.

Als ich mich vom Boden erhob, vernahm ich ein Geräusch, das mich mit der Hoffnung erfüllte, nach der ich mich sehnte. Es war das Geplätscher eines Bachs, der in einem Bereich des Waldes dahinfloss, der jetzt karger bewachsen war. Ich erkannte, dass dies der Bach sein musste, der auf der Karte eingezeichnet war, die Julian mir hinterlassen hatte. Wenn ich den Bach überquerte, wie in seinen Anweisungen zu lesen gewesen war, und ihm etwa einen Kilometer lang folgte, würde ich die letzte Ruhestätte finden. Aber in welche Richtung sollte ich gehen?

Ich entschied mich, den Bach stromabwärts zu gehen. Während ich dies tat, spürte ich, dass ich allmählich meine Ruhe wiederfand. Vielleicht lag es an der natürlichen Umgebung, einer, wie ich sie seit Jahren nicht mehr erlebt hatte. Oder vielleicht daran, dass ich mir zum ersten Mal seit Langem die Zeit genommen hatte, für mich allein zu sein.

Schließlich schlängelte sich der Bach an einem besonders felsigen Gebiet vorbei und floss dann entlang der Uferböschung einer großen Wiese. Als ich zu dieser hochkletterte, sah ich etwas sehr Erstaunliches. In der Mitte der Wiese stand eine kleine Hütte, die ausschließlich aus Rosen zu bestehen schien. Um die Hütte herum gab es einen Gemüsegarten, und Beete mit Hunderten von exotischen Blumen boten einen prächtigen Anblick. Schmetterlinge flatterten durch die Luft, die von einem wunderbaren Duft erfüllt war. Dieser Anblick war atemberaubend. Ich wusste, dass ich Julian gefunden hatte.

»Hallo«, rief ich. »Bist du da drin, Julian?«

Sofort sprang die Tür der Hütte auf und mein alter Freund kam strahlend auf mich zu. »Wieso hast du so lange gebraucht?«, fragte er. »Ich habe schon viel früher mit dir gerechnet.«

»Du würdest mir nicht glauben, wenn ich es dir sage. Ich bin wie verabredet bei Tagesanbruch hierhergekommen. Ich habe deine Karte entdeckt, deine Anweisungen gelesen und mich auf den Weg in den Wald gemacht. Es war alles wunderbar, bis plötzlich irgendein Verrückter mir mit einem riesigen Holzpfahl hinterherjagte. Ich geriet in Panik und fing an zu rennen, bis mir die Luft wegblieb. Zum Glück habe ich ihn abgehängt und bin auf diesen Bach gestoßen, der mich direkt zu dir geführt hat. Ich glaube, ich brauche jetzt etwas zu trinken, um meine Nerven zu beruhigen. Hast du zufällig noch eine Flasche von diesem teuren Scotch, den du früher so gern getrunken hast?«

»Meine Scotch-Zeiten sind längst Vergangenheit. Und mach dir keine Sorgen wegen des Verrückten. Ich weiß mit Sicherheit, dass er nicht hinter dir her war«, bemerkte Julian und klang sehr sicher.

»Wie willst du das wissen?«

»Weil ich es war. Ich rannte durch den Wald, um diesen neuen Pfahl noch vor deinem Eintreffen zu dieser Hütte zu bringen. Weißt du, das hier ist mein Zuhause und ich möchte einiges daran renovieren. Ich brauchte den Pfahl, um ›den neuen Flügel‹ zu stützen«, sagte er lachend.

»Das warst du?«, rief ich aus. »Julian, ich hatte Todesangst. Warum um Gottes willen hast du mir nicht Bescheid gesagt? Ich hätte einen Herzinfarkt bekommen können.«

Julian legte mir den Arm um die Schulter, versuchte mich zu trösten. »Fast hätte ich es getan, aber dann kam mir ein Gedanke. Der Grund, weshalb ich dich heute in dieses wunderbare Waldversteck eingeladen habe, in dem ich lebe, ist der, dass ich die Kraft des vierten Rituals mit dir teilen möchte. Wie du durch mein kleines Geschenk an dich neulich abends weißt, erfordert dieses Ritual, dass du dich dem Wandel hingibst. Ich dachte, dass du die Lektionen, die ich dir erteilen möchte, vielleicht noch besser verstehst, wenn du ein kleines Abenteuer erlebst, ja sogar etwas Unbehagen empfindest. Ich entschuldige mich vielmals, wenn ich dich erschreckt habe. Aber ich wusste ja, dass dir nichts zustoßen würde. Ich habe tatsächlich bei all deinen Schritten auf deine Sicherheit geachtet. Bitte, komm jetzt in meine Hütte und lass uns beginnen. Wir haben einen wichtigen Lerntag vor uns.«

Ich fand meine Ruhe wieder und fragte: »Was genau verstehst du darunter, ›sich dem Wandel hinzugeben?‹ Und wie sollte es von Nutzen sein, wenn ich mich unbehaglich fühle?«

»Sicherlich weißt du, dass Veränderungen heutzutage die dominierende Kraft in der Geschäftswelt darstellen. Die Technologie verändert sich, die Gesellschaft und die politische Landschaft, sogar die Arbeitsweise der Menschen. Hast du gewusst, dass im frühen 20. Jahrhundert 85 Prozent der Arbeitnehmer in unserem Teil der Welt in der Landwirtschaft beschäftigt waren? Heute sind nur noch 3 Prozent in diesem Bereich tätig. Vor Kurzem las ich einen Bericht, der besagte, dass in den vergangenen dreißig Jahren mehr Informationen produziert wurden als in den gesamten 5000 Jahren davor.«

»Das überrascht mich nicht. Veränderungen treiben uns bei GlobalView in den Wahnsinn. Wenn eines unserer Produkte auf dem Markt eingeführt wird, ist es eigentlich schon wieder überholt, da wir bereits ein Produkt testen, das noch fortschrittlicher ist. Die Menschen verlangen neue Arbeitsmethoden, wir müssen uns mit mehr Vorschriften herumschlagen als je zuvor, die Erwartungen unserer Kunden haben sich von Grund auf verändert und unser Wettbewerb ist jetzt wirklich global. In dem Augenblick, in dem man endlich mit einer neuen Entwicklung zurande kommt, kommen zehn weitere hinzu.«

»Genau. Deshalb habe ich dich hierher gebeten, zur letzten Ruhestätte, wie ich mein bescheidenes Heim scherzhaft nenne, um dich etwas über das vierte Ritual zu lehren, das Ritual der Anpassungsfähigkeit und des Changemanagements. Weißt du, visionäre Führungspersönlichkeiten kämpfen nicht gegen Veränderungen an, sondern besitzen die Weisheit, zu erkennen, dass man sich dem Wandel *hingeben* muss, wenn man ihn meistern will.«

»Und inwiefern sollte es mir helfen, dies zu tun, wenn ich mich zu Tode erschrecke?«, fragte ich verwirrt.

»Weil die einzige Methode, Veränderungen zu meistern, darin besteht, souverän mit unerwarteten Situationen umzugehen. Um in der neuen Wirtschaft Erfolg zu haben – einer Wirtschaft, in der intellektuelles Kapital viel wertvoller ist als materielles –, muss eine Führungskraft die Kunst beherrschen, anpassungsfähig zu sein und auf unvorhergesehene Herausforderungen anmutig, flexibel und schnell zu reagieren. Ich sage es ungern, mein Freund, aber du hast auf der ganzen Linie versagt.«

»Ich kann dir nicht folgen.«

»Nun, mein kleines Experiment sollte dich wachrütteln und dich zwingen, die Komfortzone zu verlassen, in der du dich, wie ich festgestellt habe, dein Leben lang aufgehalten hast. Wie ich beobachtet habe, bist du ein Routinemensch, probierst nie etwas Neues aus. Du verbarrikadierst dich in deinem riesigen Büro und tust Tag für Tag dasselbe. Wenn etwas Neues auf dich zukommt, eine neue Fertigkeit, die du dir aneignen, oder eine neue Herausforderung, der du dich stellen solltest, versuchst du, dies jemand anderem aufzubürden. Bestenfalls versuchst du dieselben Lösungen, die in der Vergangenheit funktioniert haben, auf jedes neue Problem anzuwenden, mit dem du konfrontiert bist. Und das ist einer der Gründe, weshalb dein Unternehmen den Bach runtergeht, statt die unglaublichen Chancen zu nutzen, die dieses neue Zeitalter der Wirtschaft bietet. *Jeden Tag dasselbe zu tun, wird keine neuen Ergebnisse bringen. Um die Ergebnisse zu ändern, musst du das ändern, was du tust.* Du musst auch deinen Führungsstil verändern. Vergiss nie, was Einstein sagte: ›Die großen Probleme, mit denen wir konfrontiert sind, können niemals mit derselben Denkweise gelöst werden, durch die sie entstanden sind.‹ Du musst deine Denkweise ändern, musst anspruchsvollere mutigere Vorstellungen entwickeln, um die Veränderungen zu meistern, die in diesen turbulenten Zeiten dein Unternehmen erschüttern. Du musst gut darin werden, Mehrdeutigkeit und Unsicherheit zu tolerieren. Du musst den Wandel akzeptieren.«

»Ist es das, was du darunter verstehst, ›sich dem Wandel hinzugeben‹?«

»Ja. Für die meisten Führungskräfte gibt es nur zwei Reaktionen auf den Stress, den Veränderungen zwangsläufig mit sich bringen: Kampf oder Flucht. Als du vorhin im Wald eine unerwartete Begegnung hattest, hast du dich für die Flucht entschieden. Aber es gibt noch eine dritte Möglichkeit, mit Veränderungen umzugehen, und das ist die von visionären Führungskräften bevorzugte Praxis. Sie geben sich dem Wandel hin und nutzen ihn zu ihrem Vorteil.«

»Aber liegt darin nicht ein Widerspruch? Wenn du dich dem Wandel hingibst oder dich ihm unterwirfst, stehst du dann nicht als Verlierer da?«

»So denken wir im Westen. Im Osten jedoch haben die Weisen und die Zen-Meister eine entschieden andere Denkweise entwickelt, die sich im Lauf der Jahrhunderte als effizient erwiesen hat.«

»Und worin könnte die bestehen?«

»Sie vertreten die Meinung, dass man erst nachgeben muss, um einen Sieg davontragen zu können. Statt sich gegen den Wandel aufzulehnen, sollte man ihn akzeptieren. Der Philosoph Laotse sagte einmal: ›Weichheit siegt über Härte. Das Geschmeidige ist dem Ungeschmeidigen stets vorzuziehen. Dies ist das Prinzip, Dinge zu kontrollieren, indem man sich ihnen anpasst, das Prinzip der Beherrschung durch Anpassung.‹ Starres Festhalten an Traditionen und überholten Methoden wird deinem Unternehmen einen Pflock mitten durchs Herz treiben. Ralph Waldo Emerson äußerte, dass pedantisches Beharren der wunde Punkt der Kleingeister sei. Und er hatte völlig recht. Sei flexibler, offener und zugänglicher. Fang damit an, dich auf Veränderungen einzustellen, sie anzunehmen. Schwimm mit dem Strom. Sei wie Wasser«, empfahl Julian. »Komm, lass uns einen Spaziergang machen.«

»Wie Wasser sein? Das ist mir neu«, bemerkte ich, als wir zum Bach hinuntergingen.

»Das Wesen des Wassers ist, zu fließen«, sagte Julian und tauchte die Hand in das sprudelnde Wasser. »Es fließt mit der Strömung. Es widersetzt sich nicht. Es zögert nicht, bevor es nachgibt. Aber es ist auch eine der stärksten Kräfte auf der Erde. Befass dich mit dem Wasser und werde mit den Veränderungen der modernen Wirtschaft genauso fertig, wie das Wasser es mit den natürlichen Strömungen tut. Sieh im

Wandel keinen Gegner, sondern heiße ihn als Freund willkommen. *Und dann gib dich ihm hin.* Das versteht man unter Anpassungsfähigkeit.«

»Ist Anpassungsfähigkeit so wichtig?«

»In unserer informationsgesteuerten Welt gehört die Anpassungsfähigkeit zu den wichtigsten Führungsqualitäten. Die Führungskraft, die sich dem Wandel anpassen und ihn zu ihrem Vorteil nutzen kann, hat einen enormen Wettbewerbsvorteil. Dabei bedeutet Anpassungsfähigkeit nicht nur, sich dem Wandel anzupassen, statt gegen ihn anzugehen. Es geht auch darum, Ängste und Widrigkeiten zu überwinden, die Veränderungen mit sich bringen, und die Flexibilität zu besitzen, energisch weiterzumachen. Es geht darum, Scheitern als nichts anderes als Marktforschung zu betrachten. Es geht um die Einsicht, dass du deine Fähigkeiten dank Rückschlägen perfektionieren kannst und dass die Veränderung dir und GlobalView die Möglichkeit eröffnen kann, stärker denn je dazustehen. Es geht darum, so lange durchzuhalten, bis du dort bist, wohin du gehen wolltest. Denk daran: Du kannst nicht segeln lernen, ohne dass das Boot ein paarmal umkippt, und du kannst nicht Klavierspielen lernen, ohne ein paar falsche Töne anzuschlagen. Erfolg ist ein Zahlenspiel, und Rückschläge sind ein Teil davon. Ein buddhistisches Sprichwort sagt: ›Der Pfeil, der ins Schwarze trifft, ist das Ergebnis von hundert Fehltreffern.‹«

»Ich habe mich immer gefragt, warum ich mich so sehr gegen Veränderungen sträube. Vielleicht liegt das an meinen Genen«, scherzte ich.

»Das ist tatsächlich die perfekte Erklärung«, erwiderte Julian ernst. »Jeder Mensch ist genetisch darauf programmiert, Veränderungen zu widerstehen und einen Zustand des Gleichgewichts aufrechtzuerhalten. Dieser Zustand, die *Homöostase*, entwickelte sich im Lauf der Zeit ganz natürlich und ermöglichte es unseren Vorfahren, unter ständig wechselnden Bedingungen zu überleben. Wenn in unserem Leben eine Umweltveränderung stattfindet, werden unsere inneren Mechanismen aktiviert, um den neuen Einfluss zu regulieren und den Körper wieder in einen ausgewogenen Zustand zu bringen, ins *Gleichgewicht*, wie Biologen es bezeichnen. Im Wesentlichen entwickelte sich der Zustand des Gleichgewichts, die Homöostase, aus unserem Bedürfnis nach Stabilität und Sicherheit. Das Problem ist, dass dieser Mechanismus dafür sorgt, dass die Dinge so belassen werden, wie sie sind, selbst wenn es geeignetere Möglichkeiten gibt. Unser Körper unterscheidet nicht zwischen Veränderungen, die das Leben angenehmer gestalten, und solchen, die es verschlechtern würden, sondern wehrt sich einfach gegen jede Veränderung.«

»Das ist faszinierend, Julian. Willst du mir damit sagen, dass jeder Einzelne von uns genetisch so programmiert ist, dass er sich gegen Veränderungen wehrt?«

»Ja, und das ist auch der Grund, weshalb es den Menschen so schwerfällt, ihre Komfortzone zu verlassen. Es fällt ihnen schwer, sich auf neue Gewohnheiten einzustellen, eine neue Fertigkeit zu erlernen oder eine neue Einstellung zu kultivieren. Die gute Nachricht ist, dass Homöostasen neu eingestellt und Veränderungen akzeptiert werden können. Die schlechte Nachricht ist, dass dieser Prozess der Neueinstellung immer mit Stress, Schmerz und einem gewissen Grad an Angst verbunden ist. Deine Aufgabe als visionäre Führungskraft besteht darin, deinen Mitarbeitern die Angst zu nehmen, indem du sie immer wieder daran erinnerst, warum die Veränderung erforderlich ist, und ihnen die vielen positiven Aspekte darlegst, die sich daraus ergeben. Erkläre ihnen, dass die Veränderung sie dem lohnenden Ziel, das ihr alle anstrebt, näherbringen wird. Führe ihnen vor Augen, wie die Veränderung ihr Leben verbessern und es ihnen ermöglichen wird, effektiver zu sein. Hilf ihnen, sich bewusst zu werden, wie die Veränderung dazu beitragen wird, dass sich jeder Einzelne noch mehr für andere einsetzen und einen größeren Beitrag leisten kann. Mit anderen Worten: Hilf deinen Mitarbeitern, mit der Veränderung fertigzuwerden, indem du ihnen das entsprechende Wissen dafür vermittelst.«

»Und wie stelle ich das an?«

»Das erinnert mich an ein weiteres zeitloses Naturgesetz, das in diesem üppigen Wald, in dem ich leben darf, am stärksten ausgeprägt ist – das Gesetz der Umwelt. Ein Samen entwickelt sich nur dann zu einer Pflanze, wenn der Boden, die Feuchtigkeit und die Temperatur das Wachstum begünstigen. Die Umgebung muss also ideal sein. Ähnlich musst du als visionärer Firmenchef für die ideale Kultur sorgen, in der die Mitarbeiter positiv auf Veränderungen reagieren und wachsen können, um diese effektiv zu meistern.«

»Und was für eine Art von Kultur wäre das?«, fragte ich höchst interessiert.

»Du musst eine Lernkultur ins Leben rufen, intellektuelle Entwicklung fördern. Du musst eine Arbeitswelt schaffen, in der kontinuierliches Lernen und die Weiterentwicklung von Fähigkeiten belohnt werden. Du musst deinen Mitarbeitern erklären, dass die beste Methode, die Angst und den Stress zu bekämpfen, die Veränderungen mit sich bringen, darin besteht, sich zu informieren. *Das beste Gegenmittel gegen Angst ist Wissen.* Sorge dafür, dass deine Mitarbeiter unermüdlich lernen! Je besser sie vorbereitet und informiert sind, desto leichter wird es ihnen fallen, Veränderungen zu akzeptieren und erfolgreich zu sein. Wenn du es wirklich schaffen willst, deine Zukunftsvision Wirklichkeit werden zu lassen, unterstütze deine Mitarbeiter darin, ihr Leben lang zu lernen. Um in dieser neuen Ära konkurrenzfähig zu bleiben, musst du allen eintrichtern, dass sie bereit sein müssen, ein Leben lang zu lernen. Sorge für eine Unternehmenskultur, die deine Mitarbeiter inspiriert, offen für neue Ideen und Informationen zu sein. Und gib alle Informationen, über die du verfügst, weiter. Denk daran, Peter: Heutzutage *gewinnt derjenige, der am meisten lernt.*«

Während Julian die Böschung wieder hinaufkletterte und seinen Weg über die üppige Wiese fortsetzte, vermittelte er mir noch mehr von den Führungsweisheiten, die er über die Bewältigung von Veränderungen erworben hatte.

»Veränderungen bereiten Freude. Ohne Veränderungen ist kein Wachstum möglich, keine Verbesserung. Ohne Veränderungen gäbe es auch keinen Fortschritt. Sieh dir einmal diese Wiese und den Wald an, den du durchquert hast. Beides befindet sich in einem Dauerzustand der Veränderung. Die Blätter fallen vom Baum und wachsen später nach. Aus Vogelküken werden ausgewachsene Vögel. Die Jahreszeiten wechseln einander ab. Selbst diese Schmetterlinge sind lediglich Raupen, die es gelernt haben, sich zu verwandeln. Du musst begreifen, dass Veränderungen den Ablauf der Welt bestimmen. Veränderungen sind für unsere Entwicklung als Zivilisation, ja für unser Überleben unerlässlich. *Veränderung ist der beste Freund der Menschheit.* Übliche Führungspersonen wehren sich dagegen, visionäre Führungspersönlichkeiten heißen sie willkommen. Der Philosoph Mark Aurel brachte dies auf den Punkt, als er sagte: ›Denk immer daran, dass alles das Ergebnis von Veränderungen ist, und gewöhne dich an die Vorstellung, dass die Natur nichts mehr mag als die Veränderung bestehender und die Schaffung neuer, ihnen ähnelnder Formen.‹«

»Du hast mir zu einer neuen Sichtweise von Wandel verholfen, Julian. Ich hätte nie gedacht, dass Veränderungen durch die Naturgesetze bestimmt werden und dass sie von so großer Bedeutung sind – nicht nur für den Erfolg unseres Unternehmens, sondern auch für den Fortschritt unserer Gesellschaft. Hast du noch weitere Lektionen über den Umgang mit Veränderungen auf Lager?«

»Eine ist gerade vorbeigehüpft«, erwiderte er und deutete auf einen Frosch mit braunen Flecken auf seinem dunkelgrünen Rücken. »Mein kleiner Freund hier ist ein Musterbeispiel dafür, was geschehen kann, wenn man beschließt, auf groß angelegte Veränderungen in seinem Umfeld zu warten, bevor man den Übergang zu den neuen Denk- und Handlungsweisen vollzieht, die hilfreich beim Überleben sind.«

»Wie das?«

»Na ja, wenn du einen Frosch in einen Topf kochenden Wassers wirfst, was wird dann wohl geschehen?«

»Vermutlich wird er versuchen, aus dem Topf herauszuspringen.«

»Richtig. Aber angenommen, wir setzen den Frosch in Wasser, das Zimmertemperatur hat, und lassen ihn darin eine Weile entspannen. Dann drehen wir die Temperatur allmählich hoch, sodass das Wasser immer heißer wird. Was denkst du, wird wohl geschehen?«

»Erzähl mir nicht, dass der Frosch einfach verharren und nichts unternehmen wird?«

»Doch, genau das wird er. Und das Gleiche tun die meisten Unternehmen, wenn die Veränderungen, die langsam auf sie zukommen, so unmerklich erfolgen, dass man sie leicht übersehen kann. Wie bei den meisten Unternehmen ist das interne System des Frosches allein darauf ausgerichtet, auf plötzlich auftretende Umweltveränderungen zu reagieren und sich ihnen anzupassen. Erfolgt eine langsame Veränderung wie das allmähliche Heißwerden des Wassers, reagiert der Frosch nicht, er scheint die Situation sogar zu genießen. Dann, wenn er am wenigsten damit rechnet, findet er in dem heißen Wasser den Tod – ein weiteres Opfer einer selbstgefälligen Denkweise.«

»Eine beeindruckende Metapher, Julian. Wann hast du so viel über Biologie gelernt?«

»Ich war mal mit einer Lehrerin befreundet, die mir all das beibrachte. Damals fand ich es langweilig, aber jetzt habe ich erkannt, dass die Naturgesetze eigentlich die Lebensgesetze sind. Und je eher wir sie verstehen und sie in unserem Alltag anwenden, desto eher werden wir die Veränderungen, die die Gesellschaft durchdringen, zu unserem eigenen Vorteil nutzen können. Denk daran: Entweder du richtest dich nach den Naturgesetzen oder du stellst dich gegen sie.«

»Und ende so wie unser Freund, der Frosch«, fügte ich hinzu.

»Genau.«

»Was sonst kann ich tun, um mit Veränderungen klarzukommen? Ich mag deine Lektionen, Julian, denn sie ergeben sehr viel Sinn.«

»Die Gesetze für Führungskräfte, die ich dir heute präsentiert habe, sind alle mit dem gesunden Menschenverstand zu verstehen. Aber die meisten Menschen sind schlichtweg zu beschäftigt, um sie wahrzunehmen.«

»Wie recht du hast.«

»Als Nächstes empfehle ich dir, *deine Mitarbeiter zu motivieren, so kompetent wie möglich zu werden*«, fuhr Julian fort. »Es steht in Zusammenhang mit dem, was ich gerade über lebenslanges Lernen gesagt habe. Aber es bedeutet noch viel mehr. Wenn du als Arbeitnehmer über ein hohes Maß an Kompetenz verfügst, brauchst du nicht darauf zu warten, dass dir ein Vorgesetzter die Hand reicht und dich durch den

Veränderungsprozess geleitet. Stattdessen übernimmst du Verantwortung für dich selbst und für die Situationen, mit denen du konfrontiert bist. Wenn also in deiner Abteilung Probleme auftauchen, denk darüber nach, wie du sie lösen kannst. Hör auf, Schuldzuweisungen vorzunehmen, und fang an, dich selbst als Problemlöser zu sehen.«

»Und was kann ich als Chef tun, um meinen Mitarbeitern dabei zu helfen, dieses Gefühl der Reife und der Verantwortung für ihre Arbeit zu entwickeln?«

»Das Geheimnis besteht darin, sie dabei zu unterstützen, ihre Fähigkeit zur Wertschöpfung zu steigern. Die Menschen werden auf dem Markt entsprechend dem Wert entlohnt, den sie schaffen. Jemand, der Hamburger wendet, ist vielleicht kreativer als ein CEO, der ein neunstelliges Jahreseinkommen einfährt, schafft aber offensichtlich weniger Wert für den Markt. Die Folge ist, dass er bei Weitem schlechter bezahlt wird. Wenn du deinen Mitarbeitern hilfst, ihr Wissen zu vertiefen und ihre Kompetenz zu verbessern, eröffnest du ihnen die Möglichkeit, größeren Mehrwert zu schaffen. Du hilfst ihnen, zu erkennen, dass organisatorischer Wandel keinen Zuschauersport darstellt. Um zu überleben, müssen sie mitspielen und ihren Beitrag leisten. Dadurch werden sie nicht nur größeres Selbstvertrauen und mehr Initiative entwickeln, sondern auch den Stress, dem sie ausgesetzt sind, drastisch reduzieren.«

»Wie das?«

»Einer der größten Stressfaktoren in Verbindung mit rasanten Veränderungen ist, wenn die Mitarbeiter befürchten, nicht mehr mithalten zu können, und deshalb auch nicht mehr als vermittelbar gelten. Und doch sind sich die meisten Unternehmen immer noch nicht über den Wert einer ständigen Weiterbildung in den Bereichen Führung und Kompetenz bewusst. Firmen wenden 50 bis 70 Prozent ihrer Gelder für die Mitarbeitergehälter auf, investieren jedoch nur knapp 1 Prozent ihres Budgets in die Weiterbildung ihrer Mitarbeiter. Das ergibt keinen Sinn. Wenn du kontinuierlich in deine Mitarbeiter investierst, sie zu Fortbildungsseminaren schickst und sie mit den neuesten Fachbüchern vertraut machst, verbesserst du ihre Fertigkeiten, förderst ihre Talente und hilfst ihnen zu erkennen, dass sie eine führende Rolle dabei übernehmen können, Veränderungen innerhalb des Unternehmens durchzuführen. Du wirst sie dabei unterstützen, Schwächen in Stärken umzuwandeln. ›Füll deinen Verstand mit den Pennys aus deinem Geldbeutel, und dein Verstand wird deinen Geldbeutel mit Dollars füllen und dafür sorgen, dass er immer gefüllt ist‹, sagte Ben Franklin, während Abraham Lincoln meinte, dass ›die Sicherheit im Leben dadurch entsteht, dass man etwas ungewöhnlich gut macht‹. Gib das erforderliche Geld aus, deine Mitarbeiter zu Koryphäen in ihrem Bereich zu machen. Begreife, dass die Mitarbeiterentwicklung eine Investition darstellt, keine Ausgabe. Erkenne, dass *das Wachstum deines Unternehmens direkt proportional zum Wachstum deiner Mitarbeiter steht*. Indem du deinen Mitarbeitern hilfst, in ihrem Bereich so viel Kompetenz zu erwerben, dass sie unentbehrlich werden, wirst du nicht nur ihre Produktivität steigern, sondern auch ihre Loyalität gewinnen.«

»Ja, da hast du recht, Julian. Wir haben einen jungen Mann im Unternehmen, der als Sachbearbeiter angefangen hat. Er war wirklich nett – einer der wenigen Mitarbeiter, zu denen ich eine echte Bindung aufgebaut hatte –, und von Zeit zu Zeit unterhielt ich mich kurz mit ihm. Er erzählte mir, dass er gerne Computerprogrammierer werden wollte, aber nicht die nötigen Kenntnisse besitze. Also schickte ich ihn auf Kosten der Firma zu einer Schulung. Innerhalb kurzer Zeit hing er in der Mittagspause mit den anderen Programmierern herum und half ihnen. Es stellte sich heraus, dass er talentiert war, und so engagierte ihn einer meiner Manager, Softwareprogramme zu schreiben.«

»Und was ist aus ihm geworden?«

»Er ist unser Spitzenprogrammierer. Einer unserer Konkurrenten versuchte, ihn mit der Aussicht auf ein viel höheres Gehalt abzuwerben, aber er hat das Angebot abgelehnt, sagte, er sei glücklich mit seinem Job bei uns. Wenn doch nur alle in meinem Team so denken würden.«

»Vielleicht würden sie das, wenn du genauso in sie investieren würdest wie in den jungen Teufelskerl. Du hast ihm die Chance gegeben, sich weiterzuentwickeln, und er wiederum hat dir sein Vertrauen geschenkt. Weißt du, ein weiterer Grund, warum sich Mitarbeiter gegen Veränderungen wehren, besteht darin, dass sie der Unternehmensleitung einfach nicht trauen. Sie glauben nicht daran, dass ihre Manager und Vorgesetzten nur ihr Bestes wollen. Sie fordern egozentrische Führungskräfte heraus. Wenn du deinen Mitarbeitern hilfst, höchste Kompetenz zu erlangen, wird sich all das ändern.

Wenn du dich selbst als Förderer deiner Mitarbeiter siehst, werden diese erkennen, dass du dich für sie engagierst. Eine sehr erfolgreiche Firma, die ich früher vertreten habe, hatte nur vier Tage pro Woche für die Arbeit vorgesehen.«

»Und was war mit dem fünften Wochentag?«

»Der war der Mitarbeiterschulung vorbehalten.«

»Unglaublich.«

»Du weißt nun also, wie bedeutend es ist, kontinuierlich an der Weiterentwicklung deiner Mitarbeiter zu arbeiten. Achte dabei jedoch darauf, dass du vor lauter Bäumen den Wald nicht aus den Augen verlierst.«

»Wie meinst du das?«

»Allzu häufig engagieren Führungskräfte in bester Absicht Referenten, schicken ihre Teammitglieder zu Seminaren, erwerben die neuesten Wirtschaftsbücher und Onlinekurse, vergessen dabei jedoch das Wichtigste.«

»Und das wäre?«

»*Wissen, das nicht in die Praxis umgesetzt wird, ist wertlos.* Nicht das Wissen garantiert den Erfolg. Viele Mitarbeiter wissen, was sie tun müssen, damit das Unternehmen floriert. Dauerhafter Erfolg ist aber nur dann garantiert, wenn man das, was man weiß, in die Praxis umsetzt. Um ein Weltklasseunternehmen zu werden, musst du zusammen mit deinen Mitarbeitern die Theorie in die Praxis umsetzen und deine Wünsche leben. Ich erinnere mich, dass Yogi Raman in seiner Hütte einen Spruch angebracht hatte, der ihn daran erinnerte, wie wichtig es ist, gute Absichten in die Tat umzusetzen.«

»Wie lautete der Spruch?«

»›Der Frühling ist vorbei, ebenso der Sommer, und nun ist der Winter da. Und das Lied, das ich singen wollte, wurde noch immer nicht gesungen. Ich habe meine Tage damit verbracht, mein Instrument mit Saiten zu bespannen und diese wieder zu entfernen.‹ Ich glaube, diese Worte erinnerten ihn stets daran, dass die Zeit verrinnt, und dass es jetzt an der Zeit ist, die guten Ideen in die Praxis umzusetzen.«

Julian blickte zum Himmel hoch, verharrte an einem bestimmten Punkt und murmelte etwas wie: ›Ich werde bald nach dir suchen, mein Freund.‹ Inzwischen war ich an sein gelegentlich seltsames Verhalten gewöhnt und führte es auf seinen Kontakt mit den fernen Weisen im Himalaja zurück.

»Noch ein letzter Gedanke, bevor wir für heute Schluss machen«, fuhr er fort und wandte mir wieder seine Aufmerksamkeit zu. »Ich nehme an, du bist erschöpft von deinem Abenteuer vorhin, und ich muss heute noch einiges erledigen. Das letzte der Naturgesetze, das dir helfen wird, Veränderungen zu meistern, habe ich bereits bei unserem letzten Treffen erwähnt: *Wie man sät, so wird man ernten.* Das ist das alte Gesetz der Ernte.«

Julian führte mich zu seinem Gemüsegarten. »Jeden Morgen verbringe ich eine gewisse Zeit mit der Pflege meines Gartens. Ich zolle ihm großen Respekt, da ich mich von seinen Erzeugnissen ernähre. Ich bearbeite liebevoll den Boden, begieße ihn und sorge dafür, dass kein Unkraut wuchert. Ich habe erkannt: Je mehr ich mich um meinen Garten kümmere, desto mehr kümmert er sich um mich. Dieses Gemüse trägt unter anderem dazu bei, dass ich so jung aussehe.«

Julian bückte sich und zog ein Bund Karotten aus dem Boden. Ich war erstaunt, wie groß sie waren, und sagte es ihm.

»Möchtest du ein paar mitnehmen?«

»Gerne. Samantha wird sich freuen.«

»Weißt du, Peter, unser Geist ähnelt diesem Garten. Wenn wir ihn pflegen, ihn bearbeiten und ihm nur die besten Nährstoffe zuführen, wird er Fülle hervorbringen und uns zum Erfolg führen. Die meisten Menschen haben das Problem, dass sie alles an sich heranlassen. Sie beginnen den Tag damit, negative Zeitungsberichte zu lesen. Wenn sie im Stau feststecken, hängen sie negativen Gedanken nach. Wenn sie dann an ihrem Schreibtisch sitzen, konzentrieren sie sich auf die negativen Dinge, statt weise nach den positiven Dingen Ausschau zu halten. Nachdem sie sich dann den ganzen Tag nur mit negativen Dingen beschäftigt haben, wundern sie sich am Abend, warum sie sich so erschöpft und elend fühlen. Denk immer daran: Dein Verstand kann entweder dein bester Freund oder dein erbittertster Feind sein. Lass nicht zu, dass das Unkraut überhandnimmt. Kümmere dich um deine innere Moral. Übernimm die volle Verantwortung für die Kontrolle deiner Geisteshaltung. Wie du säst, so wirst du ernten.«

»Das hat mir mein Vater immer gesagt«, bemerkte ich leise.

»Er scheint ein kluger Mann gewesen zu sein«, meinte Julian. »Weißt du, wenn man es genau bedenkt, agieren Führungskräfte nicht als Leiter von Unternehmen, ja sie agieren nicht einmal als Führer von Mitarbeitern. Was sie wirklich anführen und inspirieren, sind *Einstellungen*. Sie führen ihren Mitarbeitern die höhere Wirklichkeit vor Augen, die sich am Horizont für sie abzeichnet, und vermitteln ihnen die Begeisterung und die Fertigkeiten, die sie benötigen, um dorthin zu gelangen. Leg also in deinem Unternehmen besonderen Wert auf positives Denken. Glaub mir, das ist keineswegs eine ›verweichlichte Herangehensweise‹, wie dir vielleicht viele unaufgeklärte Führungskräfte und Manager weismachen wollen. Ein inspirierter, aktiver Geist ist der eigentliche Grundstein des Erfolgs.«

Julian fügte hinzu: »*Weißt du, in dieser neuen Business-Ära, in der du das Privileg hast zu leben, sind Ideen der eigentliche Rohstoff des Erfolgs. Wie weit du es schaffst, hängt von deiner Denkweise ab*. Wie Disraeli sagte: ›Nähre deinen Geist mit großartigen Gedanken, denn du wirst nie höher hinauskommen, als du denkst.‹«

»Das ist ein wirklich guter Gedanke, Julian. Du meinst: Wenn alles gesagt und getan ist, liegen die einzigen Begrenzungen in unserem Denken.«

»Genau. Denk kurz darüber nach. Jede große Entdeckung, Errungenschaft oder Erfindung nahm ihren Anfang mit einem einfachen Gedanken im Kopf eines inspirierten Mannes oder einer inspirierten Frau. Thomas Edisons Erfindung der Glühbirne, Jonas Salks Bestreben, einen Impfstoff gegen Kinderlähmung zu entwickeln, oder Gandhis inniger Wunsch, sein Volk in die Freiheit zu führen, all dies begann mit einem einzigen Gedanken. Nicht mehr und nicht weniger. Erkennst du jetzt, wie wichtig deine Verbindung zu deinen Mitarbeitern ist?«

»Ja.«

»Eine der besten Strategien in Bezug auf das Changemanagement besteht darin, deinen Geist und den deiner Mitarbeiter darauf zu konditionieren, all die Umwälzungen, die im Gange sind, als eine große Chance zu betrachten, um zu lernen, zu wachsen und Erfolg zu haben. Trainiere deine Mitarbeiter darauf, in jeder Situation das Gute zu erkennen und Möglichkeiten statt Widrigkeiten zu sehen. Visionäre Führungspersönlichkeiten zeigen ihren Mitarbeitern eine höhere, inspirierendere Realität, während die übrige Welt nur Dunkelheit sieht«, sagte Julian voller Begeisterung. »Wie Helen Keller sagte: ›Kein Pessimist hat je die Geheimnisse der Sterne entdeckt, ist je zu einem unerforschten Land gesegelt oder hat jemals dem menschlichen Geist einen neuen Himmel eröffnet.‹ Oh, und übrigens«, fügte Julian hinzu, »schlage ich auch vor, dass du deinen Mitarbeitern sagst, sie sollen Invers-Paranoiker werden, denn das wird die Produktivität und Moral enorm steigern.«

»Was ist ein Invers-Paranoiker?«

»Ein Invers-Paranoiker ist jemand, der glaubt, die Welt habe sich verschworen, um ihm etwas *Gutes* zu tun. Und wie der große Harvard-Psychologe William James einst sagte: ›Der Glaube erzeugt die Tatsache selbst.‹«

»Das gefällt mir.«

»Ja, und es stimmt. Unsere Erwartungen schaffen unsere Realität. Erfolg im Geschäft und im Leben ist eine sich selbst erfüllende Prophezeiung. Gedanken besitzen Macht – vergiss dieses zeitlose Naturgesetz nie. Weißt du, das Denken ähnelt stark einem Spaziergang auf diesen Wegen hier.« Julian deutete auf eine Reihe von verschlungenen Wegen, die von seiner Hütte aus zu verschiedenen Stellen führten: »Jeden Tag kannst du wählen, welchen Weg du einschlagen willst. Der Weg, den du gewählt hast, führt dich sicher zu einem Ziel. Und wiederum ein anderer führt dich an einen ganz anderen Ort. Die Weisen lehren, dass die Qualität deiner Führung auf die Qualität deiner Entscheidungen zurückgeführt werden kann.«

»Wirklich?«

»Aber ja. Das zeitlose Gesetz von Ursache und Wirkung setzt sich immer durch. Dein Erfolg hängt letzten Endes davon ab, auf welche Aktivitäten und Initiativen du dich konzentriert hast. Mit welchen Menschen du dich umgibst. Welche Chancen du und GlobalView nutzen wollen. Welche Bücher du liest.«

»Und welche Gedanken ich in den Garten meines Geistes aufnehme«, sagte ich und verstand, was Julian mit der Macht der Wahl meinte.

»Ausgezeichnet, Peter. Ich hätte mir keinen besseren Schüler wünschen können«, erwiderte Julian. »Wie gesagt, das Denken ist vergleichbar mit einem Spaziergang auf diesen Wegen. Wenn du die Selbstdisziplin besitzt, den richtigen Weg zu wählen, wird er dich dahinführen, wohin du dich begeben willst. Aber wenn du den falschen Weg wählst, kannst du sicher sein, dass du dein festgelegtes Ziel nie erreichen wirst. Und genau darum geht es beim negativen Denken.

Ein belastender Gedanke dringt in deinen Geist ein, und statt ihn zu ignorieren und einen anderen, einen erhellenderen Gedanken zu wählen, setzt du diesen Weg fort. Und so wie bei diesen Wegen hier im Wald gilt auch für deine geistigen Wege: Je häufiger du den negativen Weg einschlägst, desto vertrauter wird er dir und umso mehr wird es sich anfühlen, als sei dies der richtige Weg für dich. Und wir beide wissen, wohin dich eine solche Geisteshaltung in Zeiten voller Veränderungen führen wird. Yogi Raman erklärte mir, dass im Sanskrit das Wort für ›Einäscherung‹ dem Wort ›Sorge‹ verblüffend ähnelt.«

»Erstaunlich.«

»Eigentlich ist es gar nicht so erstaunlich, wenn man genau darüber nachdenkt. Die beiden Erscheinungen stehen durchaus miteinander in Zusammenhang.«

»Wirklich?«

»Aber ja. *Genauso wie bei einer Einäscherung die Flammen die Toten verzehren, verzehrt die Sorge die Lebenden.* Wenn sich also ein kraftraubender Gedanke in deinen Geist einschleicht, weigere dich, ihn zu stärken, indem du ihm noch mehr Energie spendest. Weigere dich, diesen Weg einzuschlagen, und beschleunige stattdessen deine Schritte. Dies wird einen deutlichen Unterschied in deiner Art zu denken und zu fühlen ausmachen.«

»Mark Twain pflegte zu sagen: ›Ich habe in meinem Leben eine Menge Katastrophen erlitten. Die meisten davon sind zum Glück nie eingetreten.‹ Jetzt verstehe ich endlich, was er damit sagen wollte«, bemerkte ich.

»Den Satz muss ich mir merken, Peter. Wie du weißt, zitiere ich gerne die Weisheiten großer Denker, und das ist ein gutes Zitat.«

Während Julian mich durch den Wald wieder zu der Stelle führte, an der ich meinen Geländewagen geparkt hatte, machte ich mir Gedanken über all die Veränderungen, die GlobalView gerade durchmachte, und darüber, wie ich die Führungsweisheit, die mir Julian vermittelt hatte, zu unserem Vorteil nutzen konnte. In der kurzen Zeit unseres Zusammenseins fing ich an, zu erkennen, dass Veränderungen tatsächlich dafür da waren, dass sich Dinge entwickelten und verbesserten. Statt mich also weiterhin gegen den Wandel zu stemmen, verstand ich jetzt, dass ich mich ihm hingeben und auf ihn einstellen musste, wenn ich Erfolg haben wollte. Ich musste mir eine neue, aufgeklärtere Weltanschauung aneignen und mich auf die unglaublichen Chancen konzentrieren, die uns diese neue Business-Ära bot, in der wir gerade lebten. Ich musste aufhören, Veränderungen die Schuld an allem zu geben, und stattdessen ein Teil davon werden. Wie Thomas Fuller bemerkte: »Wenn wir die Zeit beschuldigen, wollen wir uns damit nur selbst reinwaschen.« Meine Manager und ich durften nicht mehr nur reagieren. Wir mussten anpassungsfähiger werden, mussten uns zu visionären Führungskräften entwickeln. Es war ein außergewöhnlicher Morgen gewesen, und das sagte ich Julian.

»Das Beste kommt aber erst, mein Freund. Du wirst nie draufkommen, wo unser nächstes Treffen stattfindet. Ich habe eine tolle Session für dich geplant«, grinste er.

»Ich kann es kaum erwarten«, erwiderte ich und schüttelte den Kopf. »Vielleicht sollte ich sicherstellen, dass meine Krankenversicherung auch vollständig bezahlt ist. Es war ein regelrechtes Abenteuer, die Rituale visionärer Führungskräfte kennenzulernen. Wo findet also die nächste Session statt?«

»Auf dem Militärstützpunkt Yaleford«, erwiderte er.

»Du machst wohl Scherze, oder?«

»Nein. Es ist für mich der ideale Ort, um dir das fünfte Ritual des zeitlosen Führungssystems, das mir Yogi Raman in den Bergen des Himalajas vermittelte, zu erklären. Treffen wir uns also nächsten Freitag um 20 Uhr.«

»In Ordnung. Kannst du mir vielleicht schon etwas verraten?« Ich konnte meine Neugier kaum zügeln.

»Klar, warum nicht? Schau selbst«, sagte Julian, griff in sein Gewand und zog ein weiteres der hölzernen Puzzleteile heraus, auf die ich mich inzwischen freute. Ich hatte festgestellt, dass die Teile, die er mir bereits geschenkt hatte, perfekt zusammenpassten und sich zu einer Art Bild zusammenfügten. Dieses Teil würde das Bild, das sich herauskristallisierte, noch deutlicher machen.

»Ich kann hier keine Inschrift erkennen, Julian. Was ist los?«

»Du hältst es verkehrt herum, mein Freund«, sagte er grinsend.

Als ich das Teil umdrehte, entdeckte ich die erhofften Zeichen, den nächsten Hinweis darauf, wie ich meine Führungsrolle verändern und unser Unternehmen in die Gänge bringen konnte. Die Inschrift lautete lediglich: *Ritual 5: Fokussiere die wichtigen Dinge.*

Kapitel 8 – Zusammenfassung von Wissen • Julians Weisheit in Kurzfassung

Das Ritual

Die Essenz

Das Ritual der Anpassungsfähigkeit und des Changemanagements

Die Weisheit

- Um Veränderungen zu meistern, musst du die Disziplin entwickeln, das Unerwartete zu bewältigen.
- Nur eine Lernkultur entwickelt sich inmitten von Veränderungen. Fördere eine ständige intellektuelle Entwicklung und die Verbesserung von Fertigkeiten. Das beste Mittel gegen die durch Veränderungen hervorgerufene Angst ist Wissen. In diesen unruhigen Zeiten gewinnt derjenige, der am meisten lernt.
- Veränderungen machen Freude. Ohne Veränderungen gibt es keinen Fortschritt. Sie sind für unsere Weiterentwicklung als Zivilisation wesentlich und für unser Überleben erforderlich. Veränderungen sind der beste Freund der Menschheit.

Die Praktiken

- Werde in höchstem Maße kompetent.
- Setze das Gelernte in die Praxis um.
- Hab eine positive Einstellung zu den Chancen, die Veränderungen mit sich bringen.

Zitat

Wenn du jeden Tag dasselbe tust, erzielst du keine neuen Ergebnisse. Um deine Ergebnisse zu ändern, musst du das ändern, was du tust. Du musst auch deinen Führungsstil verändern.

Der Mönch, der seinen Ferrari verkaufte

RITUAL 5

FOKUSSIERE DIE WICHTIGEN DINGE

KAPITEL 9

DAS RITUAL DER PERSÖNLICHEN EFFEKTIVITÄT

Deine Aufgabe ist es, inmitten von Chaos, Hektik und Lärm das Dauerhafte, Ruhige und Sinnvolle zu erfassen und es, wenn du es wiedergefunden hast, festzuhalten und zu schätzen.

Paul Hindemith

Es war schon viele Jahre her, dass ich auf dem alten Militärstützpunkt an der County Road 27 gewesen war. Als ich noch ein kleiner Junge war, nahm mich mein Vater gern mit dorthin. Stundenlang saßen wir auf dem hohen Hügel, von dem aus man einen Blick über das gesamte Gelände hatte, und sahen den Soldaten zu, die mit höchster Präzision exerzierten. Ich weiß immer noch nicht, was mein Vater an diesem Schauspiel so faszinierend fand. Vielleicht lag es an dem Prunk. Vielleicht auch an der Exaktheit der Übungen. Vielleicht aber auch nur daran, dass ihm dieses Spektakel die seltene Gelegenheit bot, Zeit allein mit seinem kleinen Jungen zu verbringen. Eines stand jedoch fest: Ich vermisste ihn schmerzlich.

Als ich meinen BMW auf dem leeren Parkplatz abstellte, suchte ich das Gelände nach Julian ab. Es war 20 Uhr und ich war pünktlich, aber mein alter Freund war weit und breit nicht zu sehen. Die einzigen Menschen, die ich sah, waren die jungen Kadetten, die über das Gelände marschierten, während ihr jugendlich wirkender Ausbilder aus voller Kehle Befehle brüllte.

Eine Zeit lang hielten sich die Soldaten in der Mitte der Grünfläche auf, doch dann bewegten sie sich in meine Richtung. Ich überlegte, warum sie auf den Parkplatz zumarschierten, da ihnen doch das gesamte Gelände zum Exerzieren zur Verfügung stand. Bald erkannte ich, dass sie direkt auf mich zusteuerten. Als die Kadetten näher kamen, beschleunigten sie ihre Schritte. Ich verharrte reglos auf meinem Platz. Als sie noch näher kamen, bemerkte ich, dass viele von ihnen lächelten. Einige lachten sogar, während ihnen der Schweiß in Strömen übers Gesicht rann – die salzige Nebenerscheinung des strammen Drills und der Abendsonne.

Ich konnte den Offizier, der die Übung leitete, immer noch nicht sehen, aber ich war entschlossen, ihm die Meinung zu sagen. Schließlich waren das hier die jungen Männer, die dieses großartige Land beschützen sollten, und ihre Übungen sollten ernst genommen werden. Sie hatten bestimmt Besseres zu tun, als einen harmlosen Zivilisten zu belästigen. Unvermittelt blieben die Kadetten stehen. Sie lächelten immer noch, aber keiner von ihnen blickte mich an, stattdessen fixierten sie einen bestimmten Punkt in der Ferne. Ich beschloss, die Initiative zu ergreifen, und ging, auf der Suche nach dem Offizier, ihre Reihe entlang.

Schließlich war ich am Ende angelangt. Obwohl die Krempe des Huts sein Gesicht verdeckte, konnte ich erkennen, dass der Offizier gut in Form war: hochgewachsen, kräftig und schlank. Und er hielt sich kerzengerade.

»Was soll das?«, fragte ich in dem ruppigen Tonfall, der einst meine Mitarbeiter zusammenzucken ließ. »Ich bin nur auf den Parkplatz gefahren, um mich mit einem Freund zu treffen. Warum haben Sie Ihre Truppe zu mir geschickt? Ich habe doch niemanden gestört.«

»Wir sind hier, um Sie zu verhören«, lautete die entschlossene Antwort. »Wir müssen Ihnen eine Frage stellen. Wenn Sie sie richtig beantworten, können Sie tun und lassen, was Sie wollen. Geben Sie uns jedoch die falsche Antwort, müssen wir Sie in Gewahrsam nehmen.«

Das war doch wohl ein Scherz. Ich war nur auf den Parkplatz gefahren. Ich war der CEO eines der größten Unternehmen des Landes. Ich zahlte meine Steuern und beachtete die Gesetze. Auch wenn ich vielleicht keine begnadete Führungspersönlichkeit war, waren meine Vergehen nicht so gravierend, dass eine Inhaftierung gerechtfertigt wäre.

»Hören Sie, ich weiß nicht, was hier gespielt wird, aber ich glaube, Sie haben den falschen Mann. Ich bin Geschäftsmann und leite ein großes Software-Unternehmen. Ich bin hergekommen, um einen alten Freund zu treffen, der um

20 Uhr hier sein sollte. Es sieht ihm nicht ähnlich, sich zu verspäten. Vielleicht haben Sie und Ihre Männer ihn irgendwo auf dem Gelände gesehen? Er ist nicht zu übersehen, denn er trägt ein rotes Mönchsgewand.«

Die Männer fingen an zu lachen, zuerst leise, dann immer lauter. Der Offizier bewahrte jedoch Haltung und fuhr fort: »Ich muss Ihnen noch die bereits erwähnte Frage stellen. Wie gesagt, wenn Sie sie richtig beantworten, können Sie tun und lassen, was Sie wollen.«

»Gut, dann stellen Sie sie«, erwiderte ich völlig frustriert.

»Haben Sie das fünfte Teil des Puzzles dabei?«, fragte er.

»Wie bitte?«, stotterte ich.

»Du hast mich richtig verstanden, Peter: Hast du das fünfte Teil des Puzzles dabei? Wie können wir mit Yogi Ramans Formel der visionären Führerschaft weitermachen, wenn du das nächste Puzzleteil nicht bei dir hast?«

Mit einem Griff riss ich dem Mann den breitkrempigen Hut vom Kopf. Ich war völlig baff, als ich sah, wer er war. Es war Julian. Er gab mir einen Klaps auf den Rücken und lachte, während die Kadetten, die offensichtlich in seinen ausgeklügelten Plan eingeweiht waren, Beifall klatschten.

»Willkommen auf dem Militärstützpunkt Yaleford, Peter.«

»Julian, du bist unmöglich. Wie nur hast du alle dazu gebracht, mitzumachen? Und wo ist dein Gewand? Ich dachte, du ziehst es nie aus.«

»Nur zu besonderen Anlässen wie diesem«, grinste er. »Der Kommandant dieses Stützpunkts ist ein alter Freund von mir. Wir haben zusammen in Harvard studiert. Er schuldete mir noch einen Gefallen, und ich fand, dass es jetzt an der Zeit war, ihn einzufordern.«

Die Kadetten bildeten wieder eine geschlossene Formation und marschierten zur Kaserne zurück, während Julian und ich uns zur Mitte des Geländes begaben. Gerade ging ein weiterer schöner Sommertag zu Ende. Inzwischen hatte ich meine Fassung wiedergewonnen und begann, die Komik von Julians Streich zu erkennen.

»Ich habe das fünfte Teil des Puzzles tatsächlich mitgebracht«, sagte ich.

»Prima. Wenn du deine Führungsqualitäten wirklich verbessern willst, dann solltest du die heutige Lektion ernst nehmen.«

»Und was genau bedeutet ›Fokussiere die lohnenden Dinge‹?«

»Nehmen wir einmal an, ich hätte die Macht, dir jeden Wunsch zu erfüllen. Was würdest du dir wünschen?«

»Da muss ich nicht lange überlegen. Wie die meisten anderen mir bekannten Führungskräfte und Manager hätte ich gern mehr Zeit. Gib mir einfach eine Stunde mehr Zeit pro Tag und ich wäre ein glücklicher Mann. Bei all den Meetings, an denen ich teilnehmen muss, all den Berichten, die ich lesen muss, und all den Problemen, die ich lösen sollte, habe ich scheinbar nie Zeit, die wichtigen Dinge anzugehen, die es GlobalView ermöglichen würden, sich zu verbessern. Ich kann mich nicht erinnern, wann ich das letzte Mal ein paar Stunden Zeit hatte, um mich einfach zurückzulehnen und eine Strategie für unsere Zukunft zu entwerfen. Es scheint immer irgendwelche kleinen Buschfeuer zu geben, die gelöscht werden müssen, und die ernsteren Probleme, über die ich nachdenken müsste, werden immer verschoben. Mein Wunsch wäre also definitiv, über mehr Zeit zu verfügen.«

»Du hast es erfasst«, erwiderte Julian.

»Wie meinst du das?«

»Nun, ich habe dir bereits erklärt, wie du diesen Wunsch in die Realität umsetzen kannst: Fokussiere die wichtigen Dinge. Das Geheimnis, mehr Zeit zu haben, um sich auf das Wesentliche zu konzentrieren, besteht darin, den Mut zu haben, das Unnötige zu ignorieren.«

»Ist es wirklich so einfach?«

»Ja. Seit Menschengedenken hat sich jede visionäre Führungskraft an diesen Grundsatz gehalten. Eines Tages bat man den großen Erfinder Thomas Edison, das Geheimnis seines außerordentlichen Erfolgs zu lüften. Er dachte kurz nach und erwiderte dann: ›Die Fähigkeit, die körperlichen und geistigen Fähigkeiten unentwegt auf ein Problem zu fokussieren, ohne dessen überdrüssig zu werden.‹ Du tust doch den ganzen Tag etwas, oder? Das trifft auf jeden zu. Wenn du morgens um 7 Uhr aufstehst und abends um 23 Uhr zu Bett gehst, hast du sechzehn Stunden lang etwas getan, und den meisten Menschen ergeht es genauso. *Das einzige Problem ist, dass du deine Zeit vielen Dingen widmest, während ich meine Zeit nur einer Sache widme. Wenn du die gesamte Zeit nur auf eine Sache aufwenden würdest, hättest du Erfolg.* Visionäre Führungskräfte haben eine klare Vorstellung von ihrem Ziel und davon, was sie tun müssen, um es zu erreichen«, fuhr Julian fort. »Sie wissen genau Bescheid, welche Aktivitäten die effizientesten sind und den Fortschritt bewirken, den sie benötigen, um ihr Ziel zu erreichen. Alles andere würde bedeuten, dass sie ihre kostbare Zeit verschwenden, und wird von ihnen ignoriert. Weißt du, Peter, *das eigentliche Geheimnis persönlicher Effektivität besteht darin, sich auf ein Ziel zu konzentrieren.* Wie Emerson sagte: ›Konzentration ist das Geheimnis der Stärke im Krieg, im Handel, kurzum, beim Management menschlicher Belange.‹ Bei der Führung eines Unternehmens gibt es Aktivitäten, die deine Energie und Aufmerksamkeit verdienen, und es gibt Aktivitäten, die sie nicht verdienen. Wenn du erst einmal herausgefunden hast, auf welche du dich konzentrieren solltest, und dann die Selbstdisziplin aufbringst, es zu tun, wird deine Effektivität als Führungskraft freigesetzt.«

»Ich erinnere mich, in der Business School Peter Druckers Mahnung gelesen zu haben: ›Wechseln Sie vom Beschäftigtsein zum Erzielen von Ergebnissen‹«, bemerkte ich.

»Ganz richtig. Und er schrieb auch, dass ›nichts so nutzlos ist, wie jene Aufgaben effizient zu tun, die gar nicht getan werden sollten‹. Der chinesische Philosoph Konfuzius brachte es noch deutlicher auf den Punkt, als er sagte: ›Der Mann, der zwei Kaninchen jagt, fängt keines.‹ Yogi Raman formulierte es etwas anders: *›Wer versucht, alles zu tun, erreicht nichts.‹ Das eigentliche Geheimnis, etwas zu erledigen, besteht also darin, zu wissen, was unerledigt bleiben muss.* Und genau darum geht es im fünften Ritual, dem Ritual persönlicher Effektivität. Um die Zeit zu finden, das zu tun, was du tun solltest, damit du dein

Ziel erreichst, musst du über die Führungsdisziplin verfügen, die wichtigen Dinge zu fokussieren. Du musst eine Art Tunnelblick für deine höchsten Führungsprioritäten entwickeln. Wenn dir das gelingt, wirst du nie mehr derselbe sein.«

»Kannst du mir ein Beispiel für wichtige oder lohnende Aktivitäten geben?«

»Nur du allein kannst darüber entscheiden. Doch alles, was dich deiner Zukunftsvision näherbringt, ist sinnvoll investierte Zeit. Dabei kannst du jede Aufgabe berücksichtigen, die dir eine gute Rendite für die investierte Zeit einbringt und dich dem angestrebten Ziel näherbringt. Sicherlich hast du auf der Business School das alte Gesetz gelernt, wonach 20 Prozent deiner Aktivitäten 80 Prozent deiner Leistung erbringen. Konzentriere dich also auf das, was zählt, auf lohnende Aktivitäten. Das Magische an diesem Konzept ist, dass du, wenn du dich für das Lohnende entscheidest, implizit alles Unnötige ablehnst. Du vereinfachst automatisch deine Führungsrolle und rationalisierst dein Leben.«

»Meine Führungsrolle vereinfachen, das hört sich wirklich gut an.«

»Ein Zen-Mönch sagte einmal: ›Die meisten Menschen, die ich kenne, versuchen, Tag für Tag schlauer zu werden, während ich versuche, Tag für Tag einfacher und unkomplizierter zu werden.‹ Je einfacher und konzentrierter dein Führungsstil, desto effektiver wirst du sein.«

»Okay, lass mich versuchen, einige dieser lohnenden Aktivitäten zu finden, die mich mit meiner Mission verbinden werden, um das überzeugende Projekt, das ich mir seit unserem Treffen vor ein paar Wochen zum Ziel gesetzt habe, voranzubringen. Was wäre, wenn ich meine Zeit darauf verwenden würde, meinen Mitarbeitern meine Vision zu vermitteln, und ihnen dabei vor Augen führe, wie das Erreichen dieses Ziels uns dabei helfen wird, das Leben anderer positiv zu beeinflussen?«

»Das klingt auf jeden Fall sehr lohnend. Gute Antwort«, bemerkte Julian und klatschte in die Hände.

»Wie wäre es, wenn ich mich mit meinen Managern zusammensetze und wir uns dabei gegenseitig fragen, wie genau wir unsere Mitarbeiter motivieren können, indem wir sie regelmäßig belohnen und unermüdlich anerkennen?«

»Prima, Peter, noch eine gute Idee.«

Da ich merkte, dass ich das Wesentliche von Julians Führungsphilosophie verstanden hatte, erstellte ich im Geiste blitzschnell eine unvollständige Liste von Aktivitäten, die meiner Erkenntnis nach meine Führungseffektivität verändern würden: regelmäßige Phasen strategischen Denkens einbauen, Dinge konsequent vorbereiten und planen, mich beruflich und persönlich weiterentwickeln und Beziehungen knüpfen.

»Und das Gute daran ist«, fuhr Julian fort, »mehr Zeit du für diese lohnenden Aktivitäten aufwendest, desto weniger Zeit wirst du in all die kleinen Buschfeuer investieren müssen, die dir deinen Worten nach deine kostbare Zeit stehlen.«

»Wie das?«

»Denk mal darüber nach. Wenn du deine Tage damit verbringst, deine Botschaft zu vermitteln und bessere Beziehungen aufzubauen statt wie die meisten Führungskräfte das Alltagsgeschäft zu managen, werden sich weniger Missverständnisse und Konflikte ergeben. Wenn du mehr Zeit dafür aufbringst, deine Mitarbeiter für das von dir gewünschte Verhalten zu loben und zu belohnen, werden sich Qualität, Produktivität und Effizienz enorm steigern. Was wiederum Zeit spart. Und wenn du dem strategischen Denken und der Weiterentwicklung deiner Wissensbasis mehr Zeit widmest, wirst du zu einem besseren Denker und triffst folglich klügere Entscheidungen. Das wiederum zieht weniger Krisen nach sich und bedeutet, dass du Zeit sparst. Dieses großartige Konzept haben sich die Weisen ausgedacht. Ich kann immer noch nicht glauben, wie wirkungsvoll es ist.«

»Warum wenden es deiner Meinung nach die meisten von uns nicht an?«

»Nun, in erster Linie sind die meisten Menschen derart beschäftigt, dass sie keine Zeit haben nachzudenken, wie sie ihre Effektivität verbessern könnten. Thoreau brachte es auf den Punkt: ›Es reicht nicht, beschäftigt zu sein, das sind die Ameisen auch. Die wesentliche Frage lautet: Womit bist du so beschäftigt?‹ Die meisten Menschen sind eher Ameisenjäger als Elefantenjäger, wenn du meine Metapher verstehst; sie verbringen ihre Tage damit, sich mit Lappalien zu beschäftigen, die nichts zum Erreichen ihres Ziels beitragen, statt sich auf das zu konzentrieren, was sie ihrem beruflichen und persönlichen Ziel wirklich näherbringen würde. Ihr Schwerpunkt liegt nicht auf den wesentlichen Dingen. Außerdem wissen sie nicht, wo sie beginnen sollen. Sie haben so lange ihre Zeit vergeudet, dass sie völlig ratlos sind, wie sie eine Wende herbeiführen könnten.«

»Ich bin ganz Ohr.«

»Der Trick besteht darin, ein System zu haben. Effektive Systeme garantieren eindeutige Ergebnisse. Damit will ich dir Folgendes sagen: Wenn du dich auf die wichtigen Dinge konzentrieren willst, *musst du die wichtigen Dinge erst einmal zu einem Ritual machen.* Du brauchst ein System, das es dir ermöglicht, wichtige Aktivitäten Tag für Tag in deinen Alltag zu integrieren. Nur so kannst du dich vor den ineffizienten Aktivitäten abschirmen, die mit der Zeit deine Führungsrolle zerstören werden.«

»Hat dir Yogi Raman ein System empfohlen, um die wichtigen Dinge zu einem Ritual zu machen?«

»Klar hat er das. Es wird ›Zeitsystem für visionäres Führen‹ genannt. Es ist die effektivste Methode, die ich je im Zusammenhang mit der Zeitführung kennengelernt habe.«

»Du meinst das Zeitmanagement.«

»Nein, ich meine die Zeitführung. Im Geschäftsleben hat heute jeder vernünftige Mensch die Möglichkeit, seine Zeit zu managen. Aber nur die Visionäre haben herausgefunden, wie sie ihre Zeit *führen* können. *Visionäre Führungspersönlichkeiten sind so klug, zu verstehen, dass die Zeit dich bestimmen wird, wenn du sie nicht selbst bestimmst.*

»Interessanter Gedanke«, bemerkte ich. »Wie funktioniert denn dieses Zeitsystem für visionäres Führen? Hört sich kompliziert an.«

»Im Grunde genommen ist es unglaublich einfach, wenn man den Dreh raushat. ›Schlichtheit ist die höchste Form der Eleganz‹, würden meine Freunde aus dem Himalaja sagen. Als Erstes musst du Zeit für etwas einplanen, was Yogi Raman ›eine wöchentliche Planungspraxis‹ nannte. Das kann eine halbe Stunde am Sonntagabend oder am Montagmorgen sein. Ich würde dir den Sonntagabend empfehlen. Die Wochenendaktivitäten sind dann vorbei, und es ist einfacher, etwas Zeit für dich selbst zu finden.«

»Es ist auf jeden Fall einfacher als am Montagmorgen.«

»Richtig. Sobald du dir darüber im Klaren bist, wann du deine Wochenplanung durchführen wirst, musst du dich an fünf wichtige Schritte halten, um die wichtigen Dinge zu einem Ritual zu machen und dafür zu sorgen, dass jede deiner Handlungen in der kommenden Woche dich deinem Ziel näherbringen wird. Schritt eins: Überdenke noch einmal deine Zukunftsvision. Lass dir dafür noch einmal in Ruhe die Zukunftsvision, die du nicht nur für dein Unternehmen, sondern auch für dein Leben entwickelt hast, durch den Kopf gehen. Male dir aus, wie dein beruflicher und persönlicher Erfolg aussehen wird. Dies wird dich daran erinnern, was du anstrebst, und dein Zielbewusstsein stärken. Stell dir vor, wie GlobalView aussehen wird, wenn du dein Ziel erreicht hast, und wie dein Familienleben aussehen wird, wenn du der von dir gewünschte Ehemann und liebevolle Vater geworden bist. Wenn du wieder und wieder über deine Zukunftsvision nachdenkst, bleibst du motiviert und fokussiert auf das, was zählt.«

»Bis jetzt konnte ich dir folgen. Was kommt als Nächstes?«

»In Schritt zwei musst du die Jahresziele überprüfen, die zu erreichen deiner Meinung nach lohnend sind.«

»Was genau versteht man unter Jahreszielen?«

»Damit sind die Ziele gemeint, die du dir selbst gesteckt hast, nachdem du herausgefunden hast, wie du dir deine Zeit einteilen musst, um deine Zukunftsvision im laufenden Jahr bestmöglich zu fördern. Das sind deine Jahresziele. Indem du dich mit ihnen auseinandersetzt, erinnerst du dich an deine besten Methoden und Maßnahmen, die dich und dein Unternehmen mit Sicherheit zu deinem festgelegten Ziel bringen werden. Und du wirst eine viel klarere Vorstellung von den wenig lohnenden Aktivitäten entwickeln, die kluge Führungskräfte nie in Betracht ziehen. Eines kann man über die neue Wirtschaftsära, in der wir uns zurzeit befinden, sagen: Die Führungskräfte verfügen über mehr Optionen als je zuvor.«

Julian fuhr fort: »An jedem beliebigen Tag gibt es hundert Möglichkeiten, die man erwägen, hundert neue Veränderungen, die man umsetzen, und hundert Fachzeitschriften, die man lesen kann. Es gibt hundert mögliche Dinge, die man im Büro erledigen kann, hundert mögliche Fernsehkanäle und hundert mögliche Bücher, die man in seiner Freizeit schauen oder lesen kann. Wir werden von einem Überangebot erdrückt. Erst vor Kurzem ging ich in den Supermarkt und stellte fest, dass es fünfzehn verschiedene Brotsorten zur Auswahl gibt. Die einzige Möglichkeit, mit der unglaublichen Flut an Angeboten fertigzuwerden, besteht darin, einen klar umrissenen Plan zu haben. Dieser stellt einen Rahmen dar, der es dir ermöglicht, nur die Entscheidungen zu treffen, die dich deinem Ziel näherbringen. Du wirst jetzt der Herr über alle Entscheidungen und nicht mehr ihr Diener sein. Der Romanschriftsteller Saul Bellow schrieb einst: ›Ein Plan erspart dir die Qual der Wahl.‹«

»Sehr eindrucksvoll formuliert.«

»Und Victor Hugo sagte Folgendes über die Bedeutung klar definierter Ziele und eines festen Plans: ›Wer jeden Morgen die Aktivitäten des Tages plant und sich an diesen Plan hält, verfügt über einen Faden, der ihn durch das Labyrinth des arbeitsreichsten Tages führen wird. Die genaue Einteilung der eigenen Zeit ist wie ein Lichtstrahl, der sich durch alle Beschäftigungen zieht. Wo aber kein Plan vorhanden ist, wo die Verfügbarkeit der Zeit allein dem Zufall überlassen wird, wird bald Chaos herrschen.‹ Ich will damit sagen, dass clevere Führungskräfte bereits vorher festlegen, wie sie ihre Zeit optimal nutzen. Und dadurch können sie die Flut von Optionen, die auf sie einstürmt, besser handhaben. Es ist leicht, zu etwas Nein zu sagen, wenn es etwas Besseres zu tun gibt. Wie ich bereits an anderer Stelle sagte, besteht das Geheimnis, Dinge zu erledigen, darin, zu wissen, was man nicht tun sollte. Dies ist das alte Gesetz der geplanten Vernachlässigung, das seit Anbeginn der Zeit von jeder visionären Führungskraft befolgt wird.«

»Das ist wirklich faszinierend, Julian. Was du mir vermittelst, ist ein fast wissenschaftlicher Prozess, um in einer Zeit, in der es zu viele Dinge zu tun gibt, wichtige Dinge zu erledigen.«

»Das ist richtig, und genau deshalb behaupte ich, dass das Modell dir dabei helfen wird, aus den lohnenden Aufgaben Rituale zu machen.«

»Und worin besteht Schritt drei bei diesem Prozess?«, fragte ich.

»Sobald du dich mit deiner Zukunftsvision auseinandergesetzt hast, indem du sie dir entweder vor deinem geistigen Auge vorstellst oder sie auf dem Papier überprüfst und einen flüchtigen Blick auf die konkreten Erfolge wirfst, die du dieses Jahr erzielen möchtest, musst du dir eine sehr wichtige Frage stellen: ›Welche kleineren Erfolge oder bescheideneren Ziele muss ich *innerhalb der nächsten sieben Tage* erreichen, damit ich das Gefühl habe, dass mich diese Woche der Verwirklichung meiner beruflichen und persönlichen Vision nähergebracht hat?‹ Deine Antwort darauf wird dich zu deinen ›wöchentlichen Gewinnen‹ führen, wie Yogi Raman es nannte. Die ganze Woche über musst du dich auf diese Ziele konzentrieren. Sie ermöglichen dir die Selbstdisziplin, das Gute für das Beste zu opfern. Diese wöchentlichen Ziele werden deine Energie und Aufmerksamkeit auf die wichtigen Dinge lenken.«

»Was meinst du damit, wenn du sagst, meine wöchentlichen Ziele werden mir helfen, das Gute für das Beste zu opfern?«

»*Allzu oft lassen Führungskräfte zu, dass ihre guten Absichten über ihre besten siegen.* Statt ständig zu hinterfragen, ob sie ihre Zeit *optimal* nutzen, konzentrieren sie sich auf Aktivitäten, die lediglich eine *gute* Zeitnutzung bedeuten. Und glaub mir, der Unterschied ist beträchtlich. *Visionäre Führungskräfte konzentrieren sich auf das Beste und delegieren alles andere.* Vergiss das nie!«

»Und da ich mich mithilfe des wöchentlichen Gewinns darauf konzentrieren kann, meine Zeit bestmöglich zu nutzen, wird jeder Tag der Woche und die Woche selbst einem bestimmten Zweck dienen, nicht wahr?«

»Ja. Die meisten Menschen lassen die Tage verrinnen, ohne zu merken, dass die Tage zu Wochen, die Wochen zu Monaten und die Monate zu Jahren werden. Sie geben Nebensächlichkeiten den absoluten Vorrang. Recht bald ist dein ganzes Leben an dir vorbeigezogen, weil du nicht die Verantwortung für deine Tage übernommen hast. Die Weisen von Sivana pflegten zu sagen: ›*Wenn du nicht auf das Leben einwirkst, wird das Leben auf dich einwirken.*‹«

»Das stimmt«, erwiderte ich und fing an zu grübeln.

»Nicht nur das. Sie waren auch der Meinung, dass jeder Tag nichts anderes ist als eine Miniaturversion deines Lebens. Du kommst auf die Welt, das ist der Beginn deines Lebens, und am Ende deines Lebens stirbst du. Ähnlich verlaufen deine Tage: Am Morgen wachst du auf und abends gehst du zu Bett. Aber das, womit du dich in der Zwischenzeit beschäftigst, bestimmt ganz konkret, ob du etwas aus deinem Leben machst oder ob du es vergeudest. Vergiss nie, wie wichtig jeder Tag deines Lebens ist, Peter. *So wie du deine Tage lebst, so lebst du dein Leben.* Vergeude keinen einzigen Tag. Die Vergangenheit ist Geschichte und die Zukunft pure Einbildung. Dieser Tag heute, die Gegenwart, ist in Wirklichkeit alles, was du hast.«

»Wöchentliche Ziele zu planen, wird mich also meinen jährlichen Zielen näherbringen, was mich wiederum in Richtung meiner Zukunftsvision lenkt?«

»Genau.«

»Wow. Das bedeutet, dass jede einzelne meiner Wochen von Wert sein wird, wenn ich mich an diesen einfachen Prozess halte.«

»Richtig. Und dein Leben wird bereichert werden durch ein Gefühl der Erfüllung und Energie, da du weißt, dass du dich kontinuierlich auf den Punkt zubewegst, den du anstrebst«, sagte Julian.

»Was kommt als Nächstes, nachdem ich meine wöchentlichen Ziele festgelegt habe?«

»Schritt vier des Zeitmodells für visionäre Führung verlangt von dir, dass du die wöchentlichen Ziele, die du dir für die kommenden sieben Tage vorgenommen hast, in deinen Tagesplan integrierst. Wenn du deine Wochenziele in deinen Zeitplan mit aufnimmst, so wie du es mit einem Treffen mit deinem besten Kunden tust, hast du die Garantie, dass du dich an den Plan halten wirst. Dadurch dass du dir eine gewisse Zeit für die Erreichung deiner wöchentlichen Ziele nimmst, bevor du unwichtigere Dinge einplanst, kannst du sicher sein, dass du deinen Prioritäten den Vorrang einräumst, den sie verdienen. Denk an die Bedeutung der Zeitführung. *Wenn du deine Prioritäten nicht in deine Planung mit einbeziehst, werden die Prioritäten anderer deren Platz einnehmen.* Indem du die einfache Methode der Zeitplanung befolgst, die ich dir empfehle, wird dich jeder Tag deiner Zukunftsvision ein Stück näherbringen. Das ist das ultimative Tool für ein erfolgreiches Leben.«

»Ich glaube, die eigentliche Herausforderung besteht darin, den Plan einzuhalten, wenn die Tage sich immer mehr mit Terminen füllen, was bei mir stets der Fall ist.«

»Das ist richtig. *Der goldene Schlüssel der Zeitführung besteht darin, wirklich das zu tun, was du geplant hast, und zwar dann, wenn du es laut Plan tun wolltest.* Wie bei jeder anderen Führungsphilosophie, die ich dir nahegelegt habe, ist der Ausgangspunk auch hier die Selbstdisziplin.«

»Wirklich?«

»Unbedingt. Selbstdisziplin ist die DNA einer visionären Führungskraft. Selbstdisziplin ist das gemeinsame Merkmal der Besten der Besten. Selbstdisziplin ermöglicht es einer Führungskraft, die Theorie in die Praxis umzusetzen. Wie bereits gesagt, ist nicht das, was du weißt, wichtig. Erfolg kommt davon, entsprechend dem, was man weiß, *zu handeln* – und Selbstdisziplin ist das, was visionäre Führungskräfte zum Handeln antreibt.«

Als ich heranwuchs, pflegte mein Vater immer zu betonen, wie wichtig Disziplin und Selbstkontrolle seien. Ich erinnere mich noch, wie er mir erklärte: ›*Je härter du zu dir selbst bist, desto leichter wird das Leben für dich sein.*‹ Und das Bild meines Vaters, um Julians Worte zu benutzen, ›war synchron mit seinem Ton‹. Jeden Tag der Woche wachte er morgens um 5 Uhr auf und ging joggen. Er rauchte und trank nicht und führte ein einfaches, aber ehrenwertes Leben. Er sprach nie schlecht über andere und hielt immer seine Versprechen. Er war der festen Überzeugung, dass die Unzufriedenheit der meisten Menschen auf mangelnde Disziplin zurückzuführen sei, sei es, dass sie nicht die Selbstkontrolle besaßen, sich gesund zu ernähren, dass sie keine wichtigen Beziehungen pflegten oder nicht den Mut besaßen, gewisse Risiken einzugehen und sich ihre Träume zu erfüllen. Vielleicht ging er deshalb so gern mit mir zu diesem Militärstützpunkt, dachte ich. Diese Soldaten sind ein Vorbild an Disziplin. Sie sind darauf gedrillt, Befehle auszuführen und nie von dem abzurücken, was sie für richtig halten. Sie konzipieren einen Plan und besitzen die innere Kraft, ihn bis zum Ende durchzuführen. Ich ließ Julian an meinen Gedanken teilhaben.

»Genau aus diesem Grund habe ich dich heute Abend hierhergebracht«, erwiderte er und freute sich über meine Einsicht. »Das Ritual, ›sich auf die wichtigen Dinge zu konzentrieren‹, erfordert enorme Selbstdisziplin und innere Überzeugung. *Die größten Kämpfe, die wir ausführen, finden in uns selbst statt.* Diese Soldaten und ihr Engagement, sich im Zaum zu halten und streng gegenüber sich selbst zu sein, werden dich immer daran erinnern. Weißt du, Peter, es ist reine Zeitverschwendung, den Planungsprozess mit dir durchzugehen und Zeiträume für deine lohnenden Aktivitäten festzulegen, wenn du dann, sobald es hart auf hart kommt, etwas anderes dazwischenkommen lässt. *Strategische Planung ist sinnlos, wenn du den Plan nicht umsetzt.* Ich weiß, es ist nicht immer einfach, das zu tun, was du geplant hast, wenn es so viele Ablenkungen gibt, denen man viel leichter nachgehen könnte.

Aber du musst das tun, was du für das Richtige hältst. ›Der erfolgreiche Mensch hat die Angewohnheit, die Dinge zu tun, die Versager nicht gerne tun‹, sagte der Essayist und Denker E. M. Gray. ›Auch sie tun sie nicht zwangsläufig gern. Aber sie ordnen ihre Abneigung ihrem Ziel unter.‹ Im 19. Jahrhundert kam der englische Schriftsteller Thomas Henry Huxley zu einer ähnlichen Schlussfolgerung: ›Vielleicht ist das wertvollste Ergebnis jeder Erziehung die Fähigkeit, sich selbst zu motivieren, das zu tun, was man tun muss, wenn es getan werden sollte, ob es dir gefällt oder nicht.‹«

»Das sind ausgezeichnete Beobachtungen, Julian.«

»Darum geht es bei der Selbstdisziplin und beim persönlichen Mut – das zu tun, was wir tun müssen, auch wenn wir es ungern tun. *Wir müssen das aufschieben, was leicht zu tun ist, und das vorziehen, was ehrenwert und richtig ist.* Ich will damit nicht sagen, dass du nicht flexibel sein solltest. Wenn etwas Unerwartetes auftritt, kümmere dich auf jeden Fall darum, wenn du dadurch die Zeit, die dir in diesem Moment zur Verfügung steht, optimal nutzen kannst. Wie ich bereits bei unserer Diskussion über den Umgang mit Veränderungen erwähnte, ist die Flexibilität eine der wichtigsten Disziplinen für visionäre Führung. Aber sorge dafür, dass du dich die meiste Zeit auf die lohnenden Dinge, auf die richtigen Dinge konzentrierst.«

»Kehren wir zum Zeitsystem für visionäre Führung zurück. Ich schreibe also die wöchentlichen Ziele, die ich mir vorgenommen habe, in meinen Tagesplaner und habe dann den Mut und die Selbstdisziplin, an ihnen festzuhalten?«

»Ja und nein.«

»Julian, es ist mir ernst damit. Ich muss diesen Prozess genau verstehen. Ich habe das Gefühl, dass die Weisen etwas sehr Mächtiges im Auge hatten.«

»Ich sage Ja, weil du deine wöchentlichen Ziele in deinen Terminplaner eintragen musst. Ich sage Nein, weil es tatsächlich etwas komplizierter ist. Ich nenne die Technik, deine wöchentlichen Ziele in deine Tage zu integrieren, *strategische Zeitblockierung*.«

»Klingt faszinierend«, erwiderte ich.

»Es ist eine völlig neue Methode, um sicherzustellen, dass die wöchentlichen Ziele, die du dir gesetzt hast, auch wirklich erreicht werden, und zwar genau zu dem Zeitpunkt, den du vorgesehen hast. Es ist eine großartige Möglichkeit, die Selbstdisziplin zu kultivieren, die du benötigst, um eine visionäre Führungspersönlichkeit zu werden, wenn du vielleicht noch nicht so viel davon aufweisen kannst, wie du solltest. Strategische Zeitblockierung wird deine persönliche Effektivität grundlegend verändern und deine Effektivität revolutionieren. Die meisten Führungskräfte leiden unter einer gefürchteten Krankheit. Hast du eine Idee, wie sie heißt?«

»Keine Ahnung, Julian.«

»Die Krankheit, die ich meine, ist bekannt als ›Verwässerung des Fokus‹ – und sie ist eine der gefährlichsten Krankheiten, die den Menschen bekannt sind. Diese Führungskräfte erreichen nichts, weil sie ihren persönlichen Fokus verwässern und versuchen, es allen recht zu machen. Indem sie ihren Fokus verwässern und versuchen, zu viele

Dinge auf zu vielen Gebieten zu tun, fallen sie ihren guten Absichten zum Opfer. Wenn du dich auf die wichtigen Dinge konzentrierst und nur auf diese, wird deine Führungsfähigkeit freigesetzt. Dann kannst du all das tun, was du schon immer tun wolltest und wovon du geträumt hast. Und die strategische Zeitblockierung wird dir dabei helfen.«

»Gut, und wie gehe ich das an?«

»Als Erstes musst du für die verschiedenen Tage der Woche verschiedene Schwerpunktbereiche festlegen. Es ist fast so, als würdest du für jeden Tag eine Gussform entsprechend einem bestimmten Thema herstellen und dann spezielle Aktivitäten hineingeben. Dadurch wirst du deine Tage nicht mehr damit verschwenden, hundert unterschiedliche Dinge zu tun. Stattdessen wirst du dich jeden Tag auf einen bestimmten Bereich konzentrieren und diesem deine Zeit widmen. Der Montag könnte zum Beispiel der Tag sein, an dem du dich nur auf Probleme und Initiativen konzentrierst, die deine Mitarbeiter angehen. Du könntest den Montag zum Tag der zwischenmenschlichen Beziehungen ernennen. Sorge dann dafür, dass jedes wöchentliche Ziel, das sich auf dieses Thema bezieht, auch für diesen Tag geplant wird. Mach dir an diesem Tag keine Gedanken über Verkaufszahlen oder über die Entwicklung neuer Produkte. Bleib konzentriert. Als Nächstes könntest du den Dienstag zu deinem Business-Entwicklungstag machen. Dieser Tag wird dann ausschließlich den Aktivitäten vorbehalten sein, die sich auf die Generierung neuer Geschäftsmöglichkeiten beziehen. Der Mittwoch könnte für Marketing- und Finanzthemen vorgesehen sein. Der Donnerstag könnte dein Tag der offenen Tür sein, du könntest dich um alle Krisen kümmern, die vielleicht auftreten, oder dich mit allgemeinen Verwaltungsfragen beschäftigen oder einfach für alle da sein, die dich brauchen.«

»Und wie sieht es mit dem Freitag aus? Wofür soll ich diesen Tag vorsehen?«

»Du kannst den Freitag für einen beliebigen wichtigen Bereich reservieren, auf den du dich gern konzentrieren möchtest. Wie gesagt musst du dir deine Woche selbst gestalten, so, wie es für dich optimal ist. *Sorge dafür, dass die Zeit dein Diener ist und nicht dein Herr.* Ich empfehle dir jedoch, den Freitag als deinen Erneuerungstag vorzusehen, als den Tag, an dem du deine Führungsqualitäten neu belebst und dich als Führungskraft neu erschaffst. Alle wöchentlichen Ziele, die sich um dieses Thema drehen, werden für den Freitag geplant. Du könntest den Tag mit strategischem Denken verbringen und damit, deine Zukunftsvision für das Unternehmen zu klären. Du könntest ihn der Vorbereitung und Priorisierung der Zukunftsplanung widmen. Du könntest ihn auch dafür nutzen, an einem Führungsseminar teilzunehmen oder mit einem Coach an deiner persönlichen Entwicklung zu arbeiten. Oder dazu, die Zeitschriften zu lesen, die du abonniert hast, aus Zeitmangel jedoch selten lesen kannst. Du könntest dich intensiv mit einem neuen Managementbuch befassen, dessen neue Ideen dich inspirieren, GlobalView zu noch größerem Erfolg zu führen. Der Freitag eignet sich auch vorzüglich für ein Brainstorming mit deinem Managementteam. Wenn du die von mir vorgeschlagene Zeitführung anwendest, wirst du endlich fähig sein, deine guten Absichten in greifbare Ergebnisse umzusetzen. Verstehst du jetzt, worum es bei der strategischen Zeitblockierung geht?«

»Ja, das tue ich. Durch die Anwendung dieses Konzepts kann ich meine Zeit auf die Dinge fokussieren, die wichtig sind. Und wie du und die größten Denker gesagt haben, besteht das Geheimnis, sinnvolle Dinge im Leben zu erreichen, darin, alle Bemühungen auf das Wichtige zu konzentrieren. Ich werde nicht länger Tag für Tag in zahlreiche verschiedene Richtungen gedrängt werden und unzählige verschiedene Dinge halbherzig tun. Ich werde nicht mehr alles, was ich angefangen habe, unbeendet lassen müssen, um umgehend das nächste kleine Buschfeuer zu löschen. Stattdessen werde ich meine Tage sinnvoll gestalten, indem ich mich an einen wöchentlichen Zyklus von festgelegten Schwerpunkten halte und meine Zeit den ›lohnenden‹ Aktivitäten widme, die mich meiner Vision näherbringen. Ich kann auch erkennen, dass dieser Prozess es mir ermöglicht, mir Zeit für die übergeordneten Aktivitäten zu nehmen, die ebenso wichtig und lohnend sind, wie meine Kreativität und mein strategisches Denken zu trainieren. Ich bin wirklich beeindruckt und ich kann es nicht abwarten, den Prozess zu testen.«

»Ich fasse also zusammen«, warf Julian ein. »Es gibt fünf Schritte für das Zeitmodell visionärer Führung. Zunächst musst du dir eine wöchentliche Planungspraxis angewöhnen und dir etwas Zeit nehmen, zum Beispiel am Sonntagabend, um dich mit deiner Vision auseinanderzusetzen. Deine Vision wird dir als persönlicher Leuchtturm dienen, der dich leitet und dich auf dem richtigen Kurs hält. In Schritt zwei überprüfst du deine Jahresziele, also die Ziele, die du dieses Jahr noch erreichen möchtest, um weiterzukommen. Im dritten Schritt legst du eine Reihe von Wochen- oder Teilzielen fest, die du im Lauf der vor dir liegenden Woche erreichen möchtest. Sobald du dies getan hast, erfordert Schritt vier, dass du diese Ziele in deine Tage einplanst, indem du die Technik der strategischen Zeitblockierung anwendest. Jeder Wochentag hat einen bestimmten Schwerpunkt. Plane jede Aktivität für den dafür vorgesehenen Tag ein, und stelle sicher, dass sie durchgeführt wird. Wenn du die einzelnen Schritte erst mal drei oder vier Wochen umgesetzt hast, wirst du feststellen, dass es ziemlich einfach ist.«

»Und wie sieht Schritt fünf aus?«

»Hier geht es um das, was Yogi Raman ›regelmäßige Reflexion‹ nannte. *Die Reflexion ist die Mutter der Weisheit,* Peter. Vergiss das nie. Und Weisheit zu besitzen, ermöglicht dir, klügere Entscheidungen zu treffen, was wiederum zu einem erfüllteren Leben führt, sowohl beruflich als auch persönlich. Nimm dir jeden Sonntagabend, wenn du die kommende Woche planst, ein paar Augenblicke Zeit, um intensiv über die vergangene Woche nachzudenken. Hast du das, was du dir vorgenommen hattest, zum geplanten Zeitpunkt durchgeführt? Wenn nicht, warum nicht? Was würdest du anders machen, wenn du die Chance hättest, diese Woche noch einmal zu erleben? Hast du dich auf ›die wichtigen Dinge‹ konzentriert? Bewusstsein geht der Veränderung voraus, und wenn du dir nicht der Aktivitäten bewusst bist, mit denen du deine Zeit verbringst, wirst du nie herausfinden, dass es eben Aktivitäten gibt, die es eher verdienen, dass du dich ihnen widmest. Wenn du darüber nachdenkst, wie du deine Zeit verbringst, wirst du in der nächsten Woche nicht nur effektiver sein, sondern dich selbst auch besser kennenlernen.«

»Kennen sich die meisten Menschen nicht selbst?«

»Keineswegs. Die meisten Menschen haben keine Ahnung, welche Stärken oder Schwächen sie haben. Und das Ergebnis ist, dass sie ihr Leben lang immer wieder dieselben Fehler machen. Wenn du dir die Zeit nimmst, darüber nachzudenken, wie du führst und wie du lebst, bist du in der Lage, jede Woche diese außergewöhnlich wichtigen Kurskorrekturen vorzunehmen und dich als Führungskraft – und als Mensch – kontinuierlich weiterzuentwickeln. Denk daran, mein Freund, es ist nicht schlimm, einen Fehler zu machen, denn Fehler lassen uns reifer und weiser werden. Aber es ist schlimm, ständig dieselben Fehler zu machen. Das zeugt von einem totalen Mangel an Weisheit. Fang damit an, *vergangene Fehler für künftige Erfolge zu nutzen. Lass zu, dass deine Vergangenheit dir dient.* Das ist eine der größten Fähigkeiten visionärer Führungskräfte. Und es gehört zu den Grundlagen eines effektiven Lebens. Regelmäßige Reflexion wird dafür sorgen, dass du dies umsetzt. Wie Seneca sagte: ›Solange du lebst, lerne, wie du leben solltest.‹«

Dunkelheit überzog nun den Himmel, und die einzigen Geräusche, die die Luft erfüllten, waren die der Ochsenfrösche und der Grillen. Ich genoss diesen Abend mit Julian sehr.

Zwei alte Freunde, die ruhig unter dem Sternenhimmel saßen, die gegenseitige Gesellschaft genossen und sich über so wichtige Themen wie Führung und das Leben Gedanken machten. Ich fragte mich, warum ich nicht schon früher über diese Dinge nachgedacht hatte. War ich immer so beschäftigt, dass ich keine Zeit fand, über die Dinge nachzudenken, die wirklich wichtig sind?

In den Wochen seit Julian zum ersten Mal im Rosengarten vor meinem Büro aufgetaucht war, hatten sich bei GlobalView bemerkenswerte Veränderungen vollzogen. Julians Führungsweisheit hatte mich wachgerüttelt, was dringend nötig gewesen war, und mir den Weg gezeigt, den ich einschlagen musste, wenn wir den Status als weltweit erstklassiges Unternehmen erlangen wollten. Ich hatte viele von Julians Lektionen und Philosophien in die Praxis umgesetzt und mein gesamtes Managementteam mit den Ritualen visionärer Führung vertraut gemacht, die er mir bislang vermittelt hatte. Und die Veränderungen, die ich beobachten konnte, waren einfach unglaublich.

Die Menschen sprühten regelrecht vor Begeisterung. Sie fühlten sich von der Zukunftsvision, die ich mit ihnen teilte, erfüllt und glaubten, sie seien ein integraler Teil von etwas Bedeutsamem. Ich hörte einige Mitarbeiter sagen, dass man ihnen zum ersten Mal seit Jahren zuhöre und dass ihre Interessen verstanden wurden. Unser neues Belohnungs- und Anerkennungsprogramm war erfolgreich, genauso unser erster ›verrückter Tag‹. Wir hatten damit begonnen, eine eng verbundene Gemeinschaft zu bilden und den Wandel zu unserem Vorteil zu nutzen.

Nach gründlicher Gewissensprüfung nahm ich selbst einige sehr persönliche Verbesserungen in dieser Zeit vor. Die Weisheit, mit der Julian mein Leben bereichert hatte, ließ mich erkennen, dass meine Rolle als Führungskraft darin bestand, »die Stärken der Mitarbeiter freizusetzen« und ihnen die Freiheit einzuräumen, sich weiterzuentwickeln, während wir unsere Träume für GlobalView verwirklichten. Zum ersten Mal in meinem Leben war mir bewusst, wie wichtig es ist, Versprechen zu halten, »aktiv zuzuhören«, »kontinuierlich empathisch zu sein« sowie »fanatisch ehrlich«, um mit Julians Worten zu sprechen. Und ich begann, hart an mir zu arbeiten, um mein Temperament zu zügeln. Glauben Sie mir, all meine Bemühungen bewirkten einen gewaltigen Unterschied. Vor allem meine Frau Samantha bemerkte eine Veränderung an mir. Julian hatte völlig recht, als er sagte, dass ich damit aufhören müsse, anderen die Schuld an den Problemen unseres Unternehmens zuzuschieben, und dass stattdessen ich die Verantwortung für Misserfolge übernehmen müsse. Wie er gesagt hatte: »Großartige Führung hat großartige Mitarbeiter zur Folge.«

Die Arbeitsmoral besserte sich enorm, Loyalität und Engagement spielten wieder eine Rolle; die Mitarbeiter wurden so produktiv, wie sie es seit Jahren nicht mehr gewesen waren. Sie äußerten sich über das Unternehmen, als wären sie Miteigentümer und an seinem Erfolg beteiligt und als wären sie selbst Geschäftsleute. Das gefiel mir. Unser neues Vorschlagsprogramm, das es jedermann erlaubte, dem Management per E-Mail eine Idee zu unterbreiten, um die Arbeitsweise bei

GlobalView zu verbessern, hatte ein paar erstaunliche Innovationen zur Folge, die uns dabei unterstützten, die Kosten zu senken, die Effektivität zu steigern, unseren Kundenservice zu verbessern und uns unserer Zukunftsvision zu nähern. Seien Sie versichert, die Mitarbeiter, die diese Vorschläge unterbreiteten, wurden entsprechend anerkannt und belohnt. Die Führungsweisheit, die jene Weisen oben im Himalaja Julian vermittelt hatten, wirkten Wunder bei uns.

»Warum schaust du unentwegt zu diesem Stern hoch, Julian?«, fragte ich, als er erneut den hellsten Stern am Himmel anstarrte. »Du wolltest es mir doch verraten.«

»Das werde ich auch, aber die Zeit ist noch nicht reif. Doch bald wird es so weit sein, denn wir kommen mit Yogi Ramans System visionärer Führung allmählich zum Ende. Im Augenblick möchte ich dir nur sagen, dass dieser Stern mein Freund ist. Wie du weißt, habe ich in meinem Leben viel durchgemacht, vor allem in den letzten Jahren, als ich einen Herzinfarkt erlitt und noch viel mehr. Es war ein regelrechter Glaubensakt für mich, als ich mich aus der Unternehmenswelt zurückzog – ich habe viel hinter mir gelassen.«

»Zum Beispiel deinen wunderschönen Ferrari«, bemerkte ich.

»Ja, genau«, stimmte Julian mir zu. »Dieser Stern da oben hat mir den Weg gezeigt.«

Ich hatte immer noch keine Ahnung, wovon Julian sprach, aber da ich spürte, dass er nicht bereit war, mir zu erklären, in welcher Beziehung er zu diesem Stern stand, beschloss ich, nicht darauf zu beharren.

Als ich in dieser Nacht zu Bett ging und mich an Samantha kuschelte, waren meine Gedanken immer noch bei Julian. Er war ein Superstar in der Unternehmerwelt gewesen, war gerade noch dem Tod von der Schippe gesprungen. Das hatte ihn bewogen, all seine Besitztümer aufzugeben und sich auf die Suche nach der Weisheit zu machen, von der er wusste, dass sie ihm immer gefehlt hatte. Er wanderte durch Indien und hoch in den Himalaja, bis er die Quellen der Weisheit fand, die er gesucht hatte. Die Weisen von Sivana gaben ihm nicht nur die Geheimnisse der Jugend und des Glücks preis, sondern vermittelten ihm auch die Rituale visionärer Führung. Die Wandlung, die Julian als Person vollzogen hatte, grenzte an ein Wunder. Ich erkannte jetzt, dass der Wandel, den ich als Führungskraft zu vollziehen begonnen hatte, nicht weniger verblüffend war.

Ich griff zu der Lampe auf dem Nachttisch neben unserem Bett, schaltete sie ein und blickte angestrengt auf den kleinen Gegenstand, den ich behutsam neben meine Lesebrille gelegt hatte. Er war aus Holz. Julian hatte ihn mir geschenkt, kurz bevor ich mich auf dem Militärstützpunkt von ihm verabschiedete. Es handelte sich um das nächste Teil des aufwendig verarbeiteten Puzzles, das im Lauf unserer Treffen immer vollständiger wurde. Wieder konnte ich das leicht gefärbte Muster darauf nicht erkennen. Doch auch dieses Mal war es mit einer Inschrift versehen. Sie lautete schlicht: *Ritual 6: Führe dich selbst.*

Kapitel 9 – Zusammenfassung von Wissen • Julians Weisheit in Kurzfassung

Das Ritual

Die Essenz

Das Ritual der persönlichen Effektivität

Die Weisheit

- Das Geheimnis der persönlichen Effektivität liegt darin, sich auf ein Ziel zu konzentrieren.
- Die Kunst, Dinge zu erledigen, besteht darin, zu wissen, welche Dinge unerledigt bleiben müssen.
- Wenn du nicht über deine Zeit bestimmst, wird deine Zeit über dich bestimmen.
- Wenn du deine Prioritäten nicht in deinen Terminplaner einträgst, werden die Prioritäten anderer deinen Terminplaner beherrschen.

Die Praktiken

- das Zeitmodell für visionäre Führung™
- strategische Zeitblockierung

Zitat

Vergiss nie, wie wichtig jeder Tag deines Lebens ist. So wie du deine Tage lebst, so lebst du dein Leben. Vergeude keinen einzigen Tag. Die Vergangenheit ist Geschichte und die Zukunft pure Einbildung. Dieser Tag heute, die Gegenwart, ist in Wirklichkeit alles, was du hast.

Der Mönch, der seinen Ferrari verkaufte

RITUAL 6

FÜHRE DICH SELBST

KAPITEL 10

Das Ritual der Selbstführung

Es ist keineswegs edel, anderen überlegen zu sein. Echte Vornehmheit besteht darin, deinem früheren Selbst überlegen zu sein.

Altes indisches Sprichwort

Der Mount Percival ist der höchste Berg in diesem Landesteil. Bergsteiger und Abenteurer strömen von weit her, um seine Nordwand zu erklimmen, die als eine der tückischsten aller Aufstiege in unserer Gegend gilt. Vor ein paar Jahren kam der Sohn eines meiner Kollegen bei einem Gipfelsturm um. Er und die sieben Mitglieder seines Teams wurden ungefähr 60 Meter unterhalb des Gipfels entfernt erfroren aufgefunden. Ich konnte mir beim besten Willen nicht vorstellen, warum Julian mich ausgerechnet hier treffen wollte.

Als ich mit meinem Geländewagen die kurvenreiche Straße hinauffuhr, die zu einem von Touristen und Wanderern gern besuchten Gebiet am Fuß des Bergs führte, wurde mir klar, dass ich angefangen hatte, auf Julians regelmäßige Coaching-Sitzungen zu bauen. Jedes einzelne Meeting hatte mir nicht nur eine Menge Führungsweisheiten sowie eindrucksvolle Lektionen über Veränderungen im Unternehmen vermittelt, sie waren für mich auch Miniabenteuer, die mich aus meiner »Komfortzone« herausholten, um Julians Worte zu gebrauchen, und mir neue Wege des Denkens und Handelns eröffneten. Ich ahnte, dass Julian nicht sehr lange an einem Ort verweilen würde, da es sein innigstes Anliegen war, die Philosophie der Weisen in unserem Teil der Welt zu verbreiten. Und ich wusste schon jetzt, dass ich ihn vermissen würde, wenn er weiterzog.

Als ich am Fuß des Berges ankam, wo es an diesem schönen Tag von Menschen aus aller Welt wimmelte, entdeckte ich Julian. Im Gegensatz zu unserem letzten Treffen trug er heute sein traditionelles rubinrotes Mönchsgewand und seine abgetragenen Sandalen. Wie immer strahlte sein Gesicht Vitalität und Gesundheit aus. Und wie immer bei unseren Treffen lächelte er. Es fiel mir nach wie vor etwas schwer zu glauben, dass dieser jugendlich aussehende Mann tatsächlich Julian Mantle war, der ehemalige trinkfeste, schnelllebige Unternehmer, der mitten in einem überfüllten Gerichtssaal einen Herzinfarkt erlitten hatte.

»Hallo, Peter«, sagte Julian herzlich. »Was für ein schöner Tag hier oben auf dem Berg«, fügte er hinzu und atmete tief ein. »Es verleiht mir das Gefühl, als wäre ich wieder im Himalaja bei Yogi Raman und den übrigen weisen Lehrern.«

»Vermisst du ihre Gesellschaft?«

»Oh ja, sehr. Sie waren die freundlichsten und großzügigsten Männer und Frauen, die ich je kennengelernt habe. Sie behandelten mich wie ein Mitglied ihrer kleinen Familie, und ich hatte das Gefühl, dass sie ein Teil von mir waren. Diese Tage dort oben in der natürlichen Oase der Schönheit, des Friedens und des Wissens waren wirklich die besten meines Lebens. Ich habe ihnen ein Versprechen gegeben und habe vor, es zu halten. Ich muss eine Aufgabe erfüllen und werde den Rest meines Lebens damit verbringen, ihre Vorstellungen von der Führungsrolle in der Wirtschaft und im Leben zu verbreiten und dafür zu sorgen, dass ihre zeitlose Botschaft von all denen gehört wird, die sie hören müssen.«

»Darf ich dir noch eine Frage stellen?«

»Aber klar«, erwiderte Julian, als wir auf die Hütte zugingen, um ein Ticket für die Bergfahrt mit der Seilbahn zu kaufen.

»Warum fahren wir da hoch?«, fragte ich und reckte den Hals, um zum Gipfel hochzuschauen.

»Weil ich dir noch eine weitere Lektion in Sachen Führung vermitteln möchte. Und das ist der ideale Ort dafür.«

Während wir den Berg hinauffuhren, schwiegen wir beide. Der Anblick, der sich uns bot, war atemberaubend schön, etwas, was man in vollen Zügen – und schweigend – in sich aufnehmen musste. Angesichts des Hochgefühls, das mich durch diese Verbindung mit den Gaben der Natur überkam, fragte ich mich, warum ich nicht häufiger mein mit Eichenholz getäfeltes Büro verließ, um hinauszugehen und die einfachen Freuden des Lebens zu genießen. Ich könnte wenigstens an den Wochenenden mit Samantha und den Kindern hierherfahren. Ich musste unbedingt mehr Zeit mit ihnen verbringen. Und ich wusste, dass ein solcher Ausflug meinen Tagen mehr Perspektive und meinen Wochen mehr Energie verleihen würde.

Nach etwa einer halben Stunde Fahrt in Richtung Gipfel hielt die Seilbahn unvermittelt an und eine Stimme aus dem Lautsprecher forderte uns auf, auszusteigen. Julian, der sich hier offensichtlich auskannte, führte mich über einen schneebedeckten Gehweg, der auf beiden Seiten durch dicke Seile gesichert war. Schweigend folgte ich meinem Freund, vertraute diesem Mann vorbehaltlos, der, wie ich hatte erleben dürfen, nur mein Bestes im Sinn hatte. Schließlich erreichten wir unser Ziel. Und es bot sich ein einmaliger Anblick.

Von dem Bergrücken, auf dem wir standen, konnten wir das gesamte Gebiet überblicken sowie weitere kleine Berge sehen, die sich mühsam durch die dicken Wolken am ansonsten strahlend blauen Himmel schoben. Ich wünschte mir sehr, Samantha und die Kinder wären hier bei mir. Dieser Anblick hätte sie zum Staunen gebracht. An diesem traumhaften Ort empfand ich einen tiefen inneren Frieden und sagte es meinem jugendlichen Begleiter.

»Ich weiß, was du meinst, mein Freund. Ich weiß, was du meinst.«

Nachdem Julian ein paar Minuten lang die Aussicht genossen hatte, begann er seine Unterweisung.

»Das sechste Ritual ist ein äußerst wichtiges, Peter. Es ist eines, das visionäre Führungskräfte täglich praktizieren. Wenn sie es einmal nicht tun, sei es nur für ein paar Tage, wird ihre Vision geschwächt und ein großer Teil ihrer Effektivität geht verloren.«

»Was genau bedeutet ›Führe dich selbst‹?«, fragte ich, während ich das sechste Puzzleteil aus dem leichten Skianorak zog, den ich zu diesem Anlass angezogen hatte, und es genauer betrachtete.

»Das sechste Ritual ist das Ritual der Selbstführung. Leider ist die Selbstführung die Disziplin, die in diesem Teil der Welt von den Führungskräften am meisten ignoriert wird. Und doch bildet sie das Fundament, auf dem sich jeder andere Erfolg im Geschäft und im Leben aufbaut.«

»Ist Selbstführung identisch mit Selbstverbesserung?«

»Es geht dabei um sehr viel mehr. Sir Edmund Hillary, der, wie du weißt, als erster Mensch den Mount Everest bestieg, hat es wie folgt ausgedrückt: ›Wir bezwingen nicht den Berg, sondern uns selbst.‹ Das ist wirklich die Essenz der Selbstführung – es geht darum, sich selbst zu bezwingen und zu beherrschen.«

»Interessant.«

»Die meisten Führungspersönlichkeiten glauben, dass Effektivität und Exzellenz auf äußere Faktoren wie effiziente Mitarbeiter oder die Nutzung neuester Technologie zurückzuführen sind. Die Wahrheit ist, dass der Erfolg eine innere Angelegenheit ist, wie visionäre Führungskräfte bereits seit Jahrhunderten wissen. Marktführerschaft beginnt mit Selbstführung.«

Nachdem Julian noch einmal die frische Bergluft tief eingeatmet hatte, fuhr er fort: »Weißt du, Peter, wie kannst du ein Unternehmen führen, wenn du nie gelernt hast, dich selbst zu führen? Wie kannst du ein Team coachen, wenn du nicht einmal die Kunst des Selbstcoachings beherrschst? Und wie kannst du von dir erwarten, dass du in der Lage bist, andere zu führen, wenn du die Fähigkeit, dich selbst zu führen nicht kultiviert hast?«

»Mein Dad pflegte zu sagen, dass man nichts Gutes tun kann, wenn man sich nicht gut fühlt.«

»Völlig richtig. Und Goethe brachte es auf ähnliche Art auf den Punkt, als er sagte: ›Bevor man etwas tun kann, muss man etwas *sein*.‹ Du kannst nicht die inspirierende Führungskraft sein, die du gerne wärst, wenn du jeden Morgen aufwachst und dich elend und deprimiert fühlst. Du kannst deine Mitarbeiter nicht zum Sieg führen, wenn du durch mangelnde Energie gebremst wirst. Es wird dir nicht gelingen, ihre Herzen zu erobern und ihren Verstand anzuregen, wenn du sie nur anbrüllst und anschreist. Vergiss nicht: Bevor du in der Lage bist, andere zu mögen, musst du dich selbst mögen. *Äußerer Erfolg beginnt im Inneren.* Das erinnert mich an die alte Geschichte, die mir mein Lieblingsprofessor während meines Jurastudiums erzählt hat«, fügte Julian hinzu. »Eines Abends entspannte sich ein Vater nach einem langen Tag im Büro mit der Lektüre der Zeitung. Sein Sohn, der spielen wollte, ließ ihm keine Ruhe. Schließlich war der Vater genervt, riss eine Abbildung der Weltkugel aus der Zeitung und zerriss sie in viele kleine Stücke. ›Da, mein Sohn, versuch die Schnipsel wieder zusammenzusetzen‹, sagte er und hoffte, dass der Junge lange genug damit beschäftigt sein würde, damit er seine Zeitung in Ruhe lesen konnte. Zu seiner Verblüffung hatte sein Sohn nach einer knappen Minute den Globus wieder korrekt zusammengesetzt. Als der erstaunte Vater fragte, wie er dieses Kunststück geschafft hatte, lächelte das Kind sanft und erwiderte: ›Dad, auf der anderen Seite des Globus befand sich die Abbildung einer Person, und sobald ich diese zusammengesetzt hatte, war auch die Welt wieder in Ordnung.‹«

»Die Lektion lautet also, dass der Erfolg im Außen in Wirklichkeit im Inneren beginnt. Alles beginnt damit, dass ich mich zusammenreiße. Und sobald mir das gelingt, ist meine eigene Welt in Ordnung, nicht wahr?«

»Ja, Peter, genauso ist es.«

»Willst du mir damit nahelegen, dass ich meine persönliche Entwicklung in Richtung Meisterschaft zu einem meiner Hauptziele machen sollte?«

»Und schwör einen Eid darauf.«

»Was macht das für einen Unterschied?«

»Ein Ziel ist etwas, das du anstrebst, eine positive Absicht, die du irgendwann in der Zukunft in die Tat umsetzen möchtest. Ich habe von den Weisen erfahren, dass ein Eid etwas viel Tieferes ist. Wenn du einen Eid leistest, verpflichtest du dich von ganzem Herzen, dein gegebenes Versprechen einzuhalten. Scheitern ist einfach keine Option. Wenn du einen Eid leistest, weigerst du dich schlichtweg zu verlieren.«

»Ist die Selbstführung wirklich so wichtig?«

»Unbedingt. Alle großen Denker kannten diese Wahrheit. Seneca sagte: ›Sich selbst zu beherrschen, ist die größte Meisterschaft‹, während Konfuzius zu der Feststellung gelangte, dass ›gute Menschen sich selbst unaufhörlich bestärken‹. ›Der Mensch wird durch sich selbst geschaffen und zerstört‹, entdeckte James Allen, während der chinesische Militärführer Sun Tzu bereits im 6. Jahrhundert sagte: ›Es liegt in unserer eigenen Hand, uns gegen Niederlagen zu wappnen.‹ Selbst der moderne Führungsphilosoph Peter Drucker bemerkte: ›Die Persönlichkeitsentwicklung einer effektiven Führungskraft ist von wesentlicher Bedeutung für die Entwicklung einer Organisation, egal, ob es sich um ein Unternehmen, eine Regierungsbehörde, ein Forschungslabor, ein Krankenhaus oder einen Militärdienst handelt. Sie ist fundamental für die Leistungsfähigkeit einer Organisation.‹ Siehst du, mein Freund, eines der beständigsten aller alten Gesetze der Menschheit ist das Gesetz, das besagt, dass wir *die Welt nicht so sehen, wie sie ist, sondern wie wir sind.* Wenn wir unsere Persönlichkeit verbessern und verfeinern, und wenn wir definieren, wer wir sind, sehen wir die Welt aus der höchsten, aufgeklärtesten Perspektive. Indem wir uns selbst beherrschen, sehen wir die Welt, ihre grenzenlosen Möglichkeiten und ihr Potenzial von der Spitze des Berges und nicht von unten. Verpflichte dich zu Spitzenleistungen. Erhöhe die persönlichen Standards, die du dir selbst gesetzt hast. Bemühe dich, alles spektakulär gut zu machen. *Vergiss nicht. Wenn du dich im Kleinen mit dem Mittelmaß zufrieden gibst, wirst du es auch im Großen tun. Und alles, was weniger ist als eine bewusste Verpflichtung zu persönlicher Spitzenleistung, ist eine unbewusste Verpflichtung zu schwacher persönlicher Leistung.«*

Während ich diese tiefschürfende Führungsweisheit in mich aufnahm, blickte ich in die Ferne. Ich hatte mir nie die Zeit genommen, über die eigene Selbstvervollkommnung nachzudenken, hatte aber auf meinen diversen Flügen andere Führungskräfte beobachtet, die hierzu Bücher lasen wie *As a Man Thinketh* von James Allen, *University of Success* von Og Mandino, *Denke nach und werde reich* von Napoleon Hill, *Erfolg kommt nicht von ungefähr: durch Psychokybernetik positiv denken und handeln* von Maxwell Maltz und *MegaLiving* von Robin Sharma. Insgeheim habe ich dabei stets gedacht: Es hätte auch mich erwischen können, da ich vermutete, dass es sich um arme Seelen handelte, die eine berufliche oder persönliche Krise durchmachten. Doch nun erkannte ich: Jene, die fähig waren, ihre Mitarbeiter effektiv zu führen, waren weise; aber jene, die sich selbst beherrschten, waren erleuchtet. Das Wichtigste, was eine Führungskraft tun konnte, um ihr Unternehmen zu verbessern, war, zuerst sich selbst zu verbessern. Mein Dad hatte recht. Man kann nichts Gutes tun, wenn man sich nicht gut fühlt. Es ist unmöglich, Großes zu vollbringen, wenn man keine großartigen Gedanken hat. Ich musste einen »Eid« schwören, wie Julian vorgeschlagen hatte, mich ernsthaft um meine Weiterentwicklung zu kümmern, damit ich all das erreichen konnte, was ich erreichen wollte. Ich musste mich auf die wichtigen Dinge fokussieren und mir Zeit nehmen, mein Innenleben auf eine völlig neue Stufe der Effektivität zu heben.

»Verstehst du jetzt, warum ich dich auf diesen Berggipfel gebracht habe? Um andere führen zu können, musst du dich erst selbst führen können«, sagte Julian. »Du musst deine eigenen Berge besteigen, ganz nach oben gelangen und dich dabei selbst bezwingen. Du musst aufhören, Ausreden zu suchen, warum etwas schiefgegangen ist, und eine gewisse Verantwortung für eine Veränderung übernehmen. Visionäre Führungskräfte sind alibifrei.«

»Was verstehst du unter alibifrei?«, erkundigte ich mich.

»Als Prozessanwalt hatte ich im Lauf meiner Tätigkeit die Gelegenheit, Tausende von Zeugen ins Kreuzverhör zu nehmen. Egal, wie schuldig sie waren, sie verhielten sich alle gleich. Sie alle brachten eine Ausrede vor und schoben die Schuld jemand anderem zu. Nicht ein einziges Mal konnten sie klar und einfach zugeben: ›Es war allein meine Schuld. Ich war im Unrecht. Es tut mir aufrichtig leid.‹«

»Sie hatten alle ein Alibi.«

»Genau. Aber visionäre Führungskräfte übernehmen die Verantwortung für sich selbst, sie übernehmen die Verantwortung für ihr Schicksal. Sie wissen: Wenn es mit der Moral im Unternehmen ein Problem gibt, dann liegt dies an ihrer Führung. Sie verstehen, dass es an ihnen liegen muss, wenn es ihren Beziehungen an Tiefe und Herzlichkeit fehlt. Sie wissen, dass ihre Vorstellungen und ihre Maßnahmen recht fragwürdig sein müssen, wenn ihre persönlichen Leistungen nicht hervorragend sind. Deshalb sage ich, dass visionäre Führungskräfte alibifrei sind. Sie besitzen so viel Charakter, zu erkennen, dass sie ihre Zukunft selbst in der Hand haben und dass ihr äußeres Leben durch ihr inneres geprägt ist. Es verhält sich so wie beim Erklimmen eines hohen Bergs«, fügte Julian enthusiastisch hinzu. »Je höher du in dir selbst nach oben kletterst, desto mehr wirst du sehen. Je mehr du begreifst, wer und was du wirklich bist, als Mensch, als Künstler und als Führungskraft, desto mehr Wertschätzung wirst du deinem Umfeld entgegenbringen können. Das Schlimmste, was ich mir vorstellen kann, ist ein Mensch, der kein Gespür für sich selbst hat, der keine Vorstellung davon hat, was er in seinem Leben erreichen könnte, wenn er nur den Mut hätte, durch die Disziplin der persönlichen Weiterentwicklung sein volles Potenzial zu entfalten. Zu viele Menschen leben weit unter ihrem Potenzial. Wie Wordsworth einst feststellte: ›Die Welt ist uns zu viel; sie gibt und nimmt, und unsere Kräfte sind im Nu geschwunden; was hätten wir in der Natur gefunden, das unser wär? Das heiße Herz verglimmt.‹[1] Damit möchte ich einfach sagen: *Führung beginnt in deiner Welt mit der Führung deines eigenen Lebens.*«

Julian ging zu einer langen Holzbank, die auf dem Bergrücken stand, und setzte sich. Er schloss die Augen und atmete noch einmal tief die kühle, reine Luft dieses atemberaubenden

1 Entnommen von https://www.signaturen-magazin.de/william-wordsworth--die-welt-ist-uns-zu-viel.html. [Anm. d. Übers.]

Bergrefugiums ein, bevor er mit seinem leidenschaftlichen Vortrag über den Wert der Selbstführung fortfuhr.

»Weißt du, Peter, ich liebe diesen Ort hier wirklich. Seit meiner Rückkehr aus dem Himalaja war ich wahrscheinlich schon fünfzig Mal hier oben. Hier bekomme ich einen freien Kopf. Das Leben mit den Weisen war so heiter und friedlich. Sie waren zwar äußerst produktive Menschen, doch auf eine zwanglose Art. Ich muss zugeben, dass ich mich jetzt, wo ich zurück bin, ständig bemühen muss, mich nicht von dem hektischen Tempo unserer Gesellschaft anstecken zu lassen.«

»Mir geht es genauso«, erwiderte ich. »Das Tempo, das ich im Büro unentwegt an den Tag lege, ist unmenschlich. Meistens verhalte ich mich wie ein Wilder. Weißt du, dass meine Assistentin Arielle meinen Terminkalender bereits für die nächsten dreizehn Monate vorbereitet hat? Die Anzahl der Menschen, die ich treffen muss, und der Berg von Arbeit, den ich zu bewältigen habe, ist absolut unglaublich. Obwohl das Zeitmodell für visionäre Führungskräfte, das du mir erläutert hast, es mir allmählich ermöglicht, mich auf die wichtigen Dinge zu konzentrieren, bin ich nach wie vor gestresst.«

»Dies ist ein guter Übergang zu der ersten der fünf uralten Disziplinen für Selbstführung. Diese Disziplinen beinhalten die zeitlose Weisheit, die mir Yogi Raman zur persönlichen Weiterentwicklung in Richtung Meisterschaft vermittelte. Es sind sozusagen Erfolgsmethoden für menschliche Exzellenz und innere Führung. Yogi Raman erkannte, dass es mir ziemlich schlecht ging, als ich im Himalaja eintraf, da ich mich noch immer nicht richtig von meinem Herzinfarkt erholt hatte. Also weihte er mich in eine Reihe von Philosophien und Techniken ein, um meinen Seelenfrieden wiederherzustellen. Als ich diese Strategien anwandte, erfolgten tiefgreifende Veränderungen. Das Gefühl der Gelassenheit, das ich als Unternehmenssuperstar verloren hatte, kehrte zurück. Ich konnte jetzt die Gewohnheit überwinden, mir ständig Sorgen zu machen, die mich so lange gequält hatte. Mein Energielevel stieg an. Ich fühlte mich wieder so, wie ich es als idealistischer Student an der Harvard Law School getan hatte. Und ich sah nach einer Weile um einige Jahre jünger aus.«

»Ganz im Ernst«, bemerkte ich lächelnd. »Als ich dich an jenem Tag in meinem Rosengarten erblickte, dachte ich, du seist ein junger Bursche. Deine Verwandlung ist erstaunlich und ich würde gern erfahren, wie du das angestellt hast. Worin besteht die erste Disziplin der Selbstführung?«

»Es ist die Disziplin der persönlichen Erneuerung. Alle visionären Führungskräfte durchlaufen regelmäßig eine Erneuerung. Sie nehmen sich Zeit, ihren Körper zu revitalisieren und ihren Geist zu beleben. In diesen informationsüberfrachteten Zeiten, in denen wir leben, werden Führungskräfte und Manager dazu getrieben, mit weniger Ressourcen mehr zu erreichen, cleverer, schneller und härter zu arbeiten. Dieses frenetische Tempo, das du einhalten musst, um mit der Konkurrenz mithalten zu können, fordert seinen Preis in Bezug auf deine Art zu denken, zu fühlen und zu arbeiten. Aber du darfst nicht vergessen, dass in Wirklichkeit nicht der Stress deine Effektivität mindert und dazu führt, dass du dich am Ende des Tages völlig erschöpft fühlst.«

»Es ist nicht der Stress?«

»Nein. Was kontraproduktiv ist, ist die Unfähigkeit der meisten Führungskräfte und Manager, den unvermeidlichen Stress, mit dem sie konfrontiert sind, etwas *abzubauen*. Wie ich dir bereits erklärt habe, ist mit Veränderungen immer ein gewisses Angstgefühl verbunden, und Veränderungen sind die dominierende Kraft in der heutigen Geschäftswelt. Um in diesem neuen Wirtschaftssystem Erfolg zu haben, musst du noch härter arbeiten und dir noch höhere Ziele stecken. Aber aus Tugenden können Laster werden, wenn sie übermäßig praktiziert werden, und Arbeitsüberlastung muss durch Auszeiten ausgeglichen werden. Die beste Methode besteht darin, sich regelmäßig Entspannung durch selbsterneuernde Aktivitäten zu verschaffen. Wie der chinesische Philosoph Laotse sagte: ›Alles Handeln hat seinen Ursprung in der Ruhe. Das ist die letzte Wahrheit.‹ Das macht dich stressresistent und ermöglicht es dir, über längere Zeiträume ein hohes Maß an Ausdauer und Kreativität beizubehalten. Ich schlage dir ein wöchentliches Sabbatical als oberste Priorität vor.«

»Was ist ein wöchentliches Sabbatical?«

»Früher mussten die Menschen am Ende einer jeden Arbeitswoche einen Ruhetag einlegen. Dieser Tag, der sogenannte Sabbat, wurde genutzt, um sich zu entspannen, Zeit mit der Familie zu verbringen, sich persönlichen Hobbys zu widmen oder geistigen Aktivitäten nachzugehen. Als Ergebnis begannen die Arbeitnehmer die neue Woche voller Energie, Eifer und Überzeugung und waren bereit, sich den Herausforderungen zu stellen, die ihr Job unweigerlich mit sich brachte. Leider gibt es diese Tradition nicht mehr, denn die meisten Menschen und ehrgeizigen Manager glauben, dass eine ununterbrochene Arbeitsroutine die einzige Möglichkeit ist, Spitzenleistungen zu erbringen. Erst wenn sie von Geschwüren und Migräne geplagt werden oder einen vorzeitigen Herzinfarkt erleiden, werden sie wachgerüttelt und fangen an, ihre Arbeits- und Lebensweise zu ändern. Leider ist es dann manchmal bereits zu spät. Glaub mir, mein Freund, ich spreche aus persönlicher Erfahrung.«

Julian hielt kurz inne. »Ich schlage also vor«, fuhr er schließlich fort, »dass du jede Woche einen bestimmten Zeitraum für eine persönliche Erneuerung festlegst. Die Zeit, die du damit verbringst, deine Batterien wieder aufzuladen, ist niemals eine Verschwendung, sondern ein notwendiger Teil jeder Spitzenleistung. Bei der Erholung geht es um Wiederherstellung. Die Zeit, die du mit echter Erholung verbringst, macht dich stärker, klüger und zu einer besseren Führungspersönlichkeit. Abraham Lincoln brachte es auf den Punkt, als er sagte: ›Hätte ich acht Stunden Zeit, einen Baum zu fällen, würde ich sechs Stunden damit verbringen, meine Axt zu schärfen.‹«

»Du willst damit also sagen: Wenn ich weiter so arbeite wie jetzt, ohne mir einen Urlaub oder regelmäßig einen freien Tag zu gönnen, dann ist das so, als würde ich meinen BMW Tag für Tag mit Vollgas fahren, ohne mir jemals die Zeit für einen Boxenstopp zu nehmen.«

»Genau. *Sich keine Zeit für die Disziplin der Selbsterneuerung zu nehmen, ist so, als sei man derart beschäftigt mit dem Auto-*

fahren, dass man keine Zeit hat, anzuhalten, um zu tanken. Nicht gerade die klügste Denkweise, oder?«

»Ich bin ganz deiner Meinung. Aber wie kann ich mir Zeit für mich freinehmen?«

»Ich habe dir das Geheimnis bereits verraten.«

»Im Ernst?«

»Nutze das Zeitmodell visionärer Führung und die Technik der strategischen Zeitblockierung, die ich dir auf dem Militärstützpunkt erklärt habe. Berücksichtige bei deiner Planung für den Sonntagabend – die du, wie ich weiß, inzwischen zu einem Ritual gemacht hast – für die kommende Woche einen Zeitraum für Erholung, Entspannung und die Erneuerung, die du benötigst, um Höchstleistungen zu bringen. Sorge dafür, dass mindestens eines deiner wöchentlichen Ziele im Zusammenhang mit deiner Ruhezeit steht. Und nimm dir vor, mindestens eine Stunde in dein wöchentliches Sabbatical zu investieren. Langfristig wird sich das für dich in höchstem Maße auszahlen, insbesondere wenn es um effektives Denken und das Lösen von Problemen bei deiner Arbeit als Führungskraft geht.«

»Wirklich?«

»Wirklich. Descartes machte viele seiner wichtigsten intellektuellen Entdeckungen, während er entspannt im Bett lag, und Newton formulierte seine Gesetze der Schwerkraft beim Meditieren unter einem Apfelbaum. Archimedes entdeckte die Gesetze der Hydrostatik, als er ein heißes Bad nahm, und Mozart komponierte während eines Billardspiels eines seiner berühmtesten Werke. Sogar die Nähmaschine entstand durch einen Akt der Erneuerung.«

»Tatsächlich?«

»Elias Howe, ein Instrumentenbauer aus Massachusetts, schlief tief und fest, als er einen bizarren Traum hatte. Darin wurde er von einem Mann mit einem langen Speer, an dessen Ende sich ein kleines Loch befand, verfolgt. Dies diente als Inspiration für seine Erfindung – die Nähmaschine. Verstehst du allmählich, wie viel der Welt entgangen wäre, wenn diese Visionäre die Kraft der Selbsterneuerung nicht verstanden hätten?«

»Ja, das tue ich, Julian«, antwortete ich und dachte über diese Lektion nach. »Kannst du mir einen Tipp geben, was ich während meines wöchentlichen Sabbaticals tun könnte?«

»Den besten Vorschlag, den ich dir machen kann, ist ein Spaziergang in der Natur, bei dem du die Kraft der Einsamkeit entdecken kannst. Gemäß der Tradition der amerikanischen Ureinwohner ist der Mensch wie ein Haus mit drei Räumen – dem Verstand, dem Körper und dem Geist. Um das Leben voll auszukosten, musst du diese Räume täglich mit frischer Luft und Sonnenschein füllen. In unserer hektischen, durch Zeitmangel geprägten Welt haben wir vergessen, wie wichtig es ist, Zeit mit stiller Kontemplation zu verbringen. Und dabei ist eine derartige Reflexion die sicherste Methode, Weisheit zu erlangen, sowohl als Führungskraft wie auch als Privatperson. Indem du reflektierst und nach innen blickst, kannst du analysieren, warum du tust, was du tust, und wie du dich kontinuierlich weiterentwickeln kannst. Die Praxis der stillen Besinnung wird dein Urteilsvermögen schärfen und dir nicht nur helfen, zu verstehen, *was* im Büro um dich herum geschieht, sondern auch, *warum* es geschieht. Dadurch wirst du dir auch der Konsequenzen jeder deiner Entscheidungen bewusster und kannst folglich deine Fähigkeit verbessern, Entscheidungen zu treffen. Wenn du dir Zeit für regelmäßiges Nachdenken nimmst, kannst du vom Leben lernen. Alle großen Fortschritte der Menschheit, ob im technischen oder im künstlerischen Bereich, entstanden nicht durch hektische Aktivität, sondern durch das gründliche Nachdenken und den Blick nach innen; beides ermöglicht dir eine ruhige Zeit. Und die Verbindung zur Natur wird deine zerrütteten Nerven beruhigen und mehr Ausgeglichenheit in dein Leben bringen.«

»Hast du sonst noch Vorschläge für mein wöchentliches Sabbatical?«

»Was hältst du davon, eine Stunde in einem Antiquariat zu verbringen, großartige Werke durchzublättern und etwas Zeit für dich selbst zu haben? Warum gönnst du dir nicht eine Massage oder beobachtest am Sonntagmorgen den Sonnenaufgang? Warum planst du nicht mit einem deiner wunderbaren Kinder eine lange Wanderung oder verbringst den Samstagnachmittag einfach am Meer und beobachtest, wie sich die Wellen am felsigen Ufer brechen? Sei nicht so sehr damit beschäftigt, den großen Dingen im Leben hinterherzujagen, dass du die einfachen Freuden vernachlässigst. *Müh dich nicht derart ab, deinen Lebensunterhalt zu verdienen, dass du darüber zu leben vergisst.*«

Julians Äußerung verblüffte mich. Er hatte völlig recht. Mein chaotischer, außer Kontrolle geratener Lebensstil führte mich ins Verderben. Klar, eine solide Arbeitsmoral war ein wesentliches Element des Erfolgs. Sogar Julian würde dem zustimmen. Aber der Druck, dem ich ausgesetzt war, als der Marktanteil und die Arbeitsmoral von GlobalView sanken, wirkte sich auf meine Gesundheit aus. Mir wurde bewusst, dass ich zwanghaft arbeitete, und mir mehr Gedanken über die Zeit machte, die ich in der Firma verbrachte, als über die Qualität der Ergebnisse, die ich erzielte. Ich war ständig erschöpft, war sogar noch gereizter als sonst und fand nur selten ausreichend Schlaf. Da ich mein Leben lebte, als sei es ein olympischer Sprint, mir nie die Zeit nahm, in der Mittagszeit ein gutes Buch zu lesen oder am Wochenende den Sonnenuntergang zu erleben, verpasste ich das Beste, was das Leben zu bieten hatte. Ich schwor mir, mich zu ändern. Meine Mitarbeiter verdienten eine ausgeglichenere Führungskraft, meine Frau einen besseren Ehemann und meine Kinder einen besseren Vater. Und ich selbst verdiente mehr Ruhe und Frieden.

»Worin besteht die zweite Disziplin der Selbstführung?«, fragte ich.

»Das ist die Disziplin reichlichen Wissens. Yogi Raman glaubte, dass in die Praxis umgesetztes Wissen die vielleicht größte Machtquelle darstelle und dass jede Führungskraft die Pflicht habe, mindestens dreißig Minuten pro Tag zu lesen. Bücher bewirken, dass du mit den grundlegenden Führungsprinzipien in Verbindung bleibst, die allzu oft in der Hektik der täglichen Aktivitäten vergessen werden. Dreißig Minuten konzentrierter Lektüre an jedem einzelnen Tag der Woche verändern dein Leben grundlegend. Du findest in Büchern jede Antwort auf jedes Problem, mit dem du je konfrontiert warst. Ob du eine bessere Führungskraft, ein besserer Denker, Vater oder Golfer werden willst, du findest sicherlich das passende Buch, das dich zu deinem Ziel führen wird. Alle Fehler, die du je in deinem Leben machen wirst, wurden bereits von denen gemacht, die vor dir auf der Erde waren. Glaubst du allen Ernstes, dass die Herausforderungen, mit denen du es zu tun hast, einmalig sind?«

»Nein.«

»Dann lerne von den Erfahrungen und der Weisheit der Menschen, die vor dir gelebt haben. Denk einfach über Folgendes nach: Bücher gewähren dir einen tiefen Einblick in die Denkweise der größten Männer und Frauen, die je gelebt haben. Wenn du die paar Stunden aufbringst, die erforderlich sind, um die Autobiografie von Gandhi oder die Biografie von Churchill zu lesen, wirst du die Führungslektionen vermittelt bekommen, für deren Entdeckung sie Jahrzehnte benötigten. Du wirst die Prinzipien, denen sie folgten, und die Lösungen, die sie für die häufigsten Führungsprobleme fanden, verstehen lernen. Wenn du Bücher über die Effektivität von Managern und die Selbstführung liest, wirst du altbewährte Methoden finden, um in kürzerer Zeit mehr zu erreichen. Und wenn du die großen Werke von Philosophen liest und dich regelmäßig mit den großen Denkern beschäftigst, wirst du die zeitlosen Gesetze der Natur und der Menschheit verstehen. Yogi Raman erklärte mir einst: ›*Hör auf, dir weniger Probleme zu wünschen, und fang an, nach größerer Weisheit zu suchen.*‹«

»Wow. Was für eine Aussage!«

»Wenn ich dir vorschlage, dreißig Minuten pro Tag zu lesen, empfehle ich dir im Grunde, das Prinzip der Assoziation anzuwenden.«

»Und was bedeutet das?«

»Es bedeutet, dass die Art von Führungskraft und die Art von Mensch, die du in fünf Jahren sein wirst, von zwei primären Einflüssen abhängt: den Büchern, die du liest, und den Menschen, mit denen du dich umgibst. Beginne damit, einen Teil deines Tages den bedeutendsten Menschen, die je gelebt haben, zu widmen, indem du Zeit damit verbringst, ihre Bücher zu lesen. Wie würde es dir gefallen, Napoleon Hill oder Dale Carnegie als persönliche Erfolgscoaches zu haben? Sie warten nur darauf, dass du dich ihnen zuwendest. Wie fändest du es, wenn Benjamin Franklin, Thomas Edison oder Alexander Graham Bell dich in die Grundlagen des kreativen Denkens und der Innovation einführen würden? Wie würde es dir gefallen, wenn Abraham Lincoln immer neben deinem Bett säße, um dich über Führungsstrategien zu unterweisen, oder wenn Mutter Teresa in deinem Arbeitszimmer auf dich warten würde, um dir den Wert von Geduld und Mitgefühl bei all deinen Handlungen nahezubringen? Das ist die Macht von Gedrucktem. Die Weisheit all dieser erleuchteten Menschen ist in ihren Büchern festgehalten. Wenn du ihnen regelmäßig deine Aufmerksamkeit widmest, gelingt es dir mit der Zeit, ihre Gedankenebene zu erreichen.«

»So wie das Spiel eines fortgeschrittenen Tennisspielers immer besser ist, wenn er gegen einen Tennisprofi spielt.«

»Ausgezeichnete Analogie. Merk dir Folgendes: Es geht nicht nur darum, was du aus Büchern lernst, sondern darum, was die Bücher in dir zum Vorschein bringen. Ich empfehle dir auch, einige der modernen Methoden der Wissensvermittlung zu nutzen.«

»Welche zum Beispiel?«

»Audioprogramme. Wenn du jeden Arbeitstag dreißig Minuten mit dem Auto ins Büro und nach Hause fährst, summiert sich das nach einem Jahr auf sechs Wochen mit Achtstundentagen.«

»Ich hatte nicht die geringste Ahnung, dass ich so viel Zeit mit dem Auto unterwegs bin. Das sind jedes Jahr anderthalb Monate, die ich lediglich auf der Straße verbringe. Unglaublich.«

»Angesichts dessen solltest du wirklich auf dem Weg zur Arbeit und auf dem Nachhauseweg Lern- und Motivationsprogramme einlegen und anhören. Deine Mitarbeiter werden jeden Morgen eine starke Veränderung bei dir feststellen und deine Familie jeden Abend. Warum solltest du nicht bestimmen, womit du deinen Geist auf dem Weg zur Arbeit füllst, und sicherstellen, dass das, was du gedanklich konsumierst, dein Leben bereichert? Nimm dir vor, mindestens ein neues Hörbuch oder ein Audioprogramm pro Woche anzuhören. Du kannst die Disziplin des Wissensreichtums auch praktizieren, indem du Seminare über persönliche Weiterentwicklung besuchst. Und motiviere deine Mitarbeiter, es dir gleichzutun. Lass zu, dass sich die Kraft der Selbstführung in deiner gesamten Firma verbreitet, und verwandele die Unternehmenskultur in eine der Spitzenleistung.«

»Und wie sieht es mit dem Internet aus?«

»Es heißt, dies sei eine weitere großartige Methode, um alle möglichen Informationen zu erhalten, wie du dein Berufs- und Privatleben verbessern kannst. Wie schon gesagt, verpflichte dich dazu, lebenslang zu lernen. *Das Lernen hört nicht dann auf, wenn du dein letztes Examen bestanden hast. Es darf erst mit deinem letzten Atemzug enden.*«

»Was ist die nächste Disziplin, die ich beachten sollte, um Selbstführung zu kultivieren? All das, was du mir vermittelst, fasziniert mich ungemein, und ich kann es kaum abwarten, das Wissen in die Praxis umzusetzen. Früher habe ich viel mehr gelesen als heute. Ich weiß, dass ich meinem Leben durch die Lektüre guter Bücher wieder mehr Perspektive gebe und dass ich innerlich ausgeglichener sein werde. Ich würde diese Welt ungern verlassen, ohne die großen Werke der Weisheit und der Literatur gelesen zu haben.«

»Ein guter Gedanke«, erwiderte Julian. »Die dritte Disziplin der Selbstführung ist die Disziplin der Körperlichkeit, wie Yogi Raman sie nannte. Hierbei geht es darum, dass du die zeitlose Wahrheit respektierst, die besagt: *So wie du dich um deinen Körper kümmerst, kümmerst du dich auch um deinen Verstand.* Visionäre Führungskräfte sind leistungsstark und benötigen Kraft, Energie und Elan. All das ist jedoch nur möglich, wenn man in bester körperlicher Verfassung ist. Du musst die Weisheit haben, regelmäßig zu trainieren und dich gesund zu ernähren. Eine Woche hat 168 Stunden. Sicherlich kannst du ein paar davon zum Schwimmen, Stretchen oder Laufen nutzen.«

»Weißt du, seit Langem habe ich vor, mich wieder in Form zu bringen. Auf dem College war ich ein regelrechter Leichtathletik-Star.«

»Das wusste ich gar nicht.«

»In den guten alten Zeiten trainierte ich gern. Ich weiß, wenn ich mir nur zwanzig bis dreißig Minuten Zeit nehmen würde, um in der Mittagspause zum Schwimmen zu gehen, würde sich das grundlegend auf meine Art zu fühlen, zu handeln und zu denken auswirken. Soeben habe ich Nelson Mandelas Autobiografie zu Ende gelesen.«

»Eine vorbildliche visionäre Führungspersönlichkeit.«

»Ich bin ganz deiner Meinung. Weißt du, wie er sich sportlich betätigte?«

»Ich weiß, dass er im Morgengrauen aufstand, um spazieren zu gehen.«

»Das war in seinen späteren Jahren. Aber in jungen Jahren hat er geboxt, um in bester körperlicher Verfassung zu bleiben. Er liebte diesen Sport sehr und behauptete, dass ihn das Boxen völlig revitalisiere. ›Das Boxen bot mir die Möglichkeit, mich auf etwas zu konzentrieren, was nichts mit dem Kampf zu tun hatte‹, schrieb er. ›Nach einem abendlichen Workout fühlte ich mich beim Aufwachen am nächsten Morgen stark und erfrischt, bereit, den Kampf wieder aufzunehmen.‹«

»Wie ich bereits sagte, wissen visionäre Führungskräfte, dass man auch seinen Verstand pflegt, wenn man sich um seinen Körper kümmert. Laut einer mit 17 000 Studenten an meiner Alma Mater, der Harvard University, durchgeführten Studie verlängert jede Stunde, die du Sport treibst, dein Leben um drei Stunden. Das ist eine höchst lohnende Investition. Worauf wartest du also noch? Jetzt ist es an der Zeit, dich in Topform zu bringen. Es wird die Qualität deines Berufs- und Privatlebens erheblich verbessern. Du wirst dich wunderbar fühlen und du wirst die Energie haben, all die sinnvollen Dinge zu tun, die du vorhast. Sogar dein Denken wird klarer werden. Wie die Weisen sagten: *Der Mensch, der sich keine Zeit für Sport nimmt, muss sich schließlich Zeit für die Krankheit nehmen.*«

»Hast du irgendwelche Tipps, welche Sportart sich am besten eignet?«

»Das liegt ganz an dir. Versuche, eine Sportart oder Aktivität zu finden, die dir Spaß macht. Ich persönlich liebe die einfache Disziplin des Gehens. Es ist praktisch, gesund und angenehm. Viele der produktivsten und kreativsten Menschen der Welt gingen in ihrer Freizeit spazieren. Als Charles Dickens unter einer Schreibblockade litt, durchstreifte er spätnachts die Straßen Londons und hoffte, dass sich sein kreativer Funke wieder entzündete. Tag für Tag ging er umher und genoss die Sehenswürdigkeiten. Bei diesen Streifzügen beobachtete er auch viele Kinder, die für wenig oder gar keinen Lohn arbeiteten – ein Umstand, der ihm sehr unter die Haut ging. Sein Wunsch, dieses Problem in den Fokus zu rücken, entfachte wieder seine Kreativität, und so entstand sein berühmtestes Werk, *Eine Weihnachtsgeschichte*.

»Faszinierend.«

»Der Schweizer Designer George de Mestral hatte nach langen Wanderungen in den Bergen die geniale Idee mit dem

Klettverschluss. Er bemerkte, dass das Fell seines Hundes nach diesen Ausflügen mit Kletten überzogen war. Als er diese unter dem Mikroskop näher untersuchte, stellte er fest, dass sie aus Hunderten von winzigen Haken bestanden, die am Fell klebten. Er kam zu dem Schluss, dass diese weitaus effektiver als Reißverschlüsse wären, und stellte letztlich den ersten Klettverschluss her. Damit will ich sagen, dass das Gehen eine hervorragende Methode ist, deinen Geist sowie deinen Körper zu erneuern und zu revitalisieren. Alle großen Denker waren sich dieser Tatsache bewusst. Konfuzius, Aristoteles und Sokrates zum Beispiel forderten ihre Schüler regelmäßig auf, zu Fuß zu gehen, um gesund zu bleiben. Yogi Raman pflegte lächelnd zu bemerken: ›Ich habe zwei Ärzte, die mich immer begleiten. Mein rechtes Bein und mein linkes.‹«

»Du hast mir auch empfohlen, mich gesund zu ernähren, das zu essen, was die Gesundheit fördert. Was verstehst du darunter?«

»Die Weisen hatten begriffen, dass sich die Qualität der Nahrung, die man zu sich nimmt, auf die Qualität der Gedanken auswirkt. Und in dem Informationszeitalter, in dem wir leben, sind wir uns alle bewusst, dass zündende Ideen die Voraussetzung für Erfolg sind. Wir leben in einer Wissensgesellschaft, in der intellektuelles Kapital den höchsten Wert auf dem Markt hat. Und wenn du mir zustimmst, dass die Nahrung, die du zu dir nimmst, deine Denkweise beeinflusst, dann ist gesunde Ernährung nicht mehr nur eine sinnvolle Gesundheitsübung, sondern auch förderlich für den Geschäftssinn.«

»Wer hätte gedacht, dass das Junkfood, das ich zur Mittagszeit hinunterschlinge, unsere Gewinnsituation beeinflussen würde?«

»Aber das tut es. Du gönnst dir ein Steak mit Pommes als Mittagessen und fühlst dich erschöpft, nicht wahr?«

»Ja, genau.«

»Die Auswahl deines Essens hat also sowohl deine Kreativität als auch deine Produktivität beeinträchtigt. Bedenke, wie sich diese Art von Mittagessen auf deine Gewinnlage auswirkt, wenn es nicht nur von dir, sondern auch von vielen deiner Mitarbeiter verzehrt wird. Deshalb sage ich: Ernähre dich wie ein Spitzensportler. Gewöhne dich an eine Ernährung, die dich zu Topleistungen befähigt. Iss mehr Gemüse und Obst. Trinke mehr Wasser. Reduziere deine Nahrungsmenge; die meisten von uns essen viel mehr, als sie benötigen. Nimm deine Gesundheit ernst. Das wird dir sogar bei dem Schlafproblem helfen, über das du geklagt hast. Was mich zur vierten Disziplin der Selbstführung bringt, der Disziplin des frühen Erwachens.«

»Irgendwie habe ich das Gefühl, dass ich diese Disziplin nicht mögen werde.«

»Morgens früh aufzustehen, ist eine bekannte Gewohnheit der größten Persönlichkeiten der Geschichte. Visionäre Führungskräfte in Wirtschaft, Kunst, Militär und Wissenschaft haben begriffen, dass der Tag einen beherrscht, wenn man ihn nicht selbst unter Kontrolle hat. Du musst den Mut haben, den Kampf gegen das Bett zu gewinnen und vor den meisten anderen Leuten aufzustehen. Genieß die außergewöhnliche Ruhe dieser ersten Stunden des Tages und wärme dich an den ersten Sonnenstrahlen, bevor die vielen Tagesereignisse deine geistige Aufmerksamkeit erfordern. Die Weisen waren der Meinung, *dass dein Tag so verläuft, wie du ihn begonnen hast.* Sie glaubten, dass die ersten dreißig Minuten nach dem Erwachen die Stimmung des ganzen Tags prägen, also sollten sie besonders sein. Wenn du morgens früh aufstehst, bestimmst allein du über deine Zeit, und die Zeit wird nicht über dich bestimmen. Thomas Edison, dessen disziplinierte Arbeitsgewohnheiten es ihm ermöglichten, in seinem Leben mehr als 1093 Erfindungen zu verbuchen, sagte, ›der Schlaf sei wie eine Droge. Nimmt man zu viel davon, macht sie benommen. Man verliert Zeit, Vitalität und Chancen.‹ Benjamin Franklin war der Meinung, dass wir im Grab mehr als genug Zeit zum Schlafen hätten.«

»Hört sich ein wenig extrem an, Julian. Ich meine, brauchen wir nicht alle Schlaf?«

»Ja, natürlich. Das Problem besteht darin, dass die Menschen viel mehr schlafen, als sie im Grunde benötigen. Sie haben sich angewöhnt, zu viel zu schlafen, und behaupten, ihr Körper käme nicht ohne diesen Schlaf aus. Willst du den eigentlichen Grund erfahren, weshalb die meisten Menschen keine Lust haben, früh aufzustehen?«

»Klar.«

»Die meisten Menschen stehen deshalb nicht früh auf, weil sie nicht wissen, was sie mit ihrer Zeit anfangen sollen. Es fehlt ihnen ein lohnendes Ziel, das ihr Leben antreibt und belebt. Also schlafen sie. Deshalb habe ich dir erklärt, dass ein Ziel einer der größten Motivatoren der Menschen ist und dass du als visionäre Führungskraft die Arbeit deiner Mitarbeiter mit einem lohnenden Ziel verknüpfen musst, das sie motiviert, ihren Beitrag zu leisten und das Leben ihrer Mitmenschen zu verbessern. Menschen, denen es an Energie fehlt, mangelt es auch oft an einer dynamischen Zukunftsvision, die sie vorantreibt und ihren Geist anregt. Gandhi schlief nur vier Stunden pro Nacht. Seine persönliche Mission, sein Volk von den Fesseln der Sklaverei zu befreien, war genug Treibstoff, um ihn in Bewegung zu setzen. Mandela war ein Frühaufsteher, ebenso wie viele der reichsten Industriellen, die diese große Nation, die Vereinigten Staaten von Amerika, gegründet haben. Vergiss nie, dass ein enger Zusammenhang zwischen deinem Energiepegel und deinem Ziel besteht.«

»Faszinierend. Wenn ich mich also aufrichtig für meine lohnende Aufgabe engagiere, werde ich mehr Energie haben und mich nicht ständig so müde fühlen?«

»So ist es. Und du wirst auch das Bedürfnis haben, früh aufzustehen, weil du gern dahin gehst, wohin du gehst, und gern gute Arbeit leistest. Das bringt mich zur fünften und letzten Disziplin der Selbstführung – die Disziplin der Sterbebettmentalität.«

»Das klingt irgendwie makaber.«

»Interessant, dass du das so siehst, denn bei dieser Praxis geht es eigentlich einzig um das Leben. Einer alten Legende nach lebte einst ein Maharadscha in Indien, der seinen Tag mit einem speziellen persönlichen Ritual begann. Jeden

Morgen nach dem Aufstehen zelebrierte er seine eigene Bestattung, umrahmt von Blumen und Musik, und sang: ›Ich habe mein Leben ausgekostet. Ich habe mein Leben ausgekostet.‹«

»Bizarr.«

»Genau das dachte ich auch, als ich das erste Mal davon hörte. Aber dann wurde mir bewusst, dass der Maharadscha an etwas Großem dran war. Er hatte seine eigene Methode gefunden, das zu tun, was jeder Einzelne von uns nach dem Aufwachen tun sollte.«

»Und das wäre?« Ich hatte immer noch keine Ahnung, was das seltsame Ritual des Maharadschas für einen Sinn hatte.

»Er hat sich mit seiner Sterblichkeit auseinandergesetzt. Die meisten von uns leben jeden Tag so, als hätten sie alle Zeit der Welt. Wir sagen uns: *Nächste* Woche werde ich diese neue Möglichkeit erkunden. *Nächsten* Monat werde ich diese neue Fertigkeit erlernen. *Nächstes* Jahr werde ich damit beginnen, gesünder zu leben oder mehr Zeit mit meinen Kindern zu verbringen. Wir reden uns ein, dass im gegenwärtigen Moment noch so viele Dinge auf unserer To-do-Liste stehen, die unsere sofortige Aufmerksamkeit erfordern, dass wir für nichts anderes Zeit haben.«

»Ich verstehe die Verhaltensweise des Maharadschas immer noch nicht genau«, gab ich zu.

»Indem er seine Beerdigung feierte, erinnerte er sich daran, dass das Leben kurz ist. Er war sich bewusst, dass jeder Tag sein letzter sein könnte. Und dadurch erfüllte er seine Tage mit einem Gefühl der Dringlichkeit, mit Schwung und

Leidenschaft, was den meisten Führungskräften und Managern fehlt. Dadurch, dass er sich mit seiner eigenen Sterblichkeit auseinandersetzte, sorgte der Maharadscha dafür, dass er das Leben voll auskostete und wichtige Dinge nicht aufschob. Jeder einzelne Tag wurde zu einem Kunstwerk, einer kleinen Hommage an das Geschenk des Lebens. Ich bin sicher, dass du mir zustimmen wirst, Peter, dass die meisten Menschen leben, als hätten sie alle Zeit der Welt. Wir kümmern uns um Banalitäten und konzentrieren uns auf Belanglosigkeiten. Wir grübeln über vergangene Misserfolge nach und machen uns Sorgen um künftige Ereignisse. Wir eilen durchs Leben, als sei es eine Generalprobe. Und auf dem Sterbebett empfinden wir großes Bedauern, wenn wir über all die Initiativen nachdenken, die wir nicht ergriffen haben, über all die Beziehungen, die wir uns entgehen ließen, über all die Abenteuer, die wir nicht erlebt haben, und über all die Sonnenaufgänge, die wir verschlafen haben. Ich habe es von jeher als reine Ironie angesehen, dass Menschen behaupten, sie würden alles geben für ein bisschen mehr Zeit in ihrem Leben, während sie gleichzeitig die kostbare Zeit, die ihnen zur Verfügung steht, verschwenden.«

»Wie recht du hast. Ich weiß genau, was du meinst, Julian. Wenn ich meine Kinder betrachte, kann ich es nicht fassen, wie schnell die Zeit vergeht. Christopher wird bald elf Jahre alt und Elliot vierzehn. Und doch kommt es mir wie gestern vor, dass ich ihnen Wiegenlieder vorgesungen habe. Ich habe viele kostbare Augenblicke mit diesen wunderbaren Kindern verpasst. Und da gibt es noch eine Menge anderer Dinge, die ich tun wollte, zu denen ich aber nie gekommen bin. Die Zeit scheint mir zwischen den Fingern zu zerrinnen.«

»Wie ich dir schon erklärt habe, Peter, wirkst entweder du auf das Leben ein oder das Leben wirkt auf dich ein. Aber so oder so wartet das Leben auf niemanden. Hör auf damit, so viel Zeit darauf zu verwenden, über den Erfolg anderer nachzudenken, und konzentriere dich auf deine eigene Vision für die Zukunft. Habe den Mut, darüber nachzudenken, dass jede Minute, die du dafür verwendest, über den Erfolg von jemand anderem nachzudenken, dich eine Minute lang von der Erfüllung deines eigenen Wunsches abhält. Hör auf damit, deine Hoffnungen und Träume auf einen anderen Tag zu verschieben. Zögere es nicht hinaus, die Art von Führungskraft zu werden, die du sein kannst, wie dir deine innere Stimme sagt. Es ist jetzt an der Zeit, zu handeln. Es ist jetzt an der Zeit, dass du als Führungspersönlichkeit einige Risiken auf dich nimmst. Es ist jetzt an der Zeit, die neuen Strategien zu testen, die du schon lange testen wolltest. Es ist jetzt an der Zeit, deinen Mitarbeitern zu zeigen, wie sehr du sie schätzt. Es ist jetzt an der Zeit, deine Familie von Herzen zu lieben und dich vollkommen für dein Umfeld zu engagieren. Tu all das, was du schon immer tun wolltest, ob du Saxophonspielen lernen oder beim Golfen brillieren willst. Klettere den Berg des Lebens hoch und betrachte das Leben vom Gipfel aus. Du wirst Dinge sehen, die andere nicht sehen können. Halte es wie der Maharadscha. Lebe jeden Tag so, als ob es dein letzter wäre. Sonst stirbst du, ohne das Beste, was in dir schlummert, gegeben zu haben.«

Julian griff in sein Gewand und holte ein unerwartetes Geschenk hervor. Es war eine alte Pergamentrolle, der die Spuren der Zeit deutlich anzusehen waren. Sie war aufgerollt wie ein Poster und mit einer Schleife zusammengebunden.

»Da, mein Freund. Ich wollte dir das schon seit einiger Zeit geben. Unsere Freundschaft hat mir immer viel bedeutet, auch wenn ich nicht immer die Höflichkeit besaß, es zu zeigen. Ich möchte unbedingt, dass du die Art von fröhlichem und sinnvollem Leben führst, das meiner Meinung nach jedem von Geburt an zusteht. Dieses kleine Geschenk wird dir auf deinem Weg als Führungskraft helfen und dich an eine große Wahrheit erinnern. Es enthält eine der besten Definitionen vom Sinn des Lebens, die ich je gelesen habe. Ich hoffe, dass sie dich bei deiner persönlichen Entwicklung genauso unterstützt, wie sie es für meine tut.«

Sofort löste ich die Schleife und nahm die Worte in mich auf, die liebevoll auf die Schriftrolle geschrieben worden waren. Sie wirkten elegant in ihrer Schlichtheit und zeitlos, was ihre Führungsweisheit anging. Es waren inhaltsvolle Worte des großen Philosophen R. W. Emerson über das, was den eigentlichen Erfolg ausmacht:

> Oft zu lachen und viel zu lieben; die Achtung intelligenter Menschen und die Zuneigung von Kindern zu gewinnen; die Zustimmung ehrlicher Kritiker zu ernten; Schönheit zu schätzen; etwas von sich selbst zu geben, um die Welt ein wenig besser zurückzulassen – ob durch ein gesundes Kind, ein Gartenbeet

> oder die Behebung eines sozialen Missstands; voller Begeisterung gespielt und gelacht und voller Jubel gesungen zu haben; zu wissen, dass es ein Mensch leichter hatte, nur, weil du gelebt hast – das heißt, ein erfolgreiches Leben aufweisen zu können.

Als wir in die Seilbahn einstiegen, um die Rückfahrt zum Fuß des Berges anzutreten, dachte ich über die Weisheiten nach, die mir Julian über die Selbstführung vermittelt hatte. Ich wusste, dass die Disziplinen der persönlichen Erneuerung, des reichlichen Wissens, der Körperlichkeit, des frühen Erwachens und der Sterbebettmentalität meine Lebensweise grundlegend verändern würden. Daran hatte ich nicht den geringsten Zweifel. Anstatt nur durch das Leben zu kommen, hatte ich jetzt eine Vorstellung davon, wie ich es anstellen konnte, aus der Fülle des Lebens zu schöpfen.

Als ich an jenem magischen Tag mit einem Freund, der die Erleuchtung gefunden hatte, langsam den großen Berg hinunterfuhr und die berauschende Natur genoss, begriff ich endlich, dass Erfolg wirklich ein »innerer Job« ist und *dass visionäre Führung letztlich mit innerer Führung beginnt*. Ich erkannte endlich, dass wir in einer großartigen Zeit lebten und dass ich jetzt mit einem größeren Gefühl der Verpflichtung leben musste. Und mir wurde bewusst, dass ich niemals ernsthaft fähig sein würde, die Talente anderer freizusetzen, solange ich nicht zuerst mein eigenes Potenzial verwirklichte.

Kapitel 10 – Zusammenfassung von Wissen • Julians Weisheit in Kurzfassung

Das Ritual

Die Essenz

Das Ritual der Selbstführung

Die Weisheit

- Jede Führung beginnt im Inneren.
- Wir sehen die Welt nicht so, wie sie ist, sondern wie wir sind.
- Alles, was weniger ist als eine bewusste Verpflichtung zu persönlicher Spitzenleistung, ist eine unbewusste Verpflichtung zu geringer persönlicher Leistung.
- Gib dich nie mit Mittelmäßigkeit zufrieden, wenn du Erstklassigkeit erreichen kannst.

Die Praktiken

- Die Disziplin persönlicher Erneuerung™
- Die Disziplin des reichlichen Wissens™
- Die Disziplin der Körperlichkeit™
- Die Disziplin des frühen Erwachens™
- Die Disziplin der Sterbebettmentalität™

Zitat

Sei nicht so sehr damit beschäftigt, nach etwas zu streben, dass du darüber vergisst, zu leben.

Der Mönch, der seinen Ferrari verkaufte

RITUAL 7

SIEH, WAS ALLE SEHEN, DENKE, WAS NIEMAND DENKT

KAPITEL 11

Das Ritual der Kreativität und der Innovation

Lies jeden Tag etwas, was sonst niemand liest.
Denke jeden Tag etwas, was sonst niemand denkt.
Es ist schlecht für den Geist, andauernd Teil der Einmütigkeit zu sein.

Gotthold Ephraim Lessing

»Unser nächstes Treffen wird sehr kurz sein«, hatte mir Julian erklärt, bevor wir uns am Fuß des Berges verabschiedeten.

»Warum?«, hatte ich enttäuscht gefragt.

»Weil ich mitten in den Vorbereitungen für meinen Umzug stecke. Meine Arbeit mit dir ist fast zu Ende. Du hast die Führungsphilosophie, die ich dir vermittelt habe, mit großem Eifer in dich aufgenommen, warst ein Musterschüler. Ich habe keinen Zweifel, dass sich GlobalView unter deiner visionären Führung in Kürze zu einem Weltklasseunternehmen entwickeln und florieren wird wie nie zuvor. Von noch größerer Bedeutung ist, dass du jetzt die Kunst der Selbstführung verstanden sowie GlobalView zu einem Ort gemacht hast, an dem sich die natürlichen Talente deiner Mitarbeiter entfalten und ihre innigsten Hoffnungen erfüllt werden können. Hilf ihnen, so gut du kannst, indem du ihre Talente förderst und sie an das lohnende Ziel erinnerst, das sie anstreben. Sie werden sich revanchieren, indem sie gut für dich arbeiten.«

»Wohin gehst du?«

»Es gibt noch jemanden, der die Weisheit, die ich entdeckt habe, dringend benötigt, und deshalb ist es meine Pflicht, dieser Person beizustehen.«

»Wirst du auch die kleine Waldhütte aufgeben? Ich hatte das Gefühl, dass du dort alles Notwendige zur Verfügung hast.«

»Sagen wir mal so, ich muss eine Zeit lang weg von hier. Aber wer weiß, vielleicht stehe ich ja in ein paar Monaten wieder in deinem Rosengarten«, sagte Julian mit einem Augenzwinkern.

Als ich zu dem Treffen mit Julian unterwegs war, hatte mich Wehmut bei dem Gedanken erfasst, ihn künftig nicht mehr zu sehen. Er war mir immer ein Freund gewesen, aber jetzt sah ich ihn in einem ganz neuen Licht. Noch nie hatte jemand einen solch großen Einfluss auf mich gehabt, nicht einmal mein Vater. Es gab so viele andere Führungskräfte, die in Schwierigkeiten steckten und die Julian hätte aufsuchen können, aber er war als Erstes zu mir gekommen. Eine Eigenschaft, die ihn von jeher auszeichnete, war seine Loyalität. Ich war sein Freund, also beschloss er, mir zu helfen.

Seine Coaching-Sitzungen waren einmalig, so etwas hatte ich noch nie erlebt. Julian hatte mich motiviert, neue Denkweisen zu erforschen und herauszufinden, warum ich tat, was ich tat. Er zwang mich, in die Tiefe zu gehen und darüber nachzudenken, wer ich war, nicht nur als Chef, sondern auch als Mensch. Er hatte mir wertvolle Führungsweisheiten vermittelt, von denen ich noch nie zuvor gehört hatte, Weisheiten, die mich motivierten, inspirierten und erfüllten. Auch wenn er jetzt zu seinem neuen Ziel aufbrach, betete ich, dass sich unsere Wege bald wieder kreuzten. Ich brauchte – wie wir alle – einen Freund und Mentor wie ihn in meinem Leben. Und ich wollte die Chance haben, im Gegenzug etwas für ihn zu tun.

Als ich von einer Hauptstraße in eine Grünzone abbog, einem Wohngebiet für Mittelschichtfamilien mit Kombis und Minivans, entdeckte ich meine Zieladresse. Die Centennial Elementary School ist im ganzen Land als eine der besten Bildungseinrichtungen bekannt, eine Grundschule, die eine ungewöhnliche Zahl von begabten Kindern hervorbringt. Pädagogen kommen von nah und fern, um die innovativen Lehrmethoden zu studieren, die von den engagierten Lehrern angewandt werden, die das Glück haben, zum Kollegium zu gehören. Obwohl die Schüler alle unter zehn sind, werden sie ständig motiviert, ihre Fähigkeiten zu erweitern und sich eine große Zukunft vorzustellen. Es ist die Art von Schule, von der alle Eltern hoffen, dass ihre Kinder das Privileg genießen werden, sie zu besuchen.

Julian war bereits vor mir da, stand mitten auf dem Schulhof und unterhielt sich mit Mrs. Maples, der berühmten

Schuldirektorin. Sie trat häufig in den nationalen Medien auf, äußerte sich über den aktuellen Stand des Bildungswesens und vertrat die Ansicht, dass die Schulen größeren Wert auf die Entwicklung des Charakters legen müssten. Sie schien sich nicht an Julians Mönchsgewand und seinen Sandalen zu stören. Anscheinend kannte sie ihn. Sie lächelte, während er sprach.

»Hallo, Peter«, rief Julian herzlich, als ich den Schulhof betrat, der sich gerade mit lärmenden kleinen Kindern füllte, die ihre erste Pause hatten. »Ich möchte dir Mildred Maples vorstellen, eine gute Freundin von mir.«

»Freut mich, Sie kennenzulernen, Mildred«, sagte ich und streckte ihr die Hand hin. »Ich habe Sie schon oft im Fernsehen bewundert.«

»Freut mich auch, Sie kennenzulernen, Peter. Auch ich habe schon viel von Ihnen gehört und in der Zeitung die Berichte über Sie und Ihr Unternehmen gelesen. Sie sind sehr erfolgreich.«

»Leider muss ich zugeben, dass das schon eine Weile her ist. Wir hatten ein paar Probleme im Laufe der Zeit, die uns in ernste Schwierigkeiten brachten. Aber Julian hat mir sehr geholfen, sodass sich das Blatt jetzt wieder wendet. Ich habe das Gefühl, ein völlig neues Unternehmen zu leiten. Und ich denke, Sie werden noch viel von uns hören.«

»Ich freue mich darauf«, erwiderte Mrs. Maples höflich.

»Darf ich fragen, woher Sie sich kennen?«

Sie fingen beide an zu kichern. »Mildreds Mann leitet die örtliche Ferrari-Niederlassung und ich habe meinen Ferrari bei ihm gekauft«, erwiderte Julian. »Als ich ihn kennenlernte, hatte ich auch das Vergnügen, Mildred kennenzulernen. Als du aufgetaucht bist, schwelgten wir gerade in Erinnerungen an mein Auto.«

»Ich würde alles dafür geben, dich in deinem Mönchsgewand im Ferrari die Hauptstraße entlangdonnern zu sehen«, sagte Mildred. »Ja, das würde ich wirklich. Wie auch immer, ich freue mich, dich wiederzusehen. Ich bin immer noch fassungslos über dein Aussehen, aber wenn es etwas gibt, an das ich nach dreißigjährigem Umgang mit Schulkindern glaube, dann ist es die Kraft, die wir alle besitzen, um Wunder in unserem Leben zu wirken. Aber nun lasse ich euch beide allein. Komm später bei uns vorbei, Julian. Jack würde sich bestimmt sehr freuen, dich zu sehen«, sagte sie und ging die saubere weiße Treppe hinauf, die in die Schule führte.

»Vielleicht tue ich das«, erwiderte Julian mit einem Lächeln. »Also, Peter, wo waren wir stehen geblieben? Ah ja, das siebte Ritual in Yogi Ramans zeitlosem Führungssystem. Die siebte Praxis, die visionäre Führungskräfte sich zur Gewohnheit gemacht haben, um sicherzustellen, dass sie so ihre Leistung abrufen, wie sie sollten.«

»Als du mich am Mount Percival zurückgelassen hast, hast du vergessen, mir das nächste Teil des Puzzles zu geben. Und du hast mich wirklich auf die Folter gespannt. Im Lauf der Woche gingen mir alle möglichen Gedanken durch den Kopf, worum es sich bei Ritual sieben handeln könnte.«

»Tatsächlich habe ich es nicht vergessen, Peter. Ich habe gehofft, dass du genau das tun würdest, weil es beim siebten

Ritual um die Macht der Gedanken geht. Wie ich dir schon erklärt habe, sind in dem Informationszeitalter, in dem wir uns gerade befinden, Ideen und nicht mehr Materialien die Voraussetzungen für den Erfolg. Zum ersten Mal im Laufe unserer Zivilisation besteht der eigentliche Wert eines Unternehmens in den Mitarbeitern, die jeden Morgen das Firmengebäude betreten und es abends wieder verlassen. Der größte Vermögenswert jeder Firma befindet sich in den Köpfen seiner Mitarbeiter.«

»Das ist eine sehr anschauliche Art, es darzulegen. Das werde ich nicht so schnell vergessen«, erwiderte ich lächelnd.

»Gut, das hoffe ich, denn eine deiner wichtigsten Aufgaben als visionäre Führungskraft besteht darin, die natürliche Kreativität zu aktivieren, die in den Köpfen jedes einzelnen deiner Mitarbeiter ruht. Du musst ihnen helfen, klüger zu denken, und du musst sie inspirieren, neue Wege des Denkens zu erforschen. Erst dann erlebst du die Art von Innovation, die du erkennen musst, bevor GlobalView sich zu einem Weltklasse-Unternehmen entwickelt.«

»Aber stimmt es, dass wir alle kreativ sind? Willst du damit sagen, dass jeder einzelne meiner Mitarbeiter zu kreativem Denken fähig ist? Wie steht es mit den Buchhaltern in unserer Finanzabteilung oder den Anwälten in unserer Rechtsabteilung? Das sind doch sicher keine kreativen Typen.«

»Und ob sie das sind. Aber vermutlich wurden sie nie ermutigt, kreativ zu sein, und so wurde ihre Kreativität nie geweckt. Ich selbst war früher immer der Meinung, dass nur Dichter, Schriftsteller, Künstler und Schauspieler kreativ sind. Doch Yogi Raman und die übrigen Weisen haben mich eines Besseren belehrt. Sie waren die kreativsten Menschen, denen ich je begegnet bin. Sie dachten sich erstaunliche Dinge aus. Obwohl sie in einem abgeschiedenen Teil der Welt lebten, weit entfernt von modernen Einflüssen, hatten sie hervorragende Geräte und Maschinen entwickelt, die sie bei ihren Aktivitäten unterstützten. Obwohl sie ein sehr einfaches Leben führten, hatten sie äußerst effektive Tools entwickelt, um ihre Weisheit aufzuzeichnen, ein hohes Maß an Hygiene zu gewährleisten und die Bewegungen der Sterne zu studieren.«

»Und somit sind wir wieder bei den Sternen gelandet. Wann willst du mir verraten, warum du derart von den Sternen fasziniert bist, insbesondere von diesem hellen Stern, der sich von Zeit zu Zeit zeigt? Meine Neugier wird allmählich unerträglich, Julian«, bettelte ich.

»Nächstes Mal, versprochen. Für jetzt möchte ich, dass du verstehst, dass jeder Mensch kreative Züge hat. Fang an, deine Arbeitsstätte als eine riesige Ideenfabrik zu sehen, als einen Ort, an dem Kreativität und Innovation erkannt und belohnt werden. Gib deinen Mitarbeitern zu verstehen, dass sie von nun an Risiken eingehen können. Bring ihnen bei, dass Scheitern nichts anderes ist, als zu lernen, wie man gewinnt, und dass einige der Risiken, die sie eingehen, vielleicht mit Rückschlägen verbunden sind, viele aber auch Innovationen zur Folge haben werden. Verbreite diese Botschaft im gesamten Unternehmen. Fördere die Kreativität und gib zu verstehen, dass du von nun an offen bist, deine Mitarbeiter anzuhören, auf sie einzugehen und ihre besten Ideen zu realisieren.«

»Interessant. Risikobereitschaft ist also eine der Grundvoraussetzungen für Innovation.«

»Unbedingt. Um in dem Zeitalter der Ideen, in dem wir uns befinden, wettbewerbsfähig zu bleiben, musst du gemeinsam mit deinen Managern deine Mitarbeiter dazu bewegen, sich selbst zu fordern. Du musst ihnen das Selbstvertrauen vermitteln, das sie benötigen, um sich aus ihrer Komfortzone herauszuwagen und sich auf Neuland zu begeben. Du musst sie inspirieren, Schmetterlingen nachzueifern und nicht Kletten.«

»Wie meinst du das?«

»Die Schmetterlinge verbringen ihre Tage damit, neue Perspektiven zu erforschen und sich in neue Höhen zu schwingen. Kletten dagegen kleben an einer Stelle und verbleiben dort für den Rest ihres Lebens. Indem du deine Mitarbeiter motivierst, Risiken einzugehen, und indem du ihnen versprichst, dass sie bei Misserfolgen, die unvermeidlich sind, keine Strafe zu erwarten haben, eröffnest du ihnen die Freiheit, ihre Fantasie zu entfalten. Erinnerst du dich, wie die Fluglinie Southwest mit dem Manager umging, der ein innovatives neues Programm präsentierte, das unerwartet scheiterte?«

»Er wurde doch befördert, nicht wahr?«

»Ganz richtig. Und glaubst du nicht auch, dass dies innerhalb des Unternehmens zu einem hohen Maß an Kreativität und Risikobereitschaft inspiriert?«

»Ja, das tue ich. Die Essenz der Kreativität liegt also in der Risikobereitschaft?«

»Die ist nur ein Teil dessen, was es den Menschen ermöglicht, die natürliche Kreativität freizusetzen, die in ihnen schlummert. Das Wesen der Kreativität besteht tatsächlich in der Originalität der Gedanken. Hier«, sagte Julian, griff in sein Gewand und holte das siebte Teil des Puzzles heraus. »Yogi Raman formulierte das Prinzip viel eleganter, als ich es je könnte.«

Die Inschrift auf dem Puzzle war schwer zu entziffern. Als ich das Teil aus Holz genauer untersuchte, konnte ich jedoch lesen, was dort stand – *Ritual 7: Sehen, was alle sehen, denken, was keiner denkt.*

»Schau dir nur all diese wundervollen Kinder an. Sie sind alle Musterbeispiele für Kreativität, jedes einzelne von ihnen. Niemand hat ihnen ihren Glauben genommen und ihnen gesagt, dass der Mond nicht aus Käse bestehe oder der Weihnachtsmann nur ein Märchen sei. Niemand hat ihre Träume im Keim erstickt, indem er ihnen einredete, sie könnten keine Ärzte und Anwälte oder Astronauten und Filmschauspieler werden. Die Welt bietet ihnen grenzenlose Chancen und endlose Möglichkeiten. Ihre Herzen sind rein, ebenso ihr Geist. Beobachte sie genau, verfolge, wie sie ihre Fantasie spielen lassen. Und wie sie ihre volle Aufmerksamkeit auf das richten, was sie tun. Kinder sind uns Erwachsenen oft weit überlegen und lehren uns das, was wir lernen müssen.«

»Dem stimme ich voll und ganz zu, Julian. Ich erinnere mich noch an die Zeit, als meine Kinder ganz klein waren. Ich habe damals viel von ihnen gelernt.«

»Was zum Beispiel?«

»Ich begriff, wie wichtig es ist, neugierig, spontan und verspielt zu sein, habe es aber einfach nie in die Praxis umgesetzt. Ich habe auch gelernt, dass es immer viele unterschiedliche Betrachtungsweisen gibt.«

»Genau. Yogi Raman erzählte mir eines Abends eine Geschichte, die ich dir gern weitergeben möchte. Ein Yogi saß inmitten seiner Schüler hoch oben im Himalaja. Um seine Schüler zu testen, zeichnete der Yogi eine Linie auf die Erde und forderte jeden Schüler auf, die Linie zu verkürzen, ohne einen Teil davon auszulöschen. Die Schüler waren verdutzt und wussten nicht, wie sie die Linie verkürzen konnten, ohne sie zu berühren – bis auf einen Schüler. Er hatte von allen am fleißigsten gelernt und am längsten geübt. Er stellte sich vor die Linie, die der Meister gezogen hatte, und malte schnell eine Linie daneben auf, die länger war. Dabei berührte er die erste in keiner Weise. Der Lehrer lächelte. ›Sehr gut‹, bemerkte er. ›Jetzt ist die erste Linie kürzer.‹ Um diese Art von originellem Denken handelt es sich in Ritual sieben. Sehen, was alle sehen, denken, was keiner denkt. Das Ritual der Kreativität und Innovation fordert dich auf, die Fesseln der traditionellen Sichtweisen abzustreifen, damit du die Ungewissheit meistern kannst, die eine sich verändernde Geschäftswelt mit sich bringt. Es geht einfach darum, die Fähigkeit zu entwickeln, neue Lösungen für alte Probleme zu finden, und intelligentere Möglichkeiten zu entdecken, das zu tun. Es geht darum, die Dinge nicht so zu sehen, wie sie sind, sondern so, wie sie sein können. Es geht vor allem darum, als Führungskraft den

Mut zu haben, die Herzen und Köpfe deiner Mitarbeiter mit einer Art kindlichem Staunen zu füllen.«

Julian sah mich an. »Um die Innovation innerhalb von GlobalView zu fördern, *musst du erkennen, dass eine deiner höchsten Prioritäten darin besteht, eine Arbeitsstätte zu schaffen, in der Neugier belohnt wird und in der anerkannt wird, dass neue Ideen die Voraussetzung für Erfolg sind. Denk daran, dass bereits eine einzige gute Idee dein Unternehmen von Grund auf verändern kann.* Eine geniale neue Methode, die Produktivität zu steigern oder die Qualität zu verbessern, kann einen gewaltigen Unterschied für deinen Gewinn ausmachen. Und vielleicht sogar noch wichtiger ist, dass ein wirklich origineller Gedanke, der richtig umgesetzt wird, das Leben vieler Mitarbeiter verändern kann, die dir als Führungskraft unterstellt sind. Das ist die eigentliche Kraft der Innovation – sie macht die Welt zu einem besseren Ort. Wie Maya Angelou so schön schrieb: ›Wenn man Glück hat, kann eine einzelne Fantasie eine Million Realitäten von Grund auf verändern.‹«

»Wo soll ich also anfangen?«

»Zuerst musst du dahin kommen, in jedem deiner Mitarbeiter einen Künstler zu sehen.«

»Wirklich? Auch in den Jungs im Verkauf und im Versand?«

»Ja. Wie ich bereits gesagt habe, geht das Bewusstsein der Veränderung voraus, und wenn du dir nicht ganz genau der Tatsache bewusst wirst, dass jede einzelne Person in deinem Unternehmen die Fähigkeit hat, ihre Fantasie zu nutzen, um neue Ideen zu generieren, wird sich GlobalView niemals in ein innovationsorientiertes Unternehmen entwickeln. Besitze die Führungsweisheit zu verstehen, dass alle Menschen Künstler sind, die erstaunliche Kreativität entfalten können, wenn sie motiviert werden, originelle Gedanken zu entwickeln. Wir alle besitzen ein unermessliches Kreativitätspotenzial.«

Julian deutete auf die Kinder, die auf dem Schulhof herumtollten und in ihre Spiele vertieft waren. »Schau dir nur diese Kinder an. Der kleine Junge da drüben, der auf seiner imaginären Gitarre klimpert, hält sich für den Rockstar, den er gestern Abend im Fernsehen gesehen hat. Das kleine Mädchen dort neben dem Baum hält sich für eine Superheldin, die die Welt vor der Katastrophe retten soll. Du kannst mir nicht weismachen, dass nicht jeder Einzelne von ihnen ein Künstler ist, ein Schöpfer, der die Gabe besitzt, jederzeit zahlreiche wunderbare Ideen zu entwickeln.«

»Sicher, aber hier haben wir es mit einer Schar von Kindern zu tun«, protestierte ich. »Meine Mitarbeiter sind Erwachsene, und die meisten scheinen unfähig zu sein, etwas Ungewöhnliches zu denken oder zu tun. Schlägt man ihnen vor, etwas Neues auszuprobieren, bekommen sie feuchte Hände und haben Angst. Sie klammern sich an ihre traditionellen Methoden, die Dinge abzuwickeln, als hänge ihr Leben davon ab, auch wenn der neue Ansatz tausendmal besser ist.«

»Wessen Schuld ist das?«, fragte Julian ernst. »*Denk daran, dass dein Führungsstil deine Mitarbeiter lehrt, wie sie sich verhalten sollen.* Wenn sie auf deinen Vorschlag, etwas Neues zu wagen, so reagieren, haben du und deine Manager offensichtlich kein Umfeld geschaffen, das ihnen genug Sicherheit bietet und in dem sie voller Zuversicht neue Konzepte ausprobieren können. Vielleicht fürchten sie, im Fall des Scheiterns bestraft zu werden. Vielleicht ist ihre Inflexibilität darauf zurückzuführen, dass sie Angst haben, lächerlich gemacht zu werden, wenn sie eine weniger als akzeptable Leistung erbringen. Wenn deine Mitarbeiter sich dagegenstemmen, voller Elan und Begeisterung neue Ideen, Konzepte und Systeme anzunehmen, so liegt es daran, dass du dir nicht die Zeit genommen hast, ein Arbeitsumfeld zu schaffen, das mit keinerlei Risiken verbunden ist. *Kreativität wird immer im Keim erstickt, wenn die Mitarbeiter das Gefühl haben, dass sie etwas verlieren könnten.*«

»Wie schaffe ich also ein ›risikofreies‹ Umfeld?«

»Da gibt es viele Möglichkeiten. Räume deinen Mitarbeitern die Freiheit ein, zu scheitern. Vertiefe das Vertrauen. Erkenne Spontaneität an und belohne originelles Denken. Und lass deine Mitarbeiter sie selbst sein. Erlaube ihnen, die Fülle ihrer Vorstellungskraft zu entfalten.«

»Ich erinnere mich an einen Artikel, den ich vor einiger Zeit gelesen habe, in dem Paul Fireman, der CEO von Reebok, sagte, das Geheimnis des Unternehmenserfolgs liege darin, dass die Mitarbeiter die Freiheit hätten, kreativ zu sein. ›Normale Menschen sind nur deshalb über sich hinausgewachsen, weil man es ihnen gestattet hat‹, meinte er.«

»Genau. Vergiss nicht, dass visionäre Führungskräfte die Kreativität niemals managen, sondern sie lediglich freisetzen, damit sie in das Unternehmen einfließen kann. Sie setzen sie in der Hoffnung frei, dass ihre Unternehmen zu dynamischen Spielplätzen von Innovationen werden, so wie der, auf dem wir uns gerade befinden.«

Gerade als Julian seinen Satz beendet hatte, sirrte ein Löffel voller Pudding durch die Luft und landete auf dem Ärmel von Julians makellosem rotem Gewand. Der Übeltäter, ein kleiner Junge mit einem verschmitzten Grinsen, stieß einen lauten Jubelschrei aus, als er merkte, dass er sein Ziel getroffen hatte. Dann drehte er sich um, rannte, so schnell ihn seine kurzen Beine trugen, davon und schrie: »Ich habe den Mönch erwischt. Ich habe den Mönch erwischt! Ich habe den Mönch erwischt!«

Julian stand da wie vom Donner gerührt. Dann tauchte er – und ich hätte es kaum anders erwartet – einen Finger in den klebrigen Pudding, der sein Gewand hinunterlief, und bemerkte lachend: »Hoffentlich ist es Schokolade. Das war schon immer mein Lieblingsgeschmack. Das führt mich zu einem weiteren wichtigen Punkt in Bezug auf die Förderung der Kreativität am Arbeitsplatz«, fuhr Julian fort und wischte den restlichen Pudding mit einem frischen weißen Taschentuch ab, das ich ihm gereicht hatte. »Damit dein Unternehmen zur ›Ideenfabrik‹ wird, die ihm zu Weltrang verhilft, muss in dem Arbeitsumfeld, das du deinen Mitarbeitern bietest, eine gute Atmosphäre herrschen. Eines der größten Hindernisse für Kreativität ist die Vorstellung, dass Verspieltheit nur etwas für Kinder sei. Diese Denkweise schränkt nicht nur die Kreativität ein, sondern erhöht auch den Stress am Arbeitsplatz. Es ist nichts dagegen einzuwenden, dass Mitarbeiter von Zeit zu Zeit aus sich herausgehen und aus vollem Halse lachen. Es ist auch nichts dagegen einzuwenden, wenn Mitarbeiter Spaß bei der Arbeit haben. *Arbeit sollte Spaß machen.* Und wenn du deinen Mitarbeitern die Chance gibst, Spaß bei der Arbeit zu haben, beweist du eine großartige Führungsphilosophie, denn damit zeigst du allen, dass für dich der Mensch zuerst kommt. Du zeigst damit, dass dir deine Mitarbeiter am Herzen liegen. Der Theologe Hugo Rahner sagte: ›Spielen bedeutet, sich einer Art von Magie hinzugeben‹, und Platon meinte: ›Das Leben muss als Spiel gelebt werden.‹ Denk daran, dass die Männer und Frauen, die für dich arbeiten, den größten Teil ihres Lebens im Büro verbringen. Das Mindeste, was du tun kannst, ist, ihren Arbeitsplatz angenehm zu gestalten. Durch Spaß und Lachen findest du Zugang zu den Herzen und der Fantasie deiner Mitarbeiter. *Und die Menschen lieben es, Geschäfte mit Menschen zu machen, die ihren Job lieben.*«

»Hört sich gut an, Julian. Hast du noch weitere Ratschläge, wie ich die Kreativität und Energie meiner Mitarbeiter zur Entfaltung bringen kann?«

»Hier sind ein paar Ideen, die dir helfen werden, dein Unternehmen zu revitalisieren und mit neuer Energie zu erfüllen. Ermutige deine Mitarbeiter, sich eine wöchentliche ›Ideenquote‹ vorzunehmen. Konzipiere ein formales System, um die besten Ideen zu belohnen, damit deine Mitarbeiter erkennen, dass ihre Originalität wichtig ist. Organisiere jeden Monat einen Ausflug für die Mitarbeiter deiner diversen Abteilungen, um den Alltag interessant zu gestalten und den Gemeinschaftssinn zu fördern. Besuche mit ihnen eine Comedy-Veranstaltung, miete einen Kinosaal oder veranstalte eine Strandparty – im Büro. Ich empfehle dir auch, ein Wettbewerbsgremium einzurichten. Dann geht es erst richtig los mit den guten Zeiten.«

»Ein Wettbewerbsgremium?«

»Ja, ein Gremium, das sich alle möglichen lustigen und spielerischen Wettbewerbe ausdenkt, die deine Mitarbeiter zum Lachen bringen und sie motivieren, gern in deinem Unternehmen zu arbeiten. Es ist eine ausgezeichnete Möglichkeit, die Zufriedenheit im Job zu erhöhen und die Personalfluktuation zu reduzieren. Es wird dir sogar mehr Kunden bringen.«

»Wirklich?«

»Aber sicher. *Denk immer daran: Wenn du dafür sorgst, dass deine Mitarbeiter bei ihrer Arbeit fröhlich sind, sorgen diese dafür, dass deine Kunden fröhlich bestellen.* Verstehst du jetzt allmählich, wie ein positives Arbeitsumfeld nicht nur die Kreativität und Innovation fördert, sondern auch den Gewinn?«

»Ja.«

»Stell dir vor, wie positiv sich der Tag der hässlichsten Krawatte oder die Woche der lustigsten Witze auf die Herzen und den Geist deiner Mitarbeiter auswirken wird – oder der Pfannkuchenmorgen, an dem die gesamte Belegschaft mit Pfannkuchen verwöhnt wird, die von dir und deinem Managementteam zubereitet wurden. Stell dir vor, dass du es den Mitarbeitern in der Produktion erlauben würdest, an einem Freitagnachmittag eine halbe Stunde früher zu gehen, um an einem Papierfliegerwettbewerb teilzunehmen, sofern sie eine bestimmte Quote erfüllt haben. Ich bin davon überzeugt, dass sie nicht nur die Quote erfüllen, sondern sie sogar übertreffen würden. Und wenn du wirklich darauf aufmerksam machen möchtest, dass sich deine Einstellung positiv verändert hat und du dir wünschst, dass deine Mitarbeiter mehr Freude haben, könntest du sogar ›4-4-5-4-9-8‹ in dein Telefon eintippen.«

»Was ist ›4-4-5-4-9-8‹?«

»Es ist die Melodie von Happy Birthday auf der Tastatur deines Telefons. Stell dir vor, du lässt sie für eine deiner Angestellten an deren Geburtstag abspielen, wenn du ihr gratulierst. Das wäre doch unglaublich, oder?«

»*Unglaublich* ist genau das, was meine Mitarbeiter denken würden.«

»Denk daran: Wenn deine Mitarbeiter bei der Arbeit die Verspieltheit wiederentdecken, die sie als Kinder selbstverständlich fanden, werden sie viel glücklicher sein. Und glückliche Mitarbeiter sind kreativer, produktiver und loyaler. Und kreative, produktive und loyale Mitarbeiter bilden die Grundlage jedes wirklich großen Unternehmens. Richtig?«

»Richtig.«

»Vergiss nicht, dass *das Unternehmen, in dem die Mitarbeiter zusammen spielen, eine feste Einheit bildet.* Und stell dir von Zeit zu Zeit ein paar besondere Fragen«, fügte Julian hinzu, als er mich zu meinem Auto zurückbegleitete, während die Schulkinder uns zuwinkten.

»Wie meinst du das?«

»Kreative Fragen sind eine der besten Methoden, um dafür zu sorgen, dass das eigene Denken nichts von seiner Frische und Originalität verliert. Kluge Fragen tragen dazu bei, dich aus der Komfortzone zu locken und dich auf Neuland zu führen, auf ein Gebiet, das deine Sichtweise verändert und alles möglich macht.«

»Fallen dir ein paar Fragen ein, über die ich nachdenken sollte?«

»Sicher. Wie wäre es mit: ›Was würde ich tun, wenn ich wüsste, dass ich nicht scheitern kann?‹ Oder: ›Welche drei Dinge könnte ich jede Woche tun, die – wenn ich sie wirklich gut ausführte – meine Führungseffizienz verändern würden?‹ Dann stell dir die Frage, warum du sie nicht tust. Wenn du mit einem Problem konfrontiert bist, könntest du dich fragen: ›Wie hätten Kennedy, Churchill oder Konfuzius es gelöst?‹ Und vielleicht ist die beste Frage, die man sich stellen sollte, wenn es darum geht, größere kreative Leistungen von sich selbst zu fordern: ›*Was würde das Kind, das ich einst war, von dem Erwachsenen halten, der ich heute bin?*‹«

»Die Frage hat es aber in sich, Julian«, sagte ich leise, als wir bei meinem Auto angelangt waren. »Ich schäme mich fast, sie zu beantworten.«

»Reg deine Fantasie an, streng deinen Geist an. Lass deiner natürlichen Neugier wieder freien Lauf. Wage es, größere Träume zu haben und dir eine bessere Zukunft vorzustellen. Auch wenn du vielleicht siehst, was jede andere Führungspersönlichkeit in der Geschäftswelt sieht, fang an zu denken, was sonst keiner denkt. Vergiss nie, dass tief im Inneren jeder echten visionären Führungskraft der Geist eines kleinen Kindes schlummert, voller Begeisterung und Staunen. Die Energie, der Optimismus und die Hoffnung, die du ausstrahlen wirst, werden die anderen mitreißen. Das schuldest du den Männern und Frauen, die von dir geführt werden wollen.«

»Du scheinst wirklich anzunehmen, dass eine Führungskraft, die voller ›Hoffnung‹ ist, einen großen Unterschied bewirken kann, nicht wahr?«

»Unbedingt. Die Hoffnung ist ein Treibstoff, der visionäre Führungskräfte und visionäre Unternehmen antreibt. Das erinnert mich an die Worte eines alten Mannes. Als sich sein Leben dem Ende näherte, sagte er: ›Ich bin ein durchschnittlicher Mensch mit unterdurchschnittlichen Fähigkeiten. Ich habe nicht den geringsten Zweifel daran, dass jeder Mann oder jede Frau das erreichen kann, was ich erreicht habe, wenn er oder sie dieselbe Mühe aufwendet und dieselbe Hoffnung und denselben Glauben in sich trägt.‹«

»War dies einer dieser reichen Manager, so wie du einer warst?«

»Nein, Peter«, antwortete Julian und schwieg einen Moment. »Es waren Gandhis Worte.«

»Sehr beeindruckend«, erwiderte ich. »Im Zusammenhang mit Hoffnung fällt mir eine Schlagzeile ein, die ich kürzlich in der Zeitung entdeckt habe. Sie lautete: ›Gelähmter Journalist schrieb Buch durch Augenblinzeln.‹«

»Wirklich?«

»Ja. Es handelte sich um die Geschichte von Jean-Dominique Bauby, dem ehemaligen Chefredakteur der Zeitschrift

Elle in Paris. Als er eines Morgens mit seinem Sohn in die Stadt fuhr, erlitt er einen schweren Schlaganfall und brach auf dem Rücksitz seines Autos zusammen. Sein geschockter Sohn rannte los, um Hilfe zu holen. Drei Wochen später erwachte Jean-Dominique aus dem Koma. Er konnte nicht mehr sprechen, kaum mehr hören und war gelähmt. Er konnte kein Körperteil mehr bewegen – mit einer Ausnahme.«

»Und die war?«, fragte Julian, der gebannt zuhörte.

»Sein linkes Augenlid. Und da Jean-Dominique von Hoffnung und Optimismus sowie dem innigen Wunsch erfüllt war, etwas zu verändern, beschloss er, trotz seiner Bewegungslosigkeit irgendwie einen Weg zu finden, ein Buch zu schreiben, damit er anderen die Weisheit, die er durch seine Tragödie gewonnen hatte, vermitteln konnte. Dank seiner kreativen Vorstellungskraft fand er schließlich einen Weg, seinen Traum zu verwirklichen: Er konzipierte ein spezielles Alphabet, bei dem jeder Buchstabe einem bestimmten Lidschlag entsprach.«

»Willst du mich auf den Arm nehmen?«

»Nein, es ist wirklich wahr«, erwiderte ich. »Jeden Tag blinzelte sich dieser Mann drei Stunden lang mit einem Lektor an seiner Seite in einem abgedunkelten Krankenhauszimmer langsam mit seinem Buch voran. Die Zeitung schätzte, dass Jean-Dominique über 200 000 Mal blinzelte, um sein 137 Seiten umfassendes Buch fertigzustellen. Und wie es heißt, soll es sich um ein Meisterwerk handeln. Er schrieb darin über all das, was er schon immer in seinem Leben tun wollte, aber nie getan hatte: mit den Fahrern der Tour de France einen Alpengipfel erklimmen, auf einer Formel-1-Rennstrecke fahren oder an einem schönen Sommertag eine Lyoner Wurst genießen. Und er sprach von seinem Schmerz, seine kleinen Kinder nicht mehr in den Armen halten und mit ihnen spielen zu können, ja, der Mensch sein zu können, der er sein wollte. Nach der Fertigstellung des Buchs«, fuhr ich fort, »gründete er einen Verein, um anderen gelähmten Opfern und ihren Familien zu helfen. Er widmete sich der Aufgabe, sein Unglück in einen Sieg zu verwandeln, indem er andere Betroffene durch sein Beispiel inspirierte. Leider weilt Jean-Dominique nicht mehr unter uns – der Artikel, den ich gelesen habe, war eigentlich sein Nachruf. Aber ich weiß, dass du mir zustimmen wirst, Julian, dass sein Leben ein leuchtendes Vorbild für die Stärke des menschlichen Geists ist, das zu erreichen, was du mich gelehrt hast. Seine persönliche Heldentat entspricht genau dem, worum es bei ›Sieh, was alle sehen, und denke, was niemand denkt‹ geht, nicht wahr?«

»Ja, Peter, genau darum geht es im siebten Ritual. Eine große Chance zu entdecken, wo andere nur tragische Widrigkeiten sehen. Hoffnung zu schöpfen, wo andere nur Verzweiflung empfinden. Licht zu sehen, wo andere nur Dunkelheit sehen. Das ist ein bewegendes Beispiel. Ich danke dir, dass du es mir erzählt hast. Weißt du, ich wundere mich immer wieder von Neuem, was Menschen erreichen können, wenn sie ein lohnendes und ehrenwertes Ziel vor Augen haben. Was mich jedoch überrascht, ist, dass die meisten Menschen erst in eine Art Krise geraten müssen – sei es beruflich oder privat –, bevor sie tief in sich hineinhorchen und ihre menschlichen Talente entdecken. Das ist ziemlich traurig!«

Als ich auf dem Fahrersitz meines Autos saß und das Fenster herunterkurbelte, um mich von Julian zu verabschieden, beugte er sich vor und stützte seine Hände auf die Knie.

»Nun, mein Freund, wir werden nur noch ein Meeting haben, bevor ich zu meiner nächsten Aufgabe aufbrechen muss. Es war mir ein wahres Vergnügen, Zeit mit dir zu verbringen. Es freut mich sehr, zu sehen, dass meine Führungsweisheit sich so positiv auf GlobalView auswirkt.«

»Julian, ich kann dir gar nicht genug danken«, erwiderte ich.

»Setz einfach weiterhin die Lektionen, die ich dir vermittelt habe, in die Praxis um und teile die Philosophie der Weisen mit allen Menschen in deinem Umfeld. Sorge dafür, dass sich die Führungsweisheiten, die deine Mitarbeiter entdeckten, in deinem gesamten Unternehmen und in der Geschäftswelt verbreiten. Übermittle dieses zeitlose Wissen so vielen Führungskräften und Managern wie möglich. Das ist für mich Dank genug.«

»Vergisst du nicht etwas?«, fragte ich, als Julian sich anschickte, zu gehen.

»Ich weiß, ich weiß. Du willst wissen, wo wir uns als Nächstes treffen, richtig?«

»Genau. Um nichts in der Welt werde ich das letzte Ritual verpassen.«

»Unser letztes Meeting findet in der Sternwarte statt – um Mitternacht. Ich werde dir etwas zeigen, was deine Vorstellung von der Führungsrolle für immer verändern wird.«

»Tatsächlich?«

»Tatsächlich. Oh, und bevor wir uns trennen, solltest du noch dieses kleine Teil aus Holz nehmen, das ich mit mir herumtrage. Ich weiß doch, wie gern du dich mit Puzzles beschäftigst«, sagte Julian mit einem Augenzwinkern.

Julian griff in sein Gewand, zog das letzte Puzzleteil heraus und drückte es mir behutsam in die Hand.

»Bis zum nächsten Mal, amigo.«

Ich warf einen Blick auf das einfache Geschenk, das mir mein Freund gegeben hatte. Diese Puzzleteile hatten inzwischen eine große Bedeutung für mich und dienten als eindringliche Erinnerung an die Rituale visionärer Führungskräfte, die ich bisher gelernt hatte. In das achte Teil war ein schwaches Muster eingeritzt, das ich, genau wie bei den anderen, kaum erkennen konnte. Es war eine Botschaft, die genauso geheimnisvoll war wie die vorherigen sieben. Sie lautete schlicht: *Ritual 8: Verbinde Führung mit Vermächtnis.*

Ich blickte kurz hoch, um Julian zu fragen, was diese Worte bedeuteten, aber er war bereits verschwunden. Das einzige menschliche Lebewesen, das auf dem Schulhof geblieben ist, stand nun schweigend vor mir. Es war ein liebenswürdiger kleiner Junge. Er sah mich nur an und lächelte.

Kapitel 11 – Zusammenfassung von Wissen • Julians Weisheit in Kurzfassung

Das Ritual

Die Essenz

Das Ritual der Kreativität und Innovation

Die Weisheit

- Jeder Mensch ist kreativ. Die Aufgabe der visionären Führungskraft besteht darin, ein Arbeitsumfeld zu schaffen, das diese natürliche Gabe freisetzt.
- Streif die Fesseln überholter Denkweisen ab und entdecke originellere Methoden, um deine Arbeit zu erledigen.
- Gestatte deinen Mitarbeitern, Risiken einzugehen und eventuell zu scheitern.

Die Praktiken

- Sei spontan und belohne originelles Denken.
- Schaffe dir ein fröhliches Arbeitsumfeld.
- Schaffe eine Ideenfabrik.
- die wöchentliche Ideenquote
- Stelle kreative Fragen.

Zitat

Beflügle deine Fantasie und sei geistig flexibel. Setze deine natürliche Kreativität frei. Wage es, größere Träume zu haben und dir eine bessere Zukunft vorzustellen. Selbst wenn du siehst, was alle anderen Führungskräfte in der Businesswelt sehen, fang an zu denken, was niemand sonst denkt. Vergiss nie, dass tief im Inneren jeder visionären Führungskraft das Gemüt eines kleinen Kinds schlummert, voller Begeisterung und Staunen.

Der Mönch, der seinen Ferrari verkaufte

RITUAL 8

VERBINDE FÜHRUNG MIT EINEM VERMÄCHTNIS

KAPITEL 12

Das Ritual des Beitrags und der Bedeutung

Ich glaube nicht, dass der Sinn des Lebens darin besteht, »glücklich« zu sein. Ich glaube vielmehr, der Sinn besteht darin, nützlich zu sein, ehrenhaft zu sein, mitfühlend zu sein. Vor allem aber besteht er darin, eine Rolle zu spielen, zu zählen, für etwas zu stehen; darin, dass es einen Unterschied gemacht hat, dass du gelebt hast.

Leo C. Rosten

Es war kurz vor Mitternacht, als ich die lange kurvenreiche Straße hochfuhr, die zur Sternwarte führte. Da sie sich draußen auf dem Land befand, war außer den beiden Astronomen, die die Sternwarte als Forschungsbasis nutzten, normalerweise so gut wie kein anderer Mensch dort. Ich parkte schnell mein Auto und rannte die Treppe hinauf, die mich in die Haupthalle führte, wo sich Julian mit mir verabredet hatte. Es war eine atemberaubende Nacht, ohne eine einzige Wolke am Himmel. Mond und Sterne waren mit bloßem Auge klar zu sehen. Ich wusste, Julian würde begeistert sein.

»Hi, Peter«, murmelte Julian, als er mich flüchtig begrüßte, bevor er seine Aufmerksamkeit wieder dem zuwandte, was er durch das riesige Teleskop beobachtet hatte. »Ich freue mich, dass du es geschafft hast.«

»Ich hätte es um nichts auf der Welt verpasst, mein Freund. Gibt es heute Abend etwas Bestimmtes, wonach wir Ausschau halten?«

»Oh ja. Es wird ein ganz besonderer Abend werden, das kann ich dir versprechen«, erwiderte er, ohne den Blick vom Teleskop zu nehmen.

»Sicherlich freust du dich, zu hören, dass ich das Puzzle jetzt mit dem letzten Teil, das du mir gegeben hast, vollständig zusammengefügt habe.«

»Und was hast du entdeckt?«

»Jedes Mal, wenn ich ein neues Puzzleteil von dir erhielt, in das eines der acht Rituale eingraviert war, konnte ich auch eine Art Muster darauf erkennen, aber nie wirklich herausfinden, um was es sich handelte. Als ich die Teile zusammenfügte, erkannte ich, dass sich eine Art Symbol herauskristallisierte, aber ohne das letzte Teil wusste ich immer noch nicht, was es war.«

»Und weißt du es jetzt?«

»Es handelt sich um einen Stern.«

»Nicht nur um einen Stern, mein Freund, sondern um *den* Stern.«

»Ich befürchte, Julian, ich kann dir nicht ganz folgen.«

»Jeder Stern am mondbeschienenen Himmel ist hell. Aber einer ist besonders hell.«

»Und welcher?«

»Der Polarstern leuchtet am meisten von allen.«

Plötzlich stieß Julian einen Schrei aus. »Da ist er! Es ist so weit! Los geht's«, rief Julian, packte mich am Arm und rannte mit mir aus dem Gebäude. Wir eilten die Treppe hinunter und einen gewundenen Pfad entlang, der uns zu einem sehr großen Feld führte. Dann blieben wir stehen und standen einfach schweigend da.

»Es passiert genau so, wie die Weisen es vorhergesagt haben«, bemerkte Julian begeistert.

»Was passiert denn gerade?«, fragte ich, da ich nichts Ungewöhnliches entdecken konnte.

»Das da.« Julian zeigte auf einen Stern, der vor dem mit Dunkelheit überzogenen Abendhimmel zu flackern begann. Er wurde heller und heller und tauchte den dunklen Sommerhimmel immer mehr in helles Licht. Bald wurde der Stern so hell, dass ich schützend die Hand über die Augen legen musste. Es war in etwa vergleichbar mit dem, was an dem Abend passiert war, an dem das Basketballspiel stattfand, nur hundertmal intensiver. Bald war der gesamte Himmel in Licht getaucht und erweckte den Eindruck, dass es heller Tag sei, obwohl das Ziffernblatt auf meiner Armbanduhr 00:15 Uhr anzeigte. Der Anblick war unglaublich.

Als ich zu Julian hinüberblickte, sah ich, wie sehr er sich freute. Seine Augen verrieten seine Aufregung und Begeisterung und ein strahlendes Lächeln überzog sein jugendliches Gesicht. Er hatte die Hände auf die traditionelle Weise gefaltet, in der die Inder Menschen begrüßen, die sie respektieren.

»Peter, genieß den Anblick. In den nächsten tausend Jahren wird die Welt so etwas nicht mehr sehen. Die Weisen wussten in ihrer grenzenlosen Weisheit, dass dieses astronomische Ereignis genau heute Abend und genau zu dieser Zeit stattfinden würde. Ich bin davon überzeugt, dass sie es im Augenblick miterleben, hoch oben in ihrem Teil der Welt, genauso wie wir es gerade in unserem Teil erleben. Ich hoffe, sie sind davon genauso ergriffen wie ich. Ich vermisse sie sehr.«

»Was hat es damit auf sich?«, fragte ich und blickte schnell wieder zum Himmel hoch.

»Dies, mein Freund, ist die Methode der Natur, eine neue Ära einzuleiten, ein neues Zeitalter der Führung und des Lebens. Es hat so viele Unruhen und Turbulenzen in der Welt gegeben, dass viele gute Menschen die Hoffnung aufgeben. Sie verlieren den Glauben an ihre Kraft, etwas zu verändern. Sie lassen die Ungewissheit und Negativität dominieren, statt diese Gefühle zu überwinden und höhere Ebenen der Leistung, des persönlichen Beitrags und des Erfolgs anzustreben. Viele Menschen in unserer Gesellschaft verzweifeln sogar am Leben, das uns als Geschenk gegeben wurde. Das Naturphänomen, das wir gerade erleben, wird wie eine Fackel wirken, um die Führungskräfte an ihre Pflicht zu erinnern, Visionäre zu sein. Es wird ihnen als Weckruf dienen, die Kräfte des Guten zu sein, die sie sein sollen, und ihre Unternehmen erleuchten, so wie der Polarstern den Himmel in dieser besonderen Nacht erhellt hat. Peter, diene als Licht. Sei jemand, zu dem die Mitarbeiter aufblicken, um Führung und Leitung zu erhalten. Lass das Ideal, nach dem du strebst, hell in dir brennen und allen den Weg leuchten. Das ist dein höchstes Ziel beim Führen – und im Leben.«

Gerade als Julian mir diese tiefe Weisheit vermittelt hatte, verlosch das Licht und die Nacht war wie immer. Wir setzten uns auf das Gras, wobei Julians Gewand stark zerknitterte. Dann fuhr er fort: »Eines der zeitlosesten aller Führungsgesetze lautet: *Der Sinn des Lebens ist ein sinnvolles Leben.*«

»Was für eine Aussage!«

»Das Seltsamste an der Führungsrolle ist Folgendes: Je mehr du gibst, desto mehr erhältst du. Und wenn alles gesagt und getan ist, ist das größte und nachhaltigste Geschenk, das du je machen kannst, das Geschenk dessen, was du hinterlässt. Dein Vermächtnis an die nachfolgenden Generationen wird darin bestehen, wie viel Wert du für deine Firma geschaffen und das Leben wie vieler Mitarbeiter du verbessert hast. Wie der große Humanist Albert Schweitzer sagte: ›Es gibt keine höhere Religion als den Dienst am Menschen. Für die Gemeinschaft zu arbeiten, ist das höchste Bekenntnis.‹ Vielleicht noch treffender sind die letzten Worte eines Vaters, die er auf dem Sterbebett an seinen Sohn richtete: ›Empfinde es als peinlich, zu sterben, bevor du einen Sieg für die Menschheit errungen hast.‹«

»Du willst damit also sagen, dass visionäre Führungskräfte durch die Umsetzung des achten Rituals das, was sie tun, damit verbinden, wem sie dienen wollen.«

»Schön gesagt, Peter. Führungskräfte, die ständig darauf bedacht sind, nach ihrem Tod einen nachhaltigen Fußabdruck von Leistungen und Beiträgen zu hinterlassen, *verbinden die Führung mit einem Vermächtnis.* Dadurch erfüllen sie ihre Berufung. Sie erfüllen ihre Pflicht, die Fülle ihrer persönlichen Talente für ein lohnendes Ziel zu entfalten. All die großen Führungspersönlichkeiten, die uns vorausgegangen sind, strebten danach, dieses Ziel zu erreichen, ob sie nun Führungsrollen in der Wirtschaft, in der Wissenschaft oder sogar in der Kunst bekleideten. Kurz vor seinem Tod wurde George Bernard Shaw gefragt, was er tun würde, wenn er sein Leben nochmals leben könnte. Obwohl er zu Lebzeiten bereits mehr erreicht hatte als die meisten von uns, erwiderte er in aller Bescheidenheit: ›Ich würde gern die Person sein, die ich hätte sein können, aber nicht war.‹«

»Weise Worte«, erwiderte ich.

»Unbedingt. Sie erinnern mich an eine Kurzgeschichte von Leo Tolstoi mit dem Titel *Der Tod des Iwan Iljitsch.* Kennst du sie?«

»Nein, Julian. Ehrlich gesagt, kenne ich Tolstois Werke überhaupt nicht. Irgendwie bin ich nie dazu gekommen.«

»Die großen Werke der Literatur enthalten so viel Weisheit, und doch scheinen die meisten Menschen zu beschäftigt zu sein, um sie zu entdecken. Und so begehen sie weiterhin Fehler, sowohl als Führungspersönlichkeit wie auch in ihrem Leben. Diese hätten ohne Weiteres vermieden werden können, wenn sie sich jede Woche ein paar Stunden Zeit genommen hätten, sich intensiv mit diesen Werken zu beschäftigen. In dieser Geschichte beschrieb Tolstoi Iwan Iljitsch, einen eitlen, durch und durch materialistischen Emporkömmling, dem es viel mehr um Erfolg ging, als darum, das Richtige zu tun. Als junger Mann heiratete er nicht aus Liebe und Wertschätzung gegenüber seiner Frau, sondern weil die Gesellschaft die Verbindung guthieß. Dann bekam er eine Reihe von Kindern, nicht, weil er Kinder haben wollte, sondern weil es von ihm erwartet wurde. Statt Zeit mit seiner Familie zu verbringen und ein erfülltes Familienleben aufzubauen, widmete er fast seine gesamte Zeit seiner Arbeit und wurde besessen von seinem Image als hoch angesehener Regierungsanwalt. In dem Bemühen, den Schein zu wahren, fing er bald an, über seine Verhältnisse zu leben und geriet schließlich in massive finanzielle Schwierigkeiten, was zur Folge hatte, dass er todunglücklich und verzweifelt war. Doch wie es der Zufall wollte, wurde ihm, als er ganz unten war, eine noch höhere und besser bezahlte Position als Richter angeboten. Da er jetzt wieder auf der Erfolgswelle schwamm, kaufte er sein Traumhaus. Er war sehr stolz darauf und wandte viel Zeit dafür auf, es mit teuren Antiquitäten und modernen Möbeln auszustatten. Das Haus musste perfekt sein, damit alle Menschen in seinem Umfeld davon beeindruckt wären. Als er eines Tages auf eine Leiter stieg, um einem Polsterer zu zeigen, wie er seine Vorhänge drapiert haben wollte, fiel er herunter und verletzte sich an der Seite. Nach dem Sturz veränderte er sich, war meistens schlecht gelaunt und ging wegen jeder Kleinigkeit auf seine Frau los. Bei einem Arztbesuch stellte sich heraus, dass er ernsthaft krank war, und er wurde verschiedenen Behandlungen unterzogen. Doch sein Zustand verschlechterte sich nur noch. Innerhalb weniger Monate schien das Leben des einst so vitalen und jovialen Mannes dem Ende zuzugehen. Seine Augen waren ausdruckslos und sein Körper wurde immer zerbrechlicher. In seinem stillen Todeskampf fing Iwan Iljitsch an, über sein Leben nachzudenken. Zuerst erinnerte er sich an seine Kindheit, dann an seine Zeit als ehrgeiziger Erwachsener, und schließlich dachte er über den trostlosen Zustand nach, in dem er sich jetzt befand. Plötzlich drang eine Frage in sein Bewusstsein, eine Frage, die sein Innerstes erschütterte.«

»Und wie lautete sie?«

»Er stellte sich selbst die Frage: *›Könnte es sein, dass mein gesamtes Leben von Grund auf falsch war?‹* Weißt du, Peter, zum ersten Mal in seinem Leben wurde ihm bewusst, dass all sein Gerangel um seine gesellschaftliche Stellung, all die Energie, die er investiert hatte, um einen guten Eindruck zu machen und bei gesellschaftlichen Anlässen zusammen mit hochrangigen Persönlichkeiten gesehen zu werden, in Wirklichkeit völlig unwichtig waren. Dieser sterbende Mann erkannte, dass das Leben ein Geschenk ist. Und sein Leben hätte weitaus erfüllter sein können, als es gewesen war. Er hätte einen riesigen Beitrag leisten und wertvolle Dienste erweisen können. Er hätte Risiken und Wagnisse eingehen und träumen können. Er hätte wirklich die Person sein können, die er hätte sein sollen. Stattdessen hatte er seine Tage mit belanglosen Dingen verbracht, mit Dingen, die nichts zur Verbesserung seines Umfelds beitrugen. Nachdem er diese

Erkenntnis gewonnen hatte, verschlimmerten sich seine körperlichen Schmerzen noch mehr und seine seelischen Qualen wurden unerträglich. Er begann zu schreien – und hörte drei volle Tage lang nicht damit auf. Dann, zwei Stunden vor seinem Tod«, fuhr Julian fort, »sagte er zu sich selbst: ›Ja, das alles war nicht das Richtige.‹ Dann ging er in sich und fragte sich: ›Aber was ist denn das Richtige?‹ In diesem Augenblick schlich sich sein jüngster Sohn, der tief betroffen von der Krankheit des Vaters war, ins Zimmer und stellte sich neben das Bett des Vaters. Dieser legte dem Kind, als es zu weinen anfing, behutsam die Hand auf den Kopf. In diesem Augenblick erfuhr Iwan Iljitsch eine zeitlose Wahrheit, die den meisten Menschen verschlossen bleibt. Er erkannte: Auch wenn er sein Leben nicht so gelebt hatte, wie er es hätte tun sollen, war es *noch nicht zu spät, sein Versagen wiedergutzumachen.* Es wurde ihm klar, dass es seine Pflicht war, allen Menschen um ihn herum zu dienen und ihr Leben auf jede erdenkliche Weise zu bereichern. Er begriff, dass der Sinn des Lebens darin bestand, durch die eigene Präsenz etwas zu bewirken. Wenn sich dadurch auch nur ein einziges Leben verbessern würde, hätte es sich gelohnt, zu leben. Und so bat er seinen Sohn, den Raum zu verlassen, damit er das Leiden seines Vaters nicht weiter ertragen müsste. Dann schloss er die Augen und starb.«

Diese Geschichte ging mir unter die Haut. Die eindrucksvolle Botschaft, die mir Julian soeben vermittelt hatte, fiel auf fruchtbaren Boden. Ich blickte zum Himmel hoch, atmete die frische Luft ein und genoss die Fülle der Natur. Ich dachte über all die Zeit in meinem Leben nach, die verstrichen war, und über all das, was ich verpasst hatte. Ich dachte an die vielen Männer und Frauen, die sich auf mich verließen, und an das, was ich ihnen schuldete. Ich dachte an das enorme Potenzial unseres Unternehmens und bedauerte alle verpassten Gelegenheiten. Meine Gedanken wanderten dann zu meiner Familie. Ich spürte einen Kloß im Hals, als ich an all die verpassten Gelegenheiten mit meinen beiden kleinen Söhnen dachte. Baseballspiele, Weihnachtskonzerte, sonnendurchflutete fröhliche Nachmittage im Park – all das hatte ich verpasst, da ich nicht den Mut gehabt hatte, mein Leben gut zu vollbringen. Ich dachte an meinen jüngsten Sohn, dessen einziger Wunsch es war, dass ich etwas häufiger mit ihm herumtollte und spielte. Ich dachte an seinen älteren Bruder, mit dem ich seit Monaten keinen einzigen ruhigen Abend verbracht hatte. Ich dachte an Samantha und all die romantischen Unternehmungen, die ich ihr versprochen hatte. Doch ich hatte meine Versprechen nie eingehalten. Ich hatte es wirklich versäumt, das Leben zu leben, das ich leben sollte.

Aber genau wie Iwan Iljitsch gelangte ich zu der Erkenntnis, dass es nie zu spät ist, das Richtige zu tun und das Leben in seiner Fülle auszukosten. In diesem Augenblick schwor ich mir, mich zu ändern. Ich würde die Art von Führungspersönlichkeit werden, die zu sein ich fähig war, wie mein Herz mir sagte. Ich gelobte mir, die Art von Ehemann und Vater zu sein, die ich, wie ich wusste, sein konnte. Und ich würde mit der leidenschaftlichen Intensität leben, die ich, wie ich wusste, verdiente. Ich warf Julian einen Blick zu, auch er hatte Tränen in den Augen.

»Ich glaube, du verstehst jetzt, was ich dir sagen wollte, mein Freund. Dass du der Mensch sein sollst, der zu sein dir bestimmt ist, und dass es im Leben darum geht, all jenen, die dir folgen, etwas Besonderes zu hinterlassen. Das ist die Essenz eines Vermächtnisses. Yogi Raman drückte es so aus: ›*Größe besteht darin, etwas zu beginnen, das nicht mit dir selbst endet.*‹«

»Weißt du, Julian«, sagte ich und wischte mir über die Augen, »mein Vater pflegte zu sagen, dass man ›die ersten fünfzig Jahre des Lebens damit verbringt, seinen Ruf aufzubauen, während man die letzten fünfzig Jahre darauf verwendet, sein Vermächtnis zu gestalten‹. Erst heute habe ich richtig verstanden, was er damit meinte.«

»Die Weisen hatten ein Sprichwort, das die Essenz dessen zum Ausdruck bringt, was dein Vater in all seiner Weisheit zu sagen versuchte.«

»Und das wäre?«

»Sie erklärten mir Folgendes: ›Als du geboren wurdest, freute sich die Welt, während du weintest. Deine Aufgabe muss es sein, dein Leben so zu leben, dass die Welt nach deinem Tod weint, während du dich freust.‹ Nur dann hat dein Leben den Unterschied bewirkt, den es machen sollte.«

»Damit ich es richtig verstehe, Julian: Wird mein Vermächtnis dann aus den Zielen bestehen, die ich in meinem Leben als Führungskraft erreicht habe?«

»Dein Vermächtnis muss noch weit mehr sein als das. Es wird letztlich ein Zeugnis des Besten und Innigsten sein, das du während deines Lebens geben konntest. Es wird ein Spiegelbild der Person sein, die du jetzt bist und die zu sein du anstrebst. Beim Hinterlassen eines Vermächtnisses geht es nicht darum, deine Freunde zu beeindrucken oder sonst irgendwie zu glänzen. Es geht nicht darum, einen guten Eindruck zu machen, sondern darum, Gutes zu tun. Es geht im Grunde genommen darum, deine Pflicht zu erfüllen und deine Menschlichkeit zu bekunden. Eine Führung, die auf einem Vermächtnis basiert, ist die stärkste Art der Führung. Wenn du sie praktizierst, kannst du das tun, was heutzutage nur wenige Führungskräfte tun können.«

»Und das wäre?«

»*Eine erfolgreiche Gegenwart kreieren und eine glänzende Zukunft aufbauen*. Und wenn ich das sagen darf, Peter, sollte jede Führungskraft, egal, in welchem Bereich, nicht weniger anstreben.«

Julian begleitete mich wieder zurück zum Eingang der Sternwarte. Am Fuß der Treppe befand sich eine kleine Holzschatulle, über die ein sauberes weißes Tuch gebreitet war. Julian bückte sich, hob die Schatulle hoch und achtete sorgfältig darauf, dass dem kostbaren Inhalt der nötige Respekt gezollt wurde.

»Da, das ist für dich. Es ist jetzt an der Zeit für mich, zu gehen. Und für dich ist es Zeit, die Großartigkeit der acht Rituale visionärer Führungskräfte selbst zu erkunden. Ich hätte mir keinen besseren Schüler und aufgeschlosseneren Freund wünschen können. Von dem Tag an, an dem ich dir in unserem Golfclub zum ersten Mal die Führungsweisheit der Weisen vermittelte, bis zum heutigen Abend in der Sternwarte, hast du alles, was ich dir erklärt habe, mit offenem Geist und ehrlichem Herzen aufgenommen. Als Zeichen meiner Dankbarkeit dafür, dass ich mein Versprechen gegenüber Yogi Raman einhalten und die Lektionen, die ich gelernt habe, in unserem Teil der Welt verbreiten durfte, überreiche ich dir voller Demut dieses Geschenk. Es bedeutet mir viel und ich habe es, seit ich aus dem Himalaja zurück bin, nicht mehr aus der Hand gegeben. Ich könnte mir aber keinen besseren Empfänger als dich vorstellen. Ich bitte dich nur um das eine: Wende das Wissen, das ich dir vermittelt habe, weiterhin an und verbreite die acht Rituale visionärer Führungskräfte in deinem Unternehmen, damit alle sie kennenlernen. Auf diese Weise wirst du nicht nur deine Art der Führung verändern, sondern auch einen positiven Einfluss auf das Leben all jener haben, die dich umgeben.«

Nach diesen letzten Worten umarmte mich Julian, wie es nur ein guter Freund kann. Dann eilte er davon, der Dunkelheit entgegen, wobei sein reichlich besticktes Gewand im Wind flatterte. Als ich die Schatulle öffnete, entdeckte ich, dass das Geschenk hübsch in einer Art selbstgemachter Hülle eingepackt war. Ich entfernte sie sofort, da ich darauf brannte, das Geschenk zu sehen, das Julian darin verpackt hatte.

Als ich genauer hinsah, entdeckte ich einen glänzenden Gegenstand. Ich lächelte, als ich erkannte, worum es sich handelte. Es war das kleine Fernglas, das Julian an jenem

Abend beim Basketballspiel benutzt hatte. Ich konnte es nicht fassen, dass er sich von einem so kostbaren Besitz trennte. Ich wusste ja, wie viel ihm die Sternbeobachtung bedeutete.

Als ich es in die Hand nahm, bemerkte ich, dass auf dem Fernglas etwas in eleganter Schrift eingraviert war: *Meinem weise gewordenen Freund Peter, einem Mann, von dem ich weiß, dass er viele Leben berühren wird. Möge deine inspirierte Führung Angst in Kraft und Dunkelheit in Licht verwandeln. Herzlichst, dein Fan Julian.*

Kapitel 12 – Zusammenfassung von Wissen • Julians Weisheit in Kurzfassung

Das Ritual

Die Essenz

Das Ritual des Beitrags und der Bedeutung

Die Weisheit

- Der Sinn des Lebens ist ein sinnvolles Leben.
- Konzentriere dich darauf, einen Fußabdruck zu hinterlassen und einen Unterschied zu bewirken.
- Die Größe einer Führungspersönlichkeit zeigt sich darin, dass sie etwas beginnt, das nicht mit ihr endet.

Die Praktiken

- Kreiere eine erfolgreiche Gegenwart und baue eine glänzende Zukunft auf.
- Verbinde Führung mit einem Vermächtnis.

Zitat

Dein Vermächtnis wird letztlich ein Zeugnis des Besten und Innigsten sein, das du während deines Lebens geben konntest. Es wird ein Spiegelbild der Person sein, die du jetzt bist und die zu sein du anstrebst. Beim Hinterlassen eines Vermächtnisses geht es nicht darum, deine Freunde zu beeindrucken oder sonst irgendwie zu glänzen. Es geht im Grunde genommen darum, deine Pflicht zu erfüllen und deine Menschlichkeit zu bekunden.

Der Mönch, der seinen Ferrari verkaufte

Die acht Rituale visionärer Führungskräfte

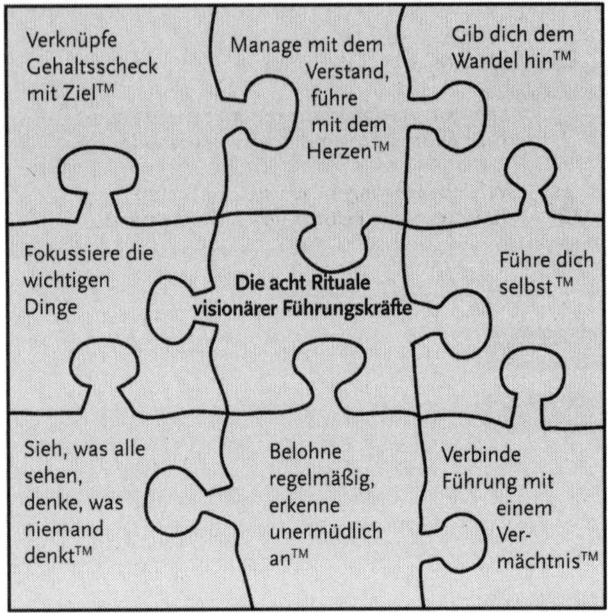

1. Verknüpfe Gehaltsscheck mit Ziel™
(Das Ritual einer lohnenden Zukunftsvision)

2. Manage mit dem Verstand, führe mit dem Herzen™
(Das Ritual menschlicher Beziehungen)

3. Belohne regelmäßig, erkenne unermüdlich an™
(Das Ritual des Teamgeist)

4. Gib dich dem Wandel hin™
(Das Ritual der Anpassungsfähigkeit und des Changemanagements)

5 Fokussiere die wichtigen Dinge
(Das Ritual der persönlichen Effektivität)

6 Führe dich selbst™
(Das Ritual der Selbstführung)

7 Sieh, was alle sehen, denke, was niemand denkt™
(Das Ritual der Kreativität und Innovation)

8 Verbinde Führung mit einem Vermächtnis™
(Das Ritual des Beitrags und der Bedeutung)

Der Autor

Robin Sharma ist einer der weltweit führenden Experten in den Bereichen Unternehmensführung, Spitzenleistungen und Selbstfindung. Er ist Autor zahlreicher Bestseller, darunter der internationale Bestseller *Der Mönch, der seinen Ferrari verkaufte,* dessen populäre Fortsetzungen *Über die Kunst zu führen* und *Family Wisdom from The Monk Who Sold His Ferrari, Wer wird um dich weinen, wenn du nicht mehr bist?* und *The Saint, The Surfer & The CEO,* Amazon-Nummer-eins-Bestseller sind. Robin ist auch häufiger Gast der US-Medien, spielte in seinem eigenen PBS-Special mit und trat in über 1000 Fernseh- und Radiosendungen auf. Er ist außerdem ein weltweit gefragter Keynote Speaker und tritt häufig mit Berühmtheiten wie Jack Welch, Bill Clinton, Christopher Reeve, Dr. Deepak Chopra und Wayne Dyer auf.

Robin, ein ehemaliger Anwalt mit zwei Abschlüssen in den Rechtswissenschaften, einer davon ein Magisterabschluss, ist der visionäre CEO von Sharma Leadership International (SLI), einem weithin angesehenen Lern-Dienstleistungsunternehmen, das Angestellte und Unternehmer dabei unterstützt, ihr ultimatives berufliches und persönliches Potenzial SLI führt auch die hochgelobte *Elite Performers Se-*

ries durch, ein beeindruckend effektives Zwei-Tage-Coaching, das es den Teilnehmern ermöglicht, in allem, was sie tun, Höchstleistungen zu erbringen, sowie das *Monthly-Coach*-Programm, Robins monatlichem Buch-und-CD-Club. Robin betätigt sich auch als Life Coach für CEOs, Unternehmer und einige der berühmtesten Persönlichkeiten der Welt.

Er sieht seine persönliche Aufgabe darin, den Menschen dabei zu helfen, wiederzuentdecken, wer sie wirklich sind, und ihr Leben auf eine Art und Weise zu verbringen, die für andere von Wert ist. Seine *Robin Sharma Foundation for Children* hilft unterprivilegierten Kindern, ihre Träume zu verwirklichen.

Weitere Informationen über Robin Sharma oder SLI-Lernprodukte finden Sie unter **robinsharma.com**.

365 tägliche Inspirationen

Robin Sharma

Wir alle brauchen jeden Tag aufs Neue Inspiration. Um in der Arbeit, die wir verrichten, und in dem Leben, das wir führen, herausragend zu sein. Um unsere Träume verwirklichen zu können und um uns zu dem Menschen zu entwickeln, der wir sein wollen. Wir brauchen aber auch Inspiration, um schwere Zeiten im Leben zu überstehen und die besten Zeiten genießen zu können.

In diesem Werk destilliert Sharma die kraftvollsten Ideen aus seinen internationalen Bestsellern in ein leicht zu lesendes, immerwährendes Kalenderformat, das jeden Tag zu einem Geniestreich macht. Er zeigt, wie exponentieller Erfolg, die Überwindung von Widrigkeiten und Enttäuschungen sowie der Aufbau bemerkenswerter Beziehungen funktionieren können. Es ist gleichsam ein lebenslanger Begleiter auf Ihrem Weg, ein außergewöhnlicher Mensch zu sein – um ein Leben zu führen, auf das Sie stolz sein werden.

384 Seiten | Hardcover | 22,00 € (D) | 20,70 € (A) | ISBN 978-3-95972-611-5

Wer wird um dich weinen, wenn du nicht mehr bist?

Robin Sharma

Gefangen in unserer schnelllebigen Welt, jagen wir dem Erfolg hinterher, doch dabei bleibt vor allem eines auf der Strecke: die Gelegenheit, ein bedeutungsvolles Leben zu führen. Viele Menschen haben das Gefühl, dass das Leben zu schnell an ihnen vorbeizieht, ohne dass sie die Chance haben, es mit Bedeutung, Glück und Freude zu füllen. In diesem Buch vermittelt Robin S. Sharma wie jeder den komplexesten Problemen des Lebens mit einfachen Lösungen begegnen kann.

Dieses Buch ist ein Wegweiser zu einem Leben mit tiefer Bedeutung gemäß dem alten Sanskrit-Sprichwort: »Als du geboren wurdest, hast du geweint, während die Welt sich freute. Lebe dein Leben so, dass, wenn du stirbst, die Welt weint, während du dich freust.«

256 Seiten | Softcover | 18,00 € (D) | 18,60 € (A) | ISBN 978-3-95972-612-2

Über die Kunst zu führen

Robin Sharma

Robin Sharma – weltbekannter Führungsguru – erzählt die Geschichte von Peter Franklin, einem frustrierten Inhaber eines angeschlagenen digitalen Softwareunternehmens. Gerade als die Dinge für Peter hoffnungslos erscheinen, steht ein junger Mönch vor seiner Tür und bietet ihm einen todsicheren Rat, wie er das Schicksal seines Unternehmens wenden kann. Peter ist erstaunt, als er erfährt, dass es sich bei dem Mönch um seinen lang vermissten Freund handelt, der von seiner außergewöhnlichen Indien-Odyssee zurückgekehrt und bereit ist, seine zeitlose Weisheit für visionäre Führung zu teilen.

Dieser inspirierende und erhellende Leitfaden, der in einem einfach zu handhabenden Acht-Schritte-System praktischer Lektionen aufgebaut ist, ist ein inspirierendes Handbuch für visionäre Führung, das zeigt, wie Sie Vertrauen, Engagement und Glauben in Ihrer Organisation wiederherstellen und dabei gleichzeitig Ihr Leben verändern können.

352 Seiten | Softcover | 18,00 € (D) | 18,60 € (A) | ISBN 978-3-95972-645-0